U0268433

Excel
数据处理与分析

案例 + 技巧 + 视频

李修云 / 编著

全能手册 ——适用于 Office——
2013/2016/2019/2021 版本

职 场 实 例 · 思 维 导 图 · 技 巧 速 查 · 避 坑 指 南

拓 展 技 能 · 图 解 步 骤 · 视 频 教 学 · 资 源 附 赠

北京理工大学出版社
BEIJING INSTITUTE OF TECHNOLOGY PRESS

内 容 简 介

本书以 Excel 2019 为操作平台，系统、全面地讲解了 Excel 的数据分析功能，以及数据分析操作中的相关技巧，同时给出数据处理的思路和经验。

全书共 13 章，分为实战应用篇和技巧速查篇。实战应用篇（第 1~10 章）结合工作应用场景，通过丰富的职场案例，系统地讲解了 Excel 数据处理与分析的相关实战技能。技巧速查篇（第 11~13 章）主要针对第一篇各章案例中未曾涉及的 Excel 数据分析的知识点及操作技能进行查漏补缺，讲解了 126 个相关操作技巧，使读者在掌握 Excel 数据分析技能的同时，也能学到更多的 Excel 巧用之道，提高数据分析能力和工作效率。

本书案例丰富，实用性强，非常适合职场人士用以精进 Excel 应用技术、技能和技巧，也适合基础薄弱又想迅速掌握 Excel 技能以提高工作效率的读者使用。同时本书适合作为各类职业院校、电脑培训机构等相关专业的教学参考书。

图书在版编目（CIP）数据

Excel数据处理与分析全能手册：案例+技巧+视频 / 李修云编著. --北京：北京理工大学出版社， 2022.1

ISBN 978-7-5763-0900-3

Ⅰ．①E… Ⅱ．①李… Ⅲ．①表处理软件 – 手册 Ⅳ．①TP391.13−62

中国版本图书馆CIP数据核字（2022）第015461号

出版发行 / 北京理工大学出版社有限责任公司

社　　址 / 北京市海淀区中关村南大街 5 号

邮　　编 / 100081

电　　话 / （010）68914775（总编室）
　　　　　　（010）82562903（教材售后服务热线）
　　　　　　（010）68944723（其他图书服务热线）

网　　址 / http://www.bitpress.com.cn

经　　销 / 全国各地新华书店

印　　刷 / 三河市中晟雅豪印务有限公司

开　　本 / 710 毫米 ×1000 毫米　1 / 16

印　　张 / 19.5　　　　　　　　　　　　　　　　责任编辑 / 多海鹏

字　　数 / 484 千字　　　　　　　　　　　　　　文案编辑 / 多海鹏

版　　次 / 2022 年 1 月第 1 版　2022 年 1 月第 1 次印刷　责任校对 / 周瑞红

定　　价 / 79.00 元　　　　　　　　　　　　　　责任印制 / 李志强

信息时代，数据是第一生产力。如何从海量的数据库中找到运营方向，怎样从复杂的数据表格中看到无限商机，这就需要一定的数据处理与分析技能。

Excel 是微软公司出品的办公软件 Microsoft Office 的组件之一。Excel 除了具有处理数据的能力之外，还具有强大的数据分析与统计功能，已被广泛地应用于销售、管理、财经、金融等众多领域，更是广大职场人士工作中必不可少的"高效神器"。但是，很多人还是习惯把 Excel 作为普通表格使用。想要通过 Excel 找到数据规律，就必须熟练掌握 Excel 数据处理与分析的相关技能。

本书以数据处理与分析的相关技能为主线，详尽地介绍 Excel 数据处理与分析的思路、方法，以及 Excel 的 126 个操作技巧。通过本书的学习，可以掌握 Excel 数据分析的方法与操作技能，能够在工作中游刃有余、从容自若地解决各种数据分析的难题。

一、本书的内容结构

本书分为两篇，以 Excel 为核心工具，全面、系统地介绍数据处理与数据分析的各项技术，并配以大量典型的职场案例，引导读者掌握 Excel 数据分析工作的必备技能。

（1）通过实战应用篇（第 1 ～ 10 章）的内容，掌握使用 Excel 的各种工具处理数据、分析数据的方法，以及数据处理与分析的思路和经验。

（2）通过技巧速查篇（第 11 ～ 13 章）的内容，补充前面章节中未曾涉及的操作技巧，学会如何举一反三，拓展思路，巧妙利用 Excel 的各项功能，高效应对工作中数据处理与分析的相关问题。

本书基于 Excel 2019 编写，但是 Excel 2010、Excel 2013、Excel 2016 的功能与 Excel 2019 大同小异，因此本书内容同样适用于上述 Excel 版本。

二、本书的内容特色

（1）案例丰富，学以致用。本书在讲解 Excel 数据分析技能时，精心安排了大量的实用案例讲解数据分析的方法和操作技能。这些案例涉及行政、销售、人力资源、财税等领域，精选实用的功能，学完马上就能应用。

（2）技巧速查，拿来即用。本书将 Excel 中重要但比较碎片化的知识点汇总、整理后，提炼成 126 个精简的操作技巧。这些技巧既有利于读者日常学习和动手练习，又能在读者急需时给出解决问题的有效方法，并能即刻运用到工作中。

（3）技巧提示，及时充电。本书在各章穿插设置了"小提示"和"小技巧"版块，对正文中介绍的应用方法、技能技巧等重点知识进行补充提示，是学习或操作应用中的避坑指南。

（4）教学视频，直观易学。本书在进行案例讲解时，配有同步的多媒体教学视频，用微信扫一扫相应的二维码即可观看学习。

三、本书的配套资源及赠送资料

本书同步学习资料

❶ 素材文件：提供本书所有案例的素材文件，打开指定的素材文件可以同步练习操作并对照学习。

❷ 结果文件：提供本书所有案例的最终结果文件，可以打开文件参考制作效果。

❸ 视频文件：提供本书相关案例制作的同步教学视频，扫一扫书中知识标题旁边的二维码即可观看学习。

额外赠送学习资料

❶ 2000 个 Word、Excel、PPT 办公模板文件。

❷《电脑新手必会：电脑文件管理与系统管理技巧》电子书。

❸ 200 分钟共 10 讲的《从零开始：新手学 Office 办公应用》视频教程。

❹《电脑日常故障诊断与解决指南》电子书。

备注：以上资料扫描下方二维码，关注公众号，输入"195484"，即可获取配套资源下载方式。

本书由重庆工程职业技术学院李修云老师编写，其长期从事数据应用与分析的教育工作，对 Excel 数据处理、统计分析应用具有丰富的实战经验。

由于计算机技术发展较快，书中疏漏和不足之处在所难免，恳请广大读者指正。

读者信箱：2315816459@qq.com

读者学习交流 QQ 群：431474616

目 录

✎ 读书笔记

第一篇

实战应用篇

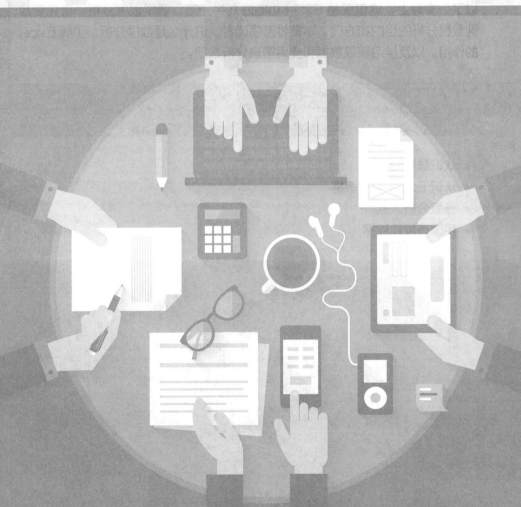

第1章

从零开始：进入数据分析之门

本章导读

　　很多职场新人会觉得数据分析就是把数据录入表格，然后计算出合计就可以了。实际上，这仅仅是 Excel 功能的九牛一毛，要学数据分析，首先要找到数据分析的目的和方向。本章将带领读者认识什么是数据分析，了解 Excel 的作用，以及学习获取数据和使用图表分析数据。

本章要点

- 认识数据分析
- 认识 Excel 电子表格
- 获取分析数据
- 用图表展现数据

1.1 认识数据分析

在学习数据分析之前，首先要知道什么是数据分析。数据分析不是简单的求和计算，也不是排序汇总，而是需要从众多数据中找到有用的数据信息，分析出现的问题，为企业决策提供有力的依据。

1.1.1 什么是数据分析

什么是数据分析？从字面上理解，就是对现有的数据进行分析。

实际上，这里要学习的数据分析，是指通过科学的统计方法和严谨的分析技巧，先对数据进行整理和汇总，再进行加工处理，最后对处理过的有效数据进行分析，最大化地利用数据信息找到问题的根本。

在进行数据分析时，需要从浩瀚的数据中提取有用的信息，得出结论，再对数据进行详细的研究和总结。

分析中的数据也称为观测值，是指通过实验、测量、观察、调查等方式获取的信息，然后将其以数据的形式展现出来。

全球知名的麦肯锡咨询公司指出："数据，已经渗透到当今每一个行业和业务职能领域，成为重要的生产因素。人们对于海量数据的挖掘和运用，预示着新一波生产率增长和消费者盈余浪潮的到来。"

这就是大数据时代的特点。

之所以要进行数据分析，是为了在海量的数据中找到数据的规律，分析数据的本质，从而使管理者通过数据的特点掌握企业的前进方向，帮助掌舵人做出正确的判断和决策。

例如，市场运营部需要分析数据，以了解当前产品的市场反馈，便于制作合理的销售策略；市场研发部需要分析用户的需求数据，以了解用户对产品的需求，找到正确的研发方向；人力资源部需要分析员工的考核成绩，以掌控员工的工作能力和归属动向，力求每位员工都能在合适的工作岗位上发光发热……

在统计学领域，也有人将数据分析细分为描述性数据分析、探索性数据分析和验证性数据分析，如下图所示。

数据分析

| 描述性数据分析 | 探索性数据分析 | 验证性数据分析 |

- 描述性数据分析：用于概括、表述事物的整体状况及事物间的关联和类属关系，常见的分析方法有对比分析法、平均分析法、交叉分析法等。
- 探索性数据分析：用于在数据中发现新的特征，常见的分析方法有相关分析、因子分析、回归分析等。
- 验证性数据分析：用于已有假设的证实或证伪，常见的分析方法与探索性数据分析相同。

在日常的学习和工作中，需要用到的数据分析方法多为描述性数据分析，这是常用的初级数据分析方法。

1.1.2 为什么要进行数据分析

数据分析作为一个新的行业领域，在全球已经占据了重要的地位。

在数据时代的大环境下，数据分析师应运而生，其精准的数据分析，让人们可以更快、更准确地获得想要的信息。

需要使用数据分析的行业非常广泛，小到家门口的蔬菜店，大到跨国集团，在每个领域中，数据分析都不可或缺。

但是，很多人在进行数据分析时，并没有认识到数据分析的重要性，实际上数据分析的作用无可替代。数据分析的作用可以从以下几个方面来了解。

1. 评估产品的机会

公司在研发一个新产品之前，首先需要进行用户需求调研和市场调研，然后对调研结果进行数据分析，这样不仅可以指明新产品的研发方向，还能对后期产品设计及更新换代提供数值依据。

评估产品的机会，是决定一个产品的未来和核心理念的必要过程。

2. 分析解决问题

用户在使用产品时，不可避免会出现多种问题，此时就需要对问题产品出现的不良状况进行收集，并对收集的信息进行分析和汇总，而不是凭空臆想。

在分析和汇总数据时，数据分析师要通过必要的数据试验找到问题的源头，从而确定解决方案，彻底解决问题。

3. 支持运营活动

公司需要推广一个产品时，总会遇到哪个运营方案更好的选择题。

在判断此类关于"标准"的问题时，如果只是凭个人喜好和感觉来评判，得到的结果会偏离大众的轨道。此时，只有依靠真实、可靠、客观的数据，才能对具体的方案做出最公平的评判。

4. 预测优化产品

在进行数据分析时，不仅可以反映出产品目前的状态，还可以从中分析出未来一段时间产品可能会发生的问题。如果提前预知了问题，就可以马上做出调整，从而避免问题的出现，优化产品状态。

1.2 认识 Excel 电子表格

在使用 Excel 电子表格之前，首先需要了解 Excel 电子表格，知道它可以用于哪些领域，用来做什么。

1.2.1 Excel 的用处

Excel 的用处很多，但日常工作中最常用的还是存储数据，并对数据进行分析和统计，然后输出数据。

● **存储数据**：输入数据时，应该规范数据的格式，确保数据的准确性，并保持清晰的结构框架。

● **统计分析**：通过条件格式、函数、数据透视表等工具，提取有效数据，找到数据的规律。

● **输出数据**：数据分析完成后，需要输出数据，将数据呈现在他人面前，如使用数据透视图、图表等工具。

可以从以下几个方面来认识 Excel 的具体应用。

1. 制作表单

使用 Excel 建立和填写表单是日常工作中最常用的操作，在表单制作完成后，还可以进行格式化操作，创建出专业、美观的各类表单。

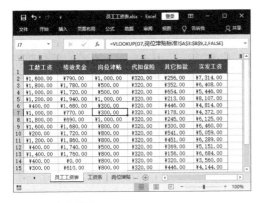

2. 完成复杂的运算

在 Excel 中，不仅可以按自己输入的公式进行计算，还可以使用系统提供的函数进行复杂的运算，也可以使用分类汇总功能快速完成数据统计。

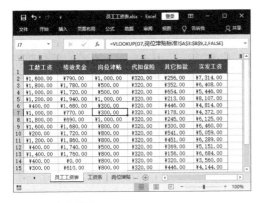

3. 建立图表

相较于枯燥的数据，图表可以让人更直观地查看数据走向，了解数据趋势。Excel 中提供了多种内置图表样式，就算是新手也能快速地做出精美的图表。

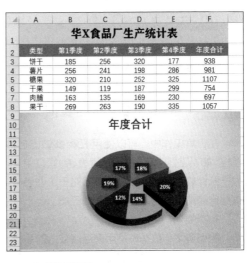

4. 数据管理

无论是产品销售还是人员管理，都会存储大量的数据，如果不能管理好这些数据，会给后续工作带来很大的困扰。使用 Excel 记录并分析数据，可以清楚地知道销售金额、库存量、工资变化等情况，对数据了如指掌。

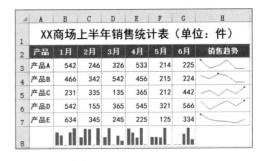

5. 决策指示

当需要制定决策时，不要随心所欲地提出目标，而需要通过严谨的计算得到有效的数据，再使用 Excel 的单变量求解、双变量求解等功能，根据公式和结果倒推出变量，最后得到科学的数据，确定有效目标。

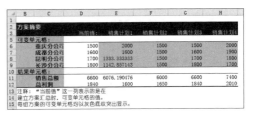

小提示

在实际工作中，Excel 还有很多功能和作用，在这里不再逐一赘述。

1.2.2 认识不同用途的表格

在日常工作中，可以使用 Excel 做出各种表格，如员工登记表、员工工资表、销售订单表、生产统计表、出库单、入库单等。对于这些表格，根据用途的不同可以简单地分为三类。

1. 数据表

简而言之，数据表是用来存储数据的表格，是数据的仓库，里面存放着大量的数据，如员工信息表、销售明细表和来访人员登记表等。

2. 统计报表

统计报表是针对数据表中的信息，按照一定的条件进行统计后得到的报表，如各种月报表、季报表、年度报表等，就属于统计报表。

销售业绩表

员工姓名	地区	一季度	二季度	三季度	四季度	销售总量
李江	A区	1795	2589	3169	2592	10145
王国庆	B区	1899	2695	1066	2756	8416
周金华	C区	1596	3576	1263	1646	8081
马宝国	B区	2692	860	1999	2046	7597
江蕉	A区	1026	3025	1566	1964	7581
李华军	C区	2369	1899	1556	1366	7190
张国强	C区	2599	1479	2069	966	7113
王定邦	A区	1729	1369	2699	1086	6883
刘恒宇	C区	1320	1587	1390	2469	6766
王丽	B区	1696	1267	1940	1695	6598
刘安民	A区	863	2369	1598	1729	6559
张少军	C区	1666	1296	796	2663	6421
赵高明	A区	1025	896	2632	1694	6247
孙允江	B区	798	1692	1585	2010	6085
刘江	C区	2059	1059	866	1569	5553

3. 表单

表单主要是用来打印输出的各种表格，表单中的主要信息都可以从数据表中提取，如销售订单、入库单、出差报销单等，都属于表单。

销售订单

订单编号：	S123456789				
顾客：	张女士	销售日期：		销售时间：	
品名			数量	单价	小计
羊毛手套			35	26	910
雪花绒帽子			2	107	214
动物耳罩			5	97	485
冲锋衣			1	607	607
保暖裤			2	268	536
羽绒大衣			1	117	117
总销售额：					2869

1.3 获取分析数据

在分析数据之前，需要先收集相关的数据才能进一步建立数据模型，发现数据的规律和相关性，从而解决问题，得出预测结果。

1.3.1 获取数据的渠道

获取数据的方法有很多，除了本公司的销售数据、生产数据、研究数据之外，还可以通过公司数据库、公开出版物、互联网调查、市场调查、购买数据等方式获得。

无论通过哪种渠道收集数据，都需要先确认数据的准确性，避免无效数据干预分析结果。

获取数据的方法很多，而根据数据分析的目的、行业不同，可选的渠道也有区别。一般来说，可以通过以下 5 种方法收集数据。

1. 公司的数据库

公司的数据库是数据分析的大仓库，记录了公司从成立以来的各种销售记录、产量、利润等相关业务的数据，是最佳的数据资源。

2. 公开出版物

在分析发展前景、行业增长数据、社会行为等数据时，可以在众多公开出版的书籍中寻找数据源，例如，《中国统计年鉴》《中国社会统计年鉴》《世界发展报告》《世界经济年鉴》等统计类出版物。

3. 网络数据

在网络时代，很多网络平台会定期发布相关的数据统计，利用搜索工具可以快速搜集到所需的数据。例如，国家及地方统计局的网站、各行业组织的网站、政府机构的网站、传播媒体的网站、大型综合门户的网站等，都可以找到想要的数据。如下图所示为国家统计局发布的 2021 年 4 月中国采购经理指数运行情况。

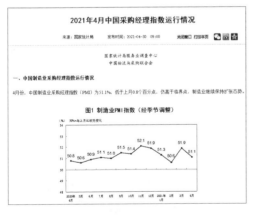

4. 市场调查

在进行数据分析时，用户的需求与感受是分析产品的第一要素，为了获取相关的信息，需要使用各种手段来了解产品的反馈信息，用以分析市场范围，了解市场的现状和发展空间，为市场预测和营销决策提供客观、准确的数据资料。在进行市场调查时，一般可以通过问卷调查、观察调查、走访调查等形式来完成。

5. 数据搜集机构

专业的数据搜集机构不仅可以准确地找到数据收集的方向，还能保证数据的准确性和专业性，是必不可少的数据来源之一。

1.3.2　处理杂乱的数据

因为收集数据的方法不同，所以得到的数据类型会有所区别。收集的原始数据往往比较杂乱，数据量也较大，此时需要将不规则的数据统一格式，删除错误和重复的数据，提取出有效的数据，为数据分析打下基础。

数据处理的方法主要包括数据检查、数据清洗、数据转换、数据提取、数据分组、数据计算等。

1. 数据检查

在分析数据之前，首先要检查数据的真实性、有效性和准确性，在确认了以上要素之后，还要检查数据是否符合逻辑，筛选出对数据分析有用的数据。

数据检查	
确认数据的准确性	检查数据是否符合逻辑

2. 数据清洗

在检查数据时，需要删除错误的数据，以避免影响数据分析的准确性。如果有重复数据和多余数据，也需要及时删除，清洗出适合进行数据分析的精华。

数据清洗		
删除错误的数据	删除多余的数据	删除重复的数据

3. 数据转换

因为数据的来源众多，所以在收集数据时，

难免会出现五花八门的数据格式和数据单位。如果直接使用，数据分析结果肯定会出现偏差和错误。此时，需要先统一数据格式和数据单位，为数据分析扫除障碍。

数据转换

转换数据格式　转换数据单位

4. 数据提取

在分析数据时，并不需要查看数据源中的所有数据，可以根据分析的内容，提取重点数据，如最大数、最小数、平均数、比例等。

数据提取

根据分析内容查看重点数据　提取最大数、最小数、平均数

5. 数据分组

数据分组是指以数据的特点为依据，将相同的数据分为一组，以利于数据的分析，如产品的销售情况、生产情况、市场占有率等，都可以作为分组的依据。

数据分组

根据数据的特点，将相同类型的数据分为一组

6. 数据计算

在分析数据时，仅凭原始数据还不能满足数据分析的要求。可以在数据源的基础上，通过计算得到更准确的数字。

数据计算

求和　平均值　增长率

虽然数据不会说话，但只要找到数据的规律，就可以从中找到想要的答案。在处理数据时，一些原本并不起眼的数据，在经过分组、求和、求平均值等处理之后，呈现出来的也许是一些意外的惊喜，能够从中找到数据的规律。

1.4　用图表展现数据

一份合格的数据分析报告，离不开精确的数据。但是，如果只有数据呈现其中，枯燥的数字很难让人一目了然地看出数据之间的关系。此时，需要使用图表将数据展现出来，清晰地展示数据之间的关系。

1.4.1　如何用图表为数据说话

图表是一种视觉沟通的语言，通过图表可以将枯燥的数据图像化，展现出数据动态的一面，帮助阅读者更好地理解图表中的数据关系。

专业的图表离不开 Illustrator、FreeHand、CorelDRAW、Photoshop、3ds max 等

软件的支持，但作为普通的职场商务人士，不需要使用以上图像处理软件制作出专家级的图表，只需要熟练地掌握 Excel 的图表制作技术，就可以成为一名专业的数据分析师。

在 Excel 中，提供了柱状图、条状图、折线图、散点图、面积图、气泡图、饼图、环形图、雷达图、曲面图等基础图表。合理运用这些图表样式，科学配比图表元素，完全可以制作出满足商务需求的 Excel 图表。

在商务工作中，需要的并不是一个花哨的图表，而是一个能够准确、直观地诠释数据的简洁图表，过度加工甚至干扰阅读理解的"专业"图表反而容易画蛇添足。

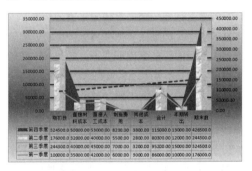

在数据分析时，怎样才能做出表达清楚、数据明了的图表呢？

无论要做出什么样式的图表，最重要的是将数据表达清楚。在制作图表的过程中，要注意以下制作原则。

1. 观点明确

制作图表的目的是将数据清晰地展现出来，为了确保信息传递的准确性和高效性，在制作图表时，需要在图表中明确表达出自己的观点。例如，分析一年销售情况的图表，可以设置图表标题为"年度销售情况分析"。

2. 简洁直观

好的图表，并不需要复杂的图表类型、炫彩的外观样式，而是需要尽可能简洁、直观地展现出数据之间的结构和关系，清楚地表达出数据分析的观点，让人一看就明白图表的意思，才能真正起到沟通的作用。

3. 细节严谨

一个好的图表与普通图表最大的差别在于：好的图表会完美地处理各种细节，每一个图表元素都一丝不苟，从细微处体现出图表的专业性。普通图表可能会拘泥于形式，而出现图表元素缺失、主题表现凌乱等情况。

1.4.2 怎样做出专业的图表

现在已经知道了图表制作的基本原则，但对于如何才能做出专业的图表还是无从下手。

虽然商务图表不需要向制作精良的专业图表看齐，但学习专业图表的制作方法，可以快速地制作出数据清晰、美观大方的商务图表。

1. 更换主题颜色

在制作图表时，为了方便，经常使用 Excel 的默认颜色和样式来表达数据。这样千篇一律的图表给人的第一印象就是：这是一个菜鸟做出来的图表。当得出这种结论后，就算数据分析做得再清晰，也没有人会耐心地往下看。

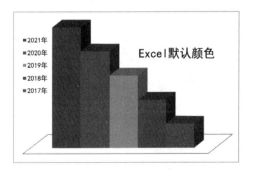

要改变这种现状，需要使用更多的配色来完善图表。如果对自己的配色能力不自信，不妨使用 Excel 的"主题"功能变换配色方案，选择一个与分析数据匹配的颜色。

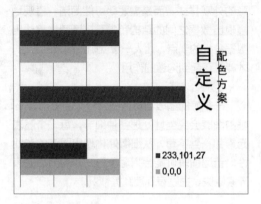

2. 调整默认布局

Excel 的图表制作功能很强大，可以直接生成数种基础图表，同时 Excel 也内置了多种图表布局样式供用户快速应用。

如果对图表的要求不高，使用默认的布局就可以满足使用的基础需求，但要成长为一位图表大师就需要调整默认布局。

首先要摒弃一个想法"内置的默认布局不合理"。相反，默认布局在一定程度上反映了这是工作中常用的布局方式，可以支撑日常数据分析的使用。但是，每份数据报告都有其自身的特点，所以要使图表更专业，使用默认布局就会出现重点不够突出、信息量不足、空间利用率不高等问题。

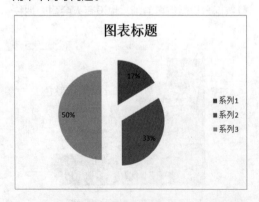

因此，想成为真正的图表大师，就要学会

审时度势，通过 Excel 强大的自定义功能修改布局，使其更加合理。根据需要，还可以添加副标题、图例解说、脚注等内容，使数据分析更加明确，就算没有制作者的解说，也能让人一眼看出数据的走向。

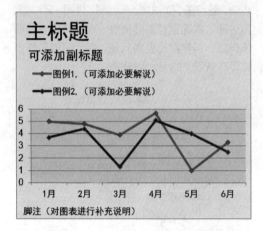

3. 设置图表字体

默认情况下，在 Excel 中新建的图表，其标题、图例、题注等文字部分的默认字体为"宋体"，并且在需要突出显示的部分，如标题处，默认应用"加粗"格式。

很多人认为，图表主要用于表现数据，字体并不重要，但默认字体在其他计算机或显示设备上显示时可能会出现变形，如果打印或印刷出来，与显示效果还会有更大的偏差。

为了让图表呈现出更专业的效果，还应该为其设置更专业的字体。最简单的设置方式，建议将中文文字设置为"黑体"，将英文与数字设置为 Arial 字体或 Arial Black 字体。下图是在字号相同的情况下，几种字体的对比效果。

宋体	1234567	English
宋体加粗	**1234567**	**English**
黑体	1234567	English
Arial	1234567	English
Arial Black	**1234567**	**English**

4. 精心设计图表数据

一个好的图表，最重要的就是数据。怎样

才能处理好图表上的数据,让图表更加完美,是进阶图表大师的关键所在。

细节决定成败,在制作图表时,不妨注意以下细节,也许可以指明处理图表数据的思路和方向。

- 坐标轴的处理。图表制作大师会根据实际情况对坐标轴进行一些必要的处理。例如,一般来说,图表的坐标轴起点为0,但是在需要突出显示数据差异时,图表制作大师可能会对坐标轴进行截断处理。为了使坐标轴标签更简洁、便于阅读,也可以对其进行适当的处理。例如,当标签为连续的年份如2018、2019、2020、2021等时,可以将其修改为2018、'19、'20、'21等;当纵坐标标签带有"%""¥"等符号时,可以只在最上面的刻度上显示该符号,在其他标签处省略符号,只显示数字,以便于阅读。

- 为图表添加注释。虽然图表是为数据服务的,但只有数据的图表,如果不经他人讲解,可能会让其他人看不清数据的意义。此时,可以在有必要说明的地方标注"*"等符号或数字1等上标,然后在脚注区域说明。

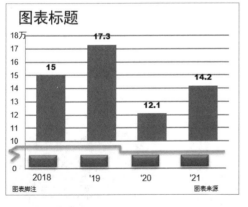

- 检查四舍五入。为了控制小数位数,Excel会自动进行四舍五入的计算,此时,就要注意检查各项之和是否等于总额。例如,在饼图中默认设置保留小数点后2位数字,有时会出现各项比例之和不等于100%的错误。为了避免与数据源产生过大误差或被动发现错误造成损失,可以在图表或表格中注明"由于进行四舍五入,各数据之和可能不等于100%(总额)"。

- 标明数据来源。在专业的图表中,制图者会在脚注末尾为图表标上数据来源。这样不仅可以体现出图表的专业性,也能让其他人在想进行延伸阅读时有据可考。对于普通的商务图表,标注来源并不是必需的,但了解制作的注意事项更有利于图表的设计。

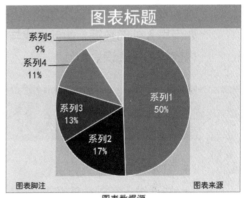

图表数据源				
系列1	系列2	系列3	系列4	系列5
49.1001	17.05	13.0001	11.06	9.21
50%	17%	13%	11%	9%

本章小结

本章主要介绍了数据分析的基础知识、Excel电子表格在工作中的应用、数据的收集,以及使用图表分析数据的方法。在学习本章的内容时,不要局限地认为数据分析只是简单的数据记录和汇报,而是需要通过各种方法展现出重要数据,找到数据中隐藏的真谛,才能在数据分析的过程中找到正确的答案。

第2章

数据分析之初：在 Excel 中创建数据源表

　　要进行 Excel 表格制作和数据分析，首先需要表格中有数据存在，所以输入数据是第一步。本章将详细讲解如何在 Excel 表格中高效地输入数据、如何导入外部数据、如何查找与替换数据，以及如何设置数据验证限定输入的内容等相关知识。

- 基本数据的输入方法
- 快速输入有规律的数据
- 查找 / 替换有规律的数据
- 复制和粘贴数据
- 导入外部数据
- 设置数据验证限定输入的内容

2.1 基本数据的输入方法

Excel 的基本数据包括文本、数值、货币、日期等类型，输入不同的数据类型其显示方式将不相同。如果是输入比较常规的文本、日期、数值等数据，系统会自动识别输入的数据类型。但是，如果需要输入一些特殊的数据，以及指定格式的日期、时间等，在输入之前需要对单元格格式进行设置后再输入。

2.1.1 文本型数据

文本通常是指一些非数值性的文字、符号等，如公司的职员姓名、企业的产品名称、学生的考试科目等。除此之外，一些不需要进行计算的数字也可以保存为文本形式，如电话号码、身份证号码等。所以，文本并没有严格意义上的概念，而且 Excel 也将许多不能理解的数值和公式数据都视为文本。

扫一扫，看视频

但是，在输入编号数据时，如果编号的开头为 0，直接输入数据后，系统会自动省略编号前的 0，此时可以先将单元格格式设置为文本型，然后再进行输入。

例如，需要在"员工档案表"工作簿中输入员工编号，操作方法如下。

步骤 01 打开"素材文件\第 2 章\员工档案表 .xlsx"，❶ 选中要输入员工编号的单元格区域；❷ 单击"开始"选项卡"数字"组中的功能扩展按钮 ⬐ 。

步骤 02 打开"设置单元格格式"对话框，❶ 在"数字"选项卡的"分类"列表框中选择"文本"选项；❷ 单击"确定"按钮。

步骤 03 返回工作表中，在设置了文本格式的单元格中输入以 0 开头的员工编号，即可正常显示，在单元格的左上角会出现一个绿色的小三角。

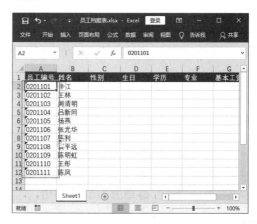

2.1.2 数值型数据

扫一扫，看视频

数值是代表数量的数字形式，如工厂的生产力及利润、学生的成绩、个人的工资等。数值可以是正数，也可以是负数，但共同点是都可以用于数值计算，如加、减、求平均值等。除了数字之外，还有一些特殊的符号也被 Excel 理解为数值，如百分号（%）、货币符号（$）、科学计数符号（E）等。

数字是 Excel 表格中最重要的组成部分。在单元格中输入普通数字的方法与输入文本的方法相似，即先选择单元格，然后输入数字，完成后按 Enter 键或单击其他单元格即可。为了使 Excel 表格正确显示出输入的数据，需要根据不同的数据类型，设置单元格的不同数字格式。

例如，在"员工档案表"工作簿中输入员工工资时，需要设置数字格式为货币，操作方法如下。

步骤 01 接上一例操作，❶ 选中要设置数据格式的单元格区域；❷ 单击"开始"选项卡"数字"组中的"数字格式"下拉按钮 ；❸ 在弹出的下拉列表中选择"其他数字格式"选项。

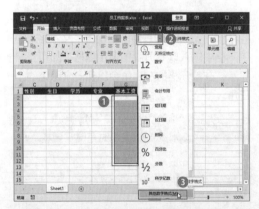

步骤 02 打开"设置单元格格式"对话框，❶ 在"数字"选项卡的"分类"列表框中选择"货币"选项；❷ 在右侧的"小数位数"微调框中设置小数位数为 0；❸ 在"负数"列表框中选择负数的数字格式；❹ 单击"确定"按钮。

步骤 03 返回工作表中，在设置了数字格式的单元格区域中输入数值，将自动显示为货币格式。

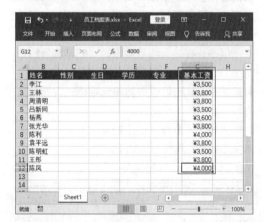

2.1.3 日期型数据

扫一扫，看视频

在 Excel 中，日期和时间是以一种特殊的数值形式来存储的，这种数值形式称为序列值。序列值是大于等于 0，小于 2958466 的数值，所以日期也可以理解为一个包括在数值数据范畴中的数值区间。

如果要在单元格中输入时间，可以以时间格式直接输入，如输入"15:30:00"。在 Excel 中，系统默认是按 24 小时制输入，如果要按照 12 小时制输入，就需要在输入的时间后加上 AM

或者 PM 字样来表示上午或下午。

如果要在单元格中输入日期，则可以在年、月、日之间用"/"或者"−"隔开。例如，在单元格中输入"21/12/1"，按 Enter 键后就会自动显示为日期格式"2021/12/1"。

如果要使输入的日期或时间以其他格式显示，例如输入日期"2021/12/1"后自动显示为"2021 年 12 月 1 日"的格式，就需要设置单元格格式。例如，需要在"员工档案表"工作簿中输入员工生日，操作方法如下。

步骤 01 接上一例操作，选中要设置日期格式的单元格区域，右击；在弹出的快捷菜单中选择"设置单元格格式"命令。

步骤 02 打开"设置单元格格式"对话框，❶ 在"数字"选项卡的"分类"列表框中选择"日期"选项；❷ 在右侧的"类型"列表框中选择需要的日期格式；❸ 单击"确定"按钮。

步骤 03 在设置了日期格式的单元格区域中，使用任意的日期输入方法输入日期。

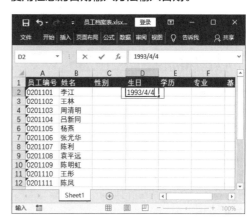

步骤 04 输入完成后按 Enter 键，即可看到输入的日期自动转换为之前设置的日期格式，然后输入其他日期即可。

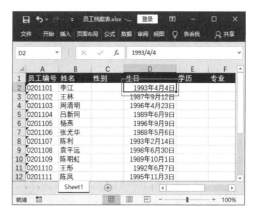

2.1.4 输入特殊符号

扫一扫，看视频

在制作表格时有时需要插入一些特殊符号，如●、和★等。这些符号有些可以通过键盘输入，有些却无法在键盘上找到与之匹配的键位，此时可以通过 Excel 的插入符号功能输入。

例如，需要在"员工档案表"工作簿中为某个员工插入备注符号★，操作方法如下。

步骤 01 接上一例操作，❶ 选中需要插入符号的单元格；❷ 单击"插入"选项卡"符号"组中的"符号"按钮。

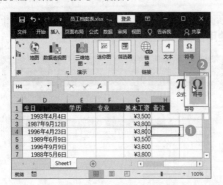

步骤 02 打开"符号"对话框，❶ 在"字体"下拉列表中选择 Wingdings；❷ 在下方的符号列表框中选择需要的符号★；❸ 单击"插入"按钮。

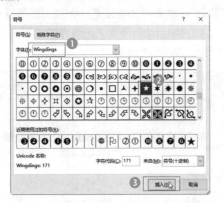

步骤 03 关闭"符号"对话框，返回工作表，即可看到符号已经插入到所选单元格中。

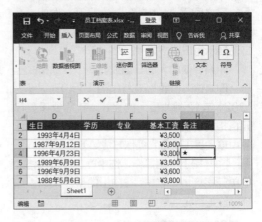

✎ 读书笔记

_____

_____

_____

_____

_____

2.2 快速输入有规律的数据

使用 Excel 输入数据，有时会遇到一些比较复杂但又有规律的数据，此时，如果一个一个地输入，不仅浪费时间，而且容易发生错漏。此时，可以使用填充功能，快速输入这些有规律的数据。例如，使用填充柄填充数据、输入等差序列、输入等比序列、自定义填充序列等。同样，如果从其他表格中合并的数据重复显示时，也可以批量删除重复数据。

2.2.1 使用填充功能输入数据

扫一扫，看视频

在 Excel 工作簿中输入数据时，最常用的方法是将光标定位到 Excel 工作表中，然后输入数据。当面对众多有规律，而且较长的序号时，手动操作将面临烦琐且有可能发生错漏等问题，此时选择填充输入，即可避免这些问题，操作方法如下。

1. 左键拖动填充

例如，在"员工信息表"工作簿中，员工工号的前段基本相同，在输入时，就可以通过左键拖动来完成，操作方法如下。

步骤 01 打开"素材文件\第 2 章\员工信息表 .xlsx"，在单元格中输入工号，选中该单元格，然后将光标移动到该单元格的右下角，当光标变为 ＋ 形状时，按下鼠标左键拖动。

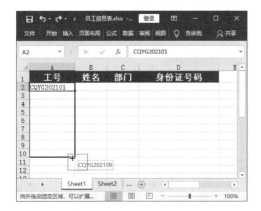

步骤 02 拖动到合适位置后，释放鼠标左键，即可看到数据已经填充完成。

小提示

在拖动的过程中，右下角会出现一个数字，为提示拖动序列到当前单元格的数值。在拖动完成后，目标单元格右下角会出现填充柄，释放鼠标后，将出现"自动填充选项"按钮 ，单击这个按钮，就可以展开填充选项列表，单击选择其中的选项，可以改变数据的填充方式。

2. 右键拖动填充

使用鼠标右键拖动，同样可以填充数据，但是与使用鼠标左键拖动不同，按住鼠标右键拖动 Excel 填充柄到目标单元格，释放鼠标后，

将弹出一个快捷菜单，在这个快捷菜单中，可以选择更多的填充选项。

例如，要在"考勤表"工作簿中输入工作日，如果使用左键拖动，会依次填充日期，因为周末不需要输入考勤信息，故需要再删除周末的日期。

如果使用右键填充，可以选择只填充工作日，避免了多余的操作，操作方法如下。

步骤 01 打开"素材文件\第 2 章\考勤表 .xlsx"，❶ 输入起始日期，然后使用鼠标右键拖动填充柄到合适的位置；❷ 在弹出的快捷菜单中选择"填充工作日"命令。

小提示

在右键快捷菜单中选择"序列"命令，在打开的"序列"对话框中，可以设置更多的填充格式。

步骤 02 操作完成后，即可看到日期已经自动避开了周六和周日进行填充。

3. 自定义填充序列

在编辑工作表的数据时，经常需要填充序列数据。Excel 提供了一些内置序列，可以直接使用。如果要经常使用内置序列中没有的数据序列，则需要自定义数据序列，以后便可填充自定义的序列，从而加快数据的输入速度。

例如，要自定义序列"行政部，财务部，开发部，市场部，销售部"，具体操作方法如下。

步骤 01 打开"素材文件 \ 第 2 章 \ 行政管理表 .xlsx"，在"文件"选项卡中单击"选项"命令。

步骤 02 打开"Excel 选项"对话框，单击"高级"选项卡"常规"栏中的"编辑自定义列表"按钮。

步骤 03 打开"自定义序列"对话框，❶ 在"输入序列"文本框中输入自定义序列的内容；❷ 单击"添加"按钮，将输入的序列添加到左侧"自定义序列"列表框中；❸ 依次单击"确定"按钮退出。

步骤 04 返回工作表中，在单元格中输入自定义序列的第一个内容，再利用填充功能拖动鼠标，即可自动填充自定义的填充序列。

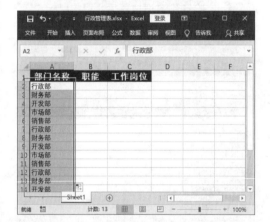

2.2.2 快速输入相同的数据

扫一扫，看视频

在制作表格时，经常会遇到需要在多个单元格中输入相同数据的情况，不管是直接输入，还是使用复制粘贴的方法，都比较耗时，此时，可以选择以下几种方法。

1. 在多个单元格中输入相同的数据

在输入数据时，有时需要在一些单元格中输入相同的数据，如果逐个输入，非常浪费时间，而且容易出错。为了提高输入速度，可按以下方法在多个单元格中快速输入相同的数据。

例如，在"员工档案表 1"工作簿中，要输入员工的性别，操作方法如下。

步骤 01 打开"素材文件\第 2 章\员工档案表 1.xlsx"，按住 Ctrl 键，单击选择要输入"男"的单元格，选择完成后输入"男"。

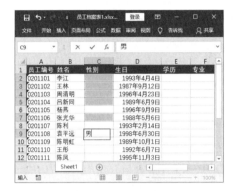

步骤 02 按 Ctrl+Enter 组合键，即可在选中的多个单元格中输入相同的内容。

2. 填充空白单元格

使用上面的方法填充数据时，如果要将剩下的空白单元格填充其他的数据，并不需要再依次选中单元格进行填充，可以利用 Excel 提供的"定位条件"功能快速选择空白单元格，然后进行填充，简单方便。

例如，要在性别一列剩下的单元格中都输入"女"，操作方法如下。

步骤 01 接上一例操作，① 选中性别一列的所有单元格区域；② 在"开始"选项卡的"编辑"组中，单击"查找和选择"按钮；③ 在弹出的下拉列表中选择"定位条件"选项。

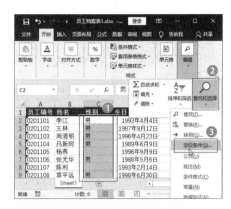

步骤 02 打开"定位条件"对话框，① 选择"空值"单选按钮；② 单击"确定"按钮。

步骤 03 返回工作表，所选单元格区域中的所有空白单元格处于选中状态，输入需要的数据内容"女"，按 Ctrl+Enter 组合键，即可快速填充所选的所有空白单元格。

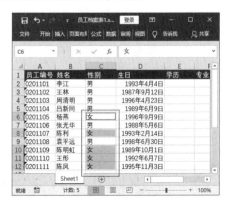

3. 在多个工作表中同时输入相同的数据

在输入数据时，不仅可以在多个单元格中输入相同的内容，还可以在多个工作表中同时输入相同的数据。

例如，要在"7月""8月""9月"3个工作表中同时输入相同的数据，具体操作方法如下。

步骤 01 新建一个空白工作簿，然后新建3个工作表，分别命名为"7月""8月""9月"。

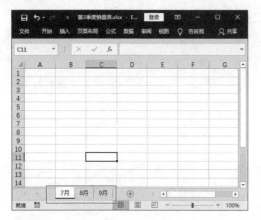

步骤 02 按住 Ctrl 键，依次单击工作表对应的标签，从而选中需要同时输入相同数据的多个工作表。❶ 在下图中选中"7月""8月""9月"3个工作表；❷ 直接在当前工作表中（如"7月"）输入需要的数据。

步骤 03 完成内容的输入后，右击任意工作表标签，在弹出的快捷菜单中选择"取消组合工

作表"命令，则可依次取消多个工作表的选中状态。

步骤 04 切换到"8月"或"9月"工作表后，可看到在相同的位置输入了相同的数据。

2.2.3 使用记忆功能快速输入

扫一扫，看视频

已经在工作表中输入一次的数据，运用 Excel 的记忆功能可以快速输入与当前列中其他单元格中相同的数据，从而提高输入效率。

例如，在"员工档案表 2"工作簿中，要在部门一列中输入与同列其他单元格中相同的数据，操作方法如下。

步骤 01 打开"素材文件\第 2 章\员工档案表 2.xlsx"，选中要输入相同数据的单元格，按 Alt+↓组合键，在弹出的下拉列表中将显示当前列的所有数据，可以选择需要输入的数据。

步骤 02 当前单元格中将自动输入所选数据。

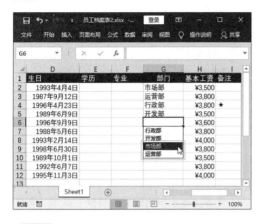

2.3 查找 / 替换有规律的数据

在数据量较大的工作表中，如果在录入数据时发生错误，想手动查找并替换单元格中的数据非常烦琐且困难。此时，可以使用 Excel 的查找和替换功能快速查找出错误，并替换为正确的数据。

2.3.1 使用替换快速修改同一错误

如果在工作表中有多个地方输入了同样错误的内容，可以利用查找和替换功能，一次性修改所有错误。

例如，要在"旅游业年度报告"工作簿中修改错误，操作方法如下。

步骤 01 打开"素材文件 \ 第 2 章 \ 旅游业年度报告 .xlsx"，❶ 在数据区域中选中任意单元格；❷ 在"开始"选项卡"编辑"组中单击"查找和选择"按钮；❸ 在弹出的下拉列表中选择"替换"选项。

扫一扫，看视频

步骤 02 打开"查找和替换"对话框，❶ 在"替换"选项卡的"查找内容"文本框中输入要查找的数据，如"有课"；❷ 在"替换为"文本框中输入要替换的内容，如"游客"；❸ 单击"全部替换"按钮。

步骤 03 系统即可开始进行查找和替换，完成替换后，会弹出提示框告知完成替换的数量，单击"确定"按钮。

步骤 04 返回"查找和替换"对话框，单击"关闭"按钮关闭该对话框。返回工作表中，即可看到数据已经全部按要求更改完成。

2.3.2 查找和替换公式

扫一扫，看视频

使用查找和替换功能，不仅可以更改文本错误，还可以查找和替换公式。

例如，在"6.18 大促销售清单"工作簿中，错误地使用了 SUM 函数，现在需要将 SUM 函数替换成 PRODUCT 函数，操作方法如下。

步骤 01 打开"素材文件 \ 第 2 章 \6.18 大促销售清单 .xlsx"，❶ 按 Ctrl+H 组合键，打开"查找和替换"对话框，在"替换"选项卡的"查找内容"和"替换为"文本框中，分别输入要查找的函数及要替换的函数；❷ 单击"选项"按钮。

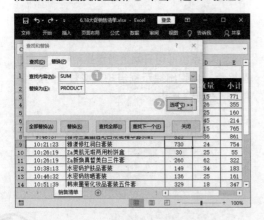

步骤 02 ❶ 在"查找范围"下拉列表中选择"公式"选项；❷ 单击"全部替换"按钮。

步骤 03 系统即可进行查找和替换，完成替换后，会弹出提示框告知完成替换的数量，单击"确定"按钮。

步骤 04 返回工作表中，即可看到公式已经全部按要求更改完成。

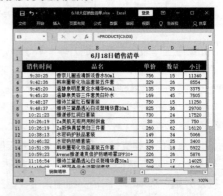

2.3.3 为查找到的数据设置指定格式

扫一扫，看视频

在工作中，有时会遇到需要在工作表中找到某个产品的型号，并重点标注，此时也可以使用查找和替换功能，在找到想要指定格式的内容后，再为内容设置字体格式、单元格填充颜色等，就可以重点标注了。

例如，在"6.18 大促销售清单"工作簿中，对查找到的单元格设置填充颜色，操作方法如下。

步骤 01 打开"素材文件 \ 第 2 章 \6.18 大促销售清单 .xlsx"，❶ 按 Ctrl+H 组合键，打开"查找和替换"对话框，在"替换"选项卡的"查找内容"和"替换为"文本框中，分别输入要查找及要替换的内容；❷ 单击"选项"按钮。

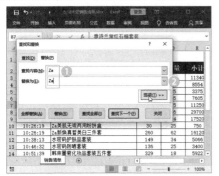

步骤 02 在"替换为"文本框右侧单击"格式"按钮。

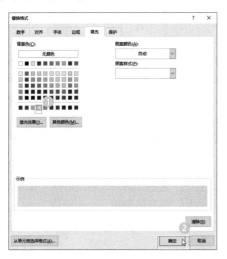

步骤 03 打开"替换格式"对话框，❶ 在"填充"选项卡的"背景色"栏中选择需要填充的颜色；❷ 单击"确定"按钮。

步骤 04 返回"查找和替换"对话框，可以看到填充颜色的预览效果，单击"全部替换"按钮进行替换。

步骤 05 替换完成后会弹出提示框，提示已完成替换，单击"确定"按钮，返回工作表，即可看到替换后的效果。

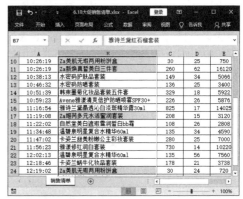

🔔 小提示

除了可以设置填充颜色之外，在"数字""对齐""字体""边框"等选项卡中，也可以设置替换成数据的其他格式。

✎ 读书笔记

2.4 复制和粘贴数据

复制和粘贴是工作中比较常用的功能之一，但通常人们只把这个功能用来录入重复数据。除此之外，使用复制和粘贴功能，还可以进行数据运算、随数据源自动更新、粘贴为图片和行列转置等操作。

2.4.1 在粘贴时进行数据运算

扫一扫，看视频

在工作中，可以在粘贴的时候进行运算操作。

例如，在"6.18 大促销售清单 1"工作簿中，在促销活动中所有商品要更改单价，改为 8 折，这时可使用粘贴功能进行运算，具体操作方法如下。

步骤 01 打开"素材文件＼第 2 章＼6.18 大促销售清单 1.xlsx"，❶ 在任意空白单元格中输入 0.8，之后选择该单元格，按 Ctrl+C 组合键进行复制；❷ 选择要进行运算的目标单元格区域，本例中选择"单价"一列中如图所示的区域；❸ 在"开始"选项卡的"剪贴板"组中单击"粘贴"下拉按钮；❹ 在弹出的下拉列表中选择"选择性粘贴"选项。

步骤 02 打开"选择性粘贴"对话框，❶ 在"运算"栏中选择计算方式，如选择"乘"单选按钮；❷ 单击"确定"按钮。

小提示

使用相同的方法，在"选择性粘贴"对话框中，还可以执行加、减、除等运算。

步骤 03 操作完成后，表格中所选区域的数字都将乘以 0.8。

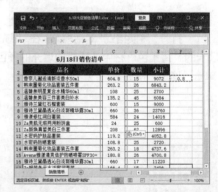

2.4.2 让粘贴数据随原数据自动更新

扫一扫，看视频

从工作表的其他位置复制数据之后，粘贴之后的数据可以随原数据自动更新。

例如，在"6.18 大促销售清

单 1"工作簿中，将数据复制为关联数据，即可使数据随原数据自动更新，操作方法如下。

步骤 01 打开"**素材文件 \ 第 2 章 \6.18 大促销售清单 1.xlsx**"，选中要复制的单元格或单元格区域，按 Ctrl+C 组合键进行复制。

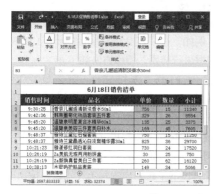

步骤 02 ❶ 选中要粘贴数据的单元格；❷ 在"开始"选项卡"剪贴板"组中单击"粘贴"下拉按钮；❸ 在弹出的下拉列表中单击"粘贴链接"按钮。

步骤 03 操作完成后，在复制数据的位置更改数据。

步骤 04 更改完成后，即可看到粘贴后的数据已经随之自动更新。

2.4.3　将数据粘贴为图片

对于有重要数据的工作表，为了防止他人随意修改，除了可以通过设置密码保护来实现外，还可以通过复制并粘贴为图片的方法来达到目的。

扫一扫，看视频

例如，在"6.18 大促销售清单 1"工作簿中，将数据粘贴为图片，操作方法如下。

步骤 01 打开"**素材文件 \ 第 2 章 \6.18 大促销售清单 1.xlsx**"，❶ 选中要复制为图片的单元格区域；❷ 在"开始"选项卡的"剪贴板"组中，单击"复制"下拉按钮；❸ 在弹出的下拉列表中选择"复制为图片"选项。

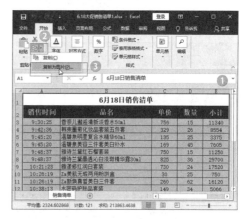

步骤 02 弹出"复制图片"对话框，❶ 在"外观"栏中选择"如屏幕所示"单选按钮，在"格式"

栏中选择"图片"单选按钮；❷ 单击"确定"按钮。

步骤 03 返回工作表，❶ 选择要粘贴的目标单元格；❷ 单击"开始"选项卡的"剪贴板"组中的"粘贴"下拉按钮；❸ 在弹出的下拉列表中单击"粘贴"按钮 🗋。

步骤 04 操作完成后，即可看到所选单元格区域已经粘贴为图片。

2.4.4 让数据行列转置

在表格制作完成后，有时会觉得行与列互相调换更能清楚地记录数据，此时可以使用行列转置功能，将原来的行变成列，原来的列变成行。

扫一扫，看视频

例如，在"2021 年销售统计"工作簿中，将数据进行转置，操作方法如下。

步骤 01 打开"素材文件＼第 2 章＼2021 年销售统计 .xlsx"，❶ 在工作表中选择要转置的数据区域，按 Ctrl+C 组合键进行复制操作；❷ 选择要粘贴的目标单元格；❸ 在"开始"选项卡的"剪贴板"组中单击"粘贴"下拉按钮；❹ 在弹出的下拉列表中单击"转置"按钮 🗋。

步骤 02 操作完成后，即可看到复制后的单元格已经完成行列转置。

2.5 导入外部数据

除了手动输入数据，在 Excel 中还有一个重要的录入数据的方式，即导入外部数据。可以导入的外部数据很多，包括文本数据、其他工作簿中的数据、Access 数据、网站数据等。本节将介绍几种常见的导入外部数据的方式。

2.5.1 导入文本数据

在日常工作中，有一些数据是以文本文件保存的，如果想要将这些数据导入 Excel 电子表格中，则可以通过导入文本数据的功能来完成。

扫一扫，看视频

例如，从考勤机里导出的员工打卡记录是以文本文件保存的，如果想要将打卡记录导入 Excel 中，操作方法如下。

步骤 01 打开"素材文件 \ 第 2 章 \ 考勤表 .xlsx"，❶ 选中需要放置数据的单元格，如 A1；❷ 单击"数据"选项卡的"获取和转换数据"组中的"从文本 /CSV"按钮 。

步骤 02 打开"导入数据"对话框，❶ 选择"素材文件 \ 第 2 章 \ 考勤表 .txt"文件；❷ 单击"导入"按钮。

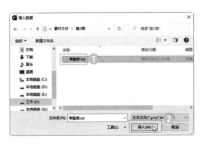

步骤 03 在打开的对话框中，❶ 在"文件原始格式"下拉列表中选择"无"选项；❷ 单击"加载"按钮。

步骤 04 返回工作表，即可看到文本文件中的内容已经导入工作表中，单击"表格工具 /设计"选项卡"工具"组中的"转换为区域"按钮。

步骤 05 在弹出的提示对话框中单击"确定"按钮。

步骤 06 操作完成后，即可看到导入文本数据后的最终效果。

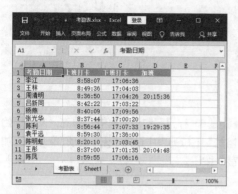

2.5.2 导入 Access 数据

扫一扫，看视频

公司数据库中的数据是数据分析的最佳来源，但是 Access 的数据分析功能较弱。使用 Excel 的导入功能，将 Access 中的数据导入 Excel 电子表格中，可以更好地分析数据。

例如，要在"联系人列表"工作簿中导入 Access 中的数据，具体操作方法如下。

步骤 01 打开"素材文件\第 2 章\联系人列表 .xlsx"，选中放置数据的单元格，❶ 单击"数据"选项卡"获取和转换数据"组中的"获取数据"下拉按钮；❷ 在弹出的下拉列表中选择"自数据库"选项；❸ 在弹出的二级列表中选择"从 Microsoft Access 数据库"选项。

步骤 02 打开"导入数据"对话框，❶ 选择"素材文件\第 2 章\联系人列表 .accdb"文件；

❷ 单击"导入"按钮。

步骤 03 打开"导航器"对话框，❶ 在"显示选项"目录下选择"联系人"选项；❷ 单击"加载"按钮。

步骤 04 返回工作表，即可看到数据库中的数据已经导入工作表中，❶ 单击"表格工具/设计"选项卡"工具"组中的"转换为区域"按钮；❷ 在弹出的提示对话框中单击"确定"按钮。

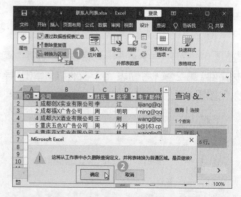

步骤 05 操作完成后，即可看到 Access 数据库的数据导入 Excel 表格后的最终效果。

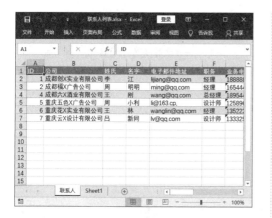

2.5.3 导入网站数据

想要及时、准确地获取需要的数据，就不能忽略掉网络资源。在国家统计局等专业网站上，可以轻松获取网站发布的数据，如产品报告、销售排行、股票行情、居民消费指数等。

扫一扫，看视频

例如，要将国家统计局发布的"2021 年 2 月下旬流通领域重要生产资料市场价格变动情况"数据（网址为 http://www.stats.gov.cn/tjsj/zxfb/202103/t20210304_1814327.html）导入 Excel 工作表，具体操作方法如下。

步骤 01 打开"素材文件 \ 第 2 章 \ 市场价格变动情况 .xlsx"，❶ 选中放置数据的单元格，❷ 单击"数据"选项卡"获取和转换数据"组中的"自网站"按钮。

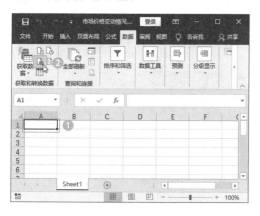

步骤 02 打开"从 Web"对话框，❶ 选择"基本"单选按钮，在 URL 文本框中输入要导入数据的网址；❷ 单击"确定"按钮。

步骤 03 打开"导航器"对话框，❶ 在"显示选项"目录下选择"Table 1"选项；❷ 单击"加载"按钮。

步骤 04 返回工作表，即可看到数据库中的数据已经导入工作表中，❶ 单击"表格工具 / 设计"选项卡"工具"组中的"转换为区域"按钮；❷ 在弹出的提示对话框中单击"确定"按钮。

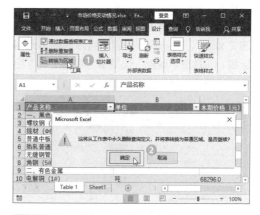

步骤 05 操作完成后，即可看到 Excel 工作表中导入网站数据后的最终效果。

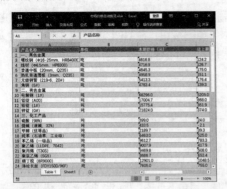

如果不将表格转换为普通区域，则单击"数据"选项卡"连接"组中的"全部刷新"下拉按钮，在弹出的下拉列表中选择"刷新"选项，可以刷新网站数据。

2.6 设置数据验证限定输入的内容

在制作 Excel 表格时，使用数据验证可以限定单元格中可以输入的内容，如可以在单元格中输入的文本长度、文本内容、数值范围等。设置了数据验证的单元格，可以为填写数据的人员提供提示信息，减少输入错误，提高工作效率。

2.6.1 创建下拉列表选择输入

扫一扫，看视频

如果在单元格中要填写几项固定的内容，可以创建下拉列表，在输入时只需从中选择固定内容即可。

例如，在"员工档案表 2"工作簿的"学历"列中，可以创建下拉列表后选择输入，具体操作方法如下。

步骤 01 打开"素材文件\第 2 章\员工档案表 2.xlsx"，❶ 选择要设置内容限制的单元格区域；❷ 单击"数据"选项卡"数据工具"组中的"数据验证"按钮。

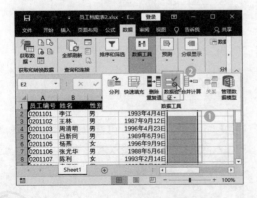

步骤 02 打开"数据验证"对话框，❶ 在"允许"下拉列表中选择"序列"选项；❷ 在"来源"文本框中输入以英文逗号分隔的序列内容；❸ 单击"确定"按钮。

在设置下拉列表时，在"数据验证"对话框的"设置"选项卡中，一定要确保"提供下拉箭头"复选框为勾选状态（默认是勾选状态），否则用户选择了设置有数据下拉表的单元格后，不会出现下拉按钮，也无法弹出下拉列表供用户选择。

步骤 03 返回工作表，可看到设置了下拉列表的单元格，其右侧会出现一个下拉按钮，单击该下拉按钮，将弹出下拉列表，选择某个选项，即可快速地在该单元格中输入所选内容。

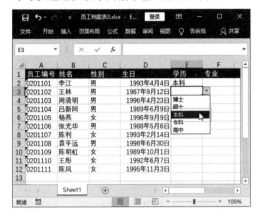

2.6.2　只允许在单元格中输入数值

在工作中，如果需要规定在某个单元格区域中只能输入数值，而不能输入文本、日期等其他格式的数据，则可以使用公式来设置数据验证，以达到规定单元格内只能输入数值的要求。

扫一扫，看视频

例如，在"2021 年销量统计"工作簿"销售数量"列中设置单元格区域内只能输入数值，具体操作方法如下。

步骤 01 打开"素材文件 \ 第 2 章 \2021 年销量统计 .xlsx"，❶ 选择要设置内容限制的单元格区域；❷ 单击"数据"选项卡"数据工具"组中的"数据验证"按钮 。

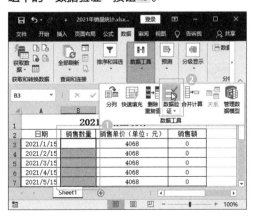

步骤 02 打开"数据验证"对话框，❶ 在"允许"下拉列表中选择"自定义"选项；❷ 在"公式"文本框中输入"=ISNUMBER(B3)"（ISNUMBER 函数用于测试输入的内容是否为数值，B3 是指所选单元格区域的第一个活动单元格）；❸ 单击"确定"按钮。

步骤 03 经过以上操作后，在所选单元格中如果输入除数字以外的其他内容，就会出现错误提示的警告。

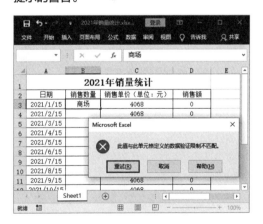

2.6.3　禁止输入重复数据

扫一扫，看视频

在录入表格数据时，如身份证号码、发票号码之类的数据都具有唯一性，为了避免在输入过程中因为输入错误而导致数据相同，可以通过数据验证功能防止输入重复值。

例如，在"员工档案表"工作簿中设置"工号"单元格区域内不允许输入重复值，操作方法如下。

步骤 01 打开"素材文件＼第 2 章＼员工档案表 .xlsx"，❶ 选择要设置内容限制的单元格区域；❷ 单击"数据"选项卡"数据工具"组中的"数据验证"按钮 ☒。

步骤 02 打开"数据验证"对话框，❶ 在"允许"下拉列表中选择"自定义"选项；❷ 在"公式"文本框中输入"=COUNTIF($A$2:$A$12,A2)<=1"；❸ 单击"确定"按钮。

步骤 03 返回工作表中，当在"工号"单元格区域中输入重复数据时，就会出现错误提示的警告。

2.6.4 设置数值的输入范围

扫一扫，看视频

在录入表格数据时，如果对数据范围有要求，则可以设置数值的输入范围，避免输入错误。

例如，在"商品定价表"工作簿中设置数值的输入范围，并设置输入信息和出错警告，具体操作方法如下。

步骤 01 打开"素材文件＼第 2 章＼商品定价表 .xlsx"，选中要设置数值的输入范围的单元格区域 B3:B8，打开"数据验证"对话框，❶ 在"允许"下拉列表中选择"整数"选项；❷ 在"数据"下拉列表中选择"介于"选项；❸ 分别设置文本长度的最小值和最大值，如最小值为 1800，最大值为 4600；❹ 选择"输入信息"选项卡。

步骤 02 ❶ 在"输入信息"选项卡的"标题"文本框中输入标题，在"输入信息"文本框中输入提示信息；❷ 单击"出错警告"选项卡。

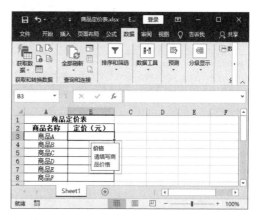

步骤 03 ❶ 在"出错警告"选项卡的"标题"文本框中输入标题，在"错误信息"文本框中输入错误信息提示；❷ 单击"确定"按钮。

步骤 04 返回工作表，选中设置了数据验证的单元格，即可显示提示信息。

步骤 05 在设置了数据验证的单元格中输入 1800~4600 之外的数据时，会出现错误提示的警告。

2.6.5 设置文本的输入长度

有些单元格中为了加强输入数据的准确性，可以限制单元格的文本输入长度，当输入的内容超过或低于设置的长度时，系统就会出现错误提示的警告。

扫一扫，看视频

例如，在"身份证号码采集表"工作簿中设置单元格区域内文本的长度，具体操作方法如下。

步骤 01 打开"素材文件\第 2 章\身份证号码采集表 .xlsx"，选中要设置文本长度的单元格区域，打开"数据验证"对话框，❶ 在"设置"选项卡的"允许"下拉列表中选择"文本长度"选项；❷ 在"数据"下拉列表中选择"等于"选项；

❸ 在"长度"文本框中设置文本长度为 18；
❹ 单击"确定"按钮。

步骤 02 返回工作表中，在所选单元格中输入内容时，若文本长度不等于 18，则会出现错误提示的警告。

读书笔记

本章小结

　　本章的重点在于掌握如何在 Excel 中高效地输入数据。除了掌握基本数据的输入方法外，还要熟悉填充数据、查找和替换数据、复制和粘贴数据、导入外部数据和设置数据验证的操作方法。通过本章的学习，能够熟练地在 Excel 中快速制作出合适的数据表，为以后的数据分析打下基础。

第3章

规范数据与表格：Excel 数据的整理与美化

本章导读

　　数据分析的第二步是整理出规范的数据表。条理清晰、格式规范的数据表可以让人更快地从中找出关键数据，得到准确的结果。在规范数据表时，要整理不规范的数据，可以使用单元格样式和表格样式，还可以使用条件格式重点突出数据。本章将学习如何将数据格式化管理，做好数据分析的准备工作。

本章要点

- 整理不规范的表格及数据
- 为表格应用表格样式
- 为表格应用单元格样式
- 使用条件格式分析数据

3.1 整理不规范的表格及数据

要做到高效地分析数据，工作表中的数据源必须结构清晰、格式统一、数据规范。在实际工作中，数据表格式多种多样，为了更好地分析数据，将数据格式化、规范化是分析数据的必要前提。

3.1.1 快速删除重复值

扫一扫，看视频

在统计工作表数据时，经常会发生重复统计的情况，此时需要删除重复值。除了逐一删除之外，还可以使用删除重复值功能，快速地把重复值全部删除。

例如，在"行政管理表1"工作簿中，要删除重复的部门，操作方法如下。

步骤 01 打开"素材文件\第3章\行政管理表1.xlsx"，❶ 在数据区域中选中任意单元格；❷ 在"数据"选项卡"数据工具"组中单击"删除重复值"按钮。

步骤 02 打开"删除重复值"对话框，❶ 在"列"列表框中选择需要进行重复值检查的列；❷ 单击"确定"按钮。

步骤 03 Excel 将对选中的列进行重复值检查并删除重复值，检查完成后会弹出提示框，单击"确定"按钮。

步骤 04 返回工作表中，即可看到重复数据已经被删除。

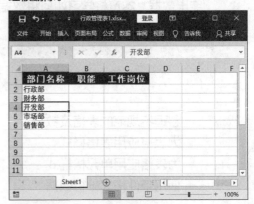

3.1.2 取消合并单元格

扫一扫，看视频

当工作表中有合并单元格时，会影响数据的分析与处理，此时需要取消合并单元格。如果只有少量的合并单元格，可以依次执行"取消合并"的操作，如果合并单元格较多时，则依次取消无疑会浪费太多时间。而取消合并单元格之后，还要填充空白单元格，避免分析时发生错误，此时则需要用取消合并单元格的整理技巧来处理。

例如，在"近年销量表"工作簿中，要取消合并单元格并填充空白单元格，操作方法如下。

步骤 01 打开"素材文件 \ 第 3 章 \ 近年销量表 .xlsx"，❶ 选中多个合并单元格；❷ 在"开始"选项卡"对齐方式"组中单击"合并后居中"下拉按钮；❸ 在弹出的下拉列表中选择"取消单元格合并"选项。

步骤 02 拆分后将出现空白单元格，保持单元格的选中状态不变，❶ 单击"开始"选项卡"编辑"组中的"查找和选择"下拉按钮；❷ 在弹出的下拉列表中选择"定位条件"选项。

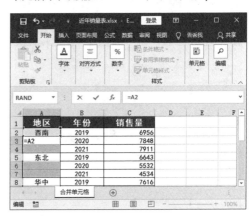

步骤 03 打开"定位条件"对话框，❶ 选择"空值"单选按钮；❷ 单击"确定"按钮。

步骤 04 此时将自动选中拆分出的所有空白单元格，将光标定位到 A3 单元格中，输入公式"=A2"（使用该公式，即表示空白单元格的内容与上一个单元格一样；若将光标定位在 A7 单元格中，则输入"=A6"，以此类推）。

步骤 05 按 Ctrl+Enter 组合键，即可根据输入的公式，快速填充所选的空白单元格。

3.1.3 快速删除空白行 / 列

扫一扫，看视频

当工作表中含有空白行/列时，会影响数据分析的效果，需要删除空白行/列。

如果只是少量的空白行/列，则选中行/列，然后右击，在弹出的快捷菜单中选择"删除"命令即可。

如果是数据量较大的数据表中含有较多的空白行/列，则需要使用技巧来删除。

1. 使用"筛选"功能删除

使用"筛选"功能可以筛选出数据表中的空白行，然后将其删除，操作方法如下。

步骤 01 打开"素材文件 \ 第 3 章 \6.18 大促销售清单 .xlsx"，❶ 选中数据区域；❷ 单击"数据"选项卡"排序和筛选"组中的"筛选"按钮。

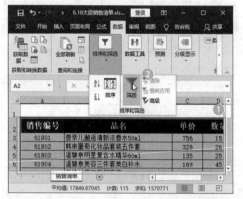

步骤 02 进入筛选状态，❶ 单击任意筛选字段右侧的下拉按钮 ▼；❷ 在弹出的下拉列表中只勾选"空白"复选框；❸ 单击"确定"按钮。

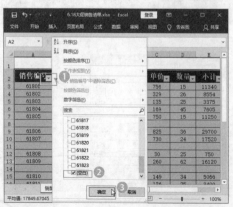

步骤 03 返回工作表中可以查看到，已经筛选出空白行，选中空白行右击，在弹出的快捷菜单中选择"删除行"命令。

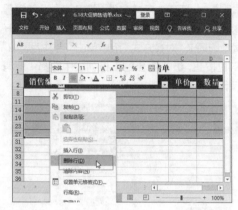

步骤 04 单击"数据"选项卡"排序和筛选"组中的"筛选"按钮。

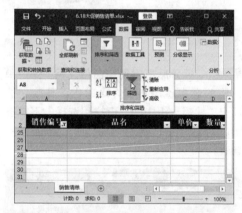

步骤 05 取消筛选后即可看到已经删除了空白行。

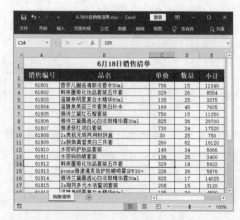

2. 使用"定位条件"功能删除

使用"定位条件"功能可以先定位空白行，再执行删除操作，操作方法如下。

步骤 01 打开"素材文件\第 3 章\6.18 大促销售清单 .xlsx"，❶ 选中数据区域；❷ 单击"开始"选项卡"编辑"组中的"查找和选择"下拉按钮；❸ 在弹出的下拉列表中选择"定位条件"选项。

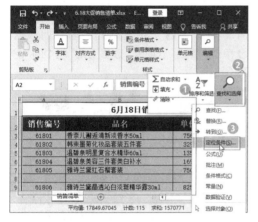

步骤 02 打开"定位条件"对话框，❶ 选择"行内容差异单元格"单选按钮；❷ 单击"确定"按钮。

步骤 03 返回工作表，即可看到已经选中数据区域内的所有非空行。❶ 单击"开始"选项卡"单元格"组中的"格式"下拉按钮；❷ 在弹出的下拉列表中选择"隐藏和取消隐藏"选项；❸ 在弹出的二级列表中选择"隐藏行"选项。

步骤 04 ❶ 选中设置了表格边框的单元格区域；❷ 单击"开始"选项卡"编辑"组中的"查找和选择"下拉按钮；❸ 在弹出的下拉列表中选择"定位条件"选项。

步骤 05 打开"定位条件"对话框，❶ 选择"可见单元格"单选按钮；❷ 单击"确定"按钮。

步骤 06 在选中的单元格上右击，在弹出的快捷菜单中选择"删除"命令。

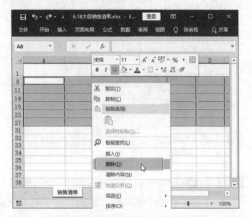

步骤 07 选中第1行至第26行，右击，在弹出的快捷菜单中选择"取消隐藏"命令。

步骤 08 操作完成后即可看到已经删除了空白行。

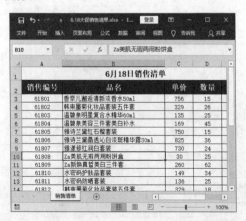

3.1.4　不规范日期的整理

扫一扫，看视频

　　在制作表格时，有时因为填写日期的习惯不同，在同一个表格中会出现多种日期记录方式。此时，需要将其统一整理，以方便之后的数据分析。

　　例如，在"家电销售情况"工作簿中，要将不规范的日期统一整理，操作方法如下。

步骤 01 打开"素材文件\第3章\家电销售情况.xlsx"，❶ 选中B列的销售日期数据；❷ 单击"数据"选项卡"数据工具"组中的"分列"按钮。

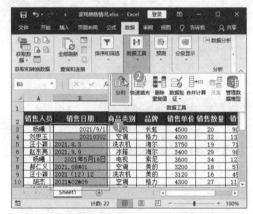

步骤 02 打开"文本分列向导 – 第1步，共3步"对话框，❶ 选择"分隔符号"单选按钮；❷ 单击"下一步"按钮。

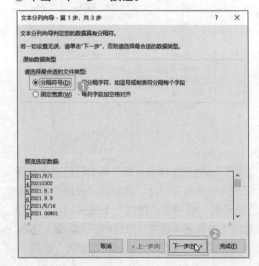

步骤 03 在打开的"文本分列向导－第 2 步，共 3 步"对话框中直接单击"下一步"按钮。

步骤 05 返回工作表中，❶ 选中 B 列的销售日期数据；❷ 单击"开始"选项卡"数字"组中的"数字格式"下拉按钮；❸ 在弹出的下拉列表中选择"短日期"选项。

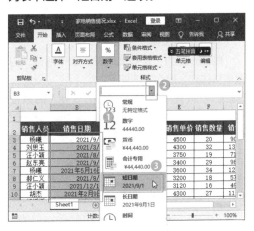

步骤 04 ❶ 在打开的"文本分列向导－第 3 步，共 3 步"对话框中选择"日期"单选按钮；❷ 单击"完成"按钮。

步骤 06 操作完成后即可看到不规范的日期已经更改为规范的日期格式。

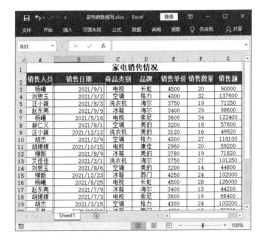

3.2 为表格应用表格样式

在制作表格时，默认的表格样式为白底黑字，虽然黑白分明，但对于数据量较大的表格，却不易阅读，此时可以对表格设置样式。Excel 内置了多种表格样式，可以轻松地制作出样式精美的表格，还可以根据需要设计自定义样式的表格。

3.2.1 应用系统内置的表格样式

扫一扫，看视频

Excel 内置的表格样式预设了字体、边框、底纹等表格属性，只需选择需要的表格外观，就可以应用表格样式。

例如，要为"销售业绩表"工作簿应用内置表格样式，操作方法如下。

步骤 01 打开"素材文件\第 3 章\销售业绩表 .xlsx"，❶ 单击"开始"选项卡"样式"组中的"套用表格格式"下拉按钮；❷ 在弹出的下拉列表中选择一种表格样式。

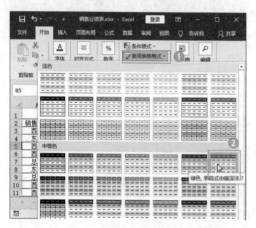

步骤 02 打开"创建表"对话框，❶ 在"表数据的来源"文本框中选择表格的数据区域；❷ 勾选"表包含标题"复选框（默认选择）；❸ 单击"确定"按钮。

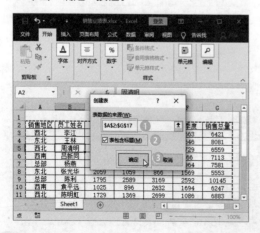

步骤 03 ❶ 单击"表格工具 / 设计"选项卡"工具"组中的"转换为区域"按钮；❷ 在弹出的提示对话框中单击"是"按钮。

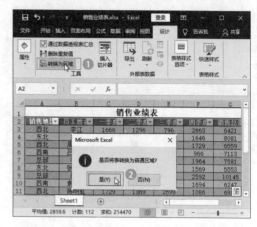

步骤 04 操作完成后，即可看到应用了系统内置的表格样式后的效果。

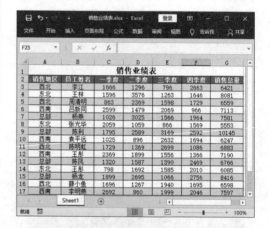

3.2.2 自定义表格样式

扫一扫，看视频

如果内置的表格样式不能满足需求，则可以自定义表格样式，操作方法如下。

步骤 01 打开"素材文件\第 3 章\销售业绩表 .xlsx"，❶ 单击"开始"选项卡"样式"组中的"套用表格格式"下拉按钮；❷ 在弹出的下拉列表中选择"新建表格样式"选项。

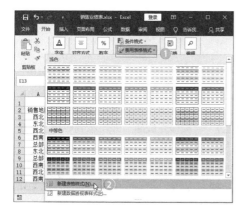

步骤 02 打开"新建表样式"对话框，❶ 在"名称"文本框中输入表样式的名称；❷ 在"表元素"列表框中选择"整个表"；❸ 单击"格式"按钮。

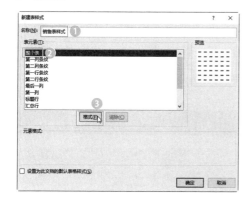

步骤 03 打开"设置单元格格式"对话框，❶ 在"边框"选项卡中选择边框的样式和颜色；❷ 在"预置"栏选择"内部"选项。

步骤 04 ❶ 重新选择一种粗线条的边框样式，在"预置"栏选择"外边框"选项；❷ 单击"确定"按钮。

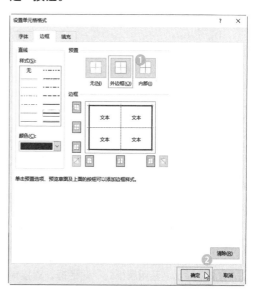

步骤 05 返回"新建表样式"对话框，使用相同的方法设置其他"表元素"，完成后单击"确定"按钮。

步骤 06 返回工作表，❶ 选中要应用自定义表格样式的单元格；❷ 单击"开始"选项卡"样式"组中的"套用表格格式"下拉按钮；❸ 在弹出的下拉列表中可以看到新建的自定义表格样式，选择该样式。

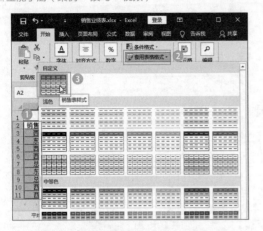

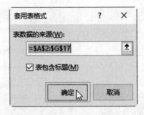

步骤 08 操作完成后，即可看到应用了自定义表格样式后的效果。

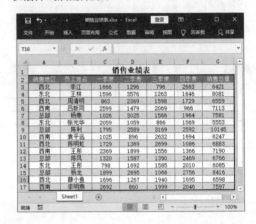

小技巧

在自定义表格样式上右击，在弹出的快捷菜单中选择"修改"命令，可以打开"修改表样式"对话框，在其中修改自定义表格样式。

步骤 07 弹出"套用表格式"对话框，直接单击"确定"按钮。

3.3 为表格应用单元格样式

在 Excel 中，除了可以应用表格样式美化表格外，还可以使用内置的单元格样式进行设置。Excel 的单元格预定义了不同的文字格式、数字格式、对齐格式、边框和底纹效果等格式模板。应用单元格样式可以快速地使每个单元格都具有不同的特点，让用户轻松拥有美观的表格。

3.3.1 应用系统内置的单元格样式

扫一扫，看视频

Excel 内置了多种单元格样式，可以通过选择单元格样式快速美化单元格，操作方法如下。

步骤 01 打开"素材文件\第3章\销售业绩表 1.xlsx"，❶ 选中要应用单元格样式的单元格；❷ 单击"开始"选项卡"样式"组中的"单元格样式"下拉按钮；❸ 在弹出的下拉列表中选择一种单元格样式。

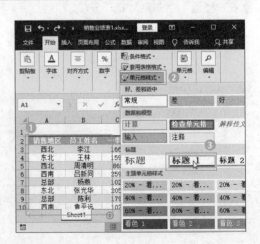

步骤 02 操作完成后，即可看到所选单元格应用了系统内置的单元格样式。

3.3.2 自定义单元格样式

如果内置的单元格样式不能满足需求，也可以自定义单元格样式，操作方法如下。

扫一扫，看视频

步骤 01 打开"素材文件\第 3 章\销售业绩表 1.xlsx"，❶ 单击"开始"选项卡"样式"组中的"单元格样式"下拉按钮；❷ 在弹出的下拉列表中选择"新建单元格样式"选项。

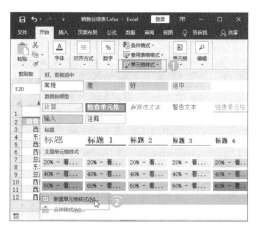

步骤 02 打开"样式"对话框，❶ 在"样式名"文本框中输入样式的名称；❷ 单击"格式"按钮。

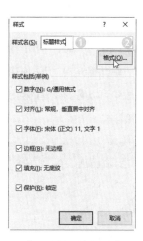

步骤 03 打开"设置单元格格式"对话框，在"对齐"选项卡中设置单元格的对齐方式。

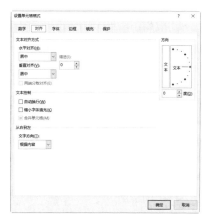

步骤 04 使用相同的方法，分别在"字体""边框""填充"选项卡中设置相应的单元格样式，完成后单击"确定"按钮。

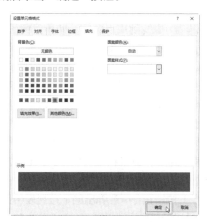

步骤 05 返回工作表，❶ 选中要应用自定义单元格样式的单元格；❷ 单击"开始"选项卡"样式"组中的"单元格样式"下拉按钮；❸ 在弹出的下拉列表中可以看到新建的自定义单元格样式，选择该样式。

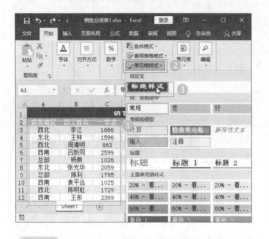

小技巧

在自定义单元格样式上右击，在弹出的快捷菜单中选择"删除"命令，可以删除该单元格样式。

步骤 06 操作完成后，即可看到所选单元格已经应用了自定义单元格样式。

3.4 使用条件格式分析数据

在 Excel 中，条件格式就是指当单元格中的数据满足某一个设定的条件时，以设定的单元格格式显示出来。在分析数据时，条件格式就是重点数据的指路明灯，让用户可以在众多数据中找到规律，识别数据走向。

3.4.1 显示重点单元格

扫一扫，看视频

在 Excel 中，从众多单元格中找到重点数据，如果仅凭眼力，是一件很困难的事情。此时，可以使用条件格式将其突出显示。

例如，在"2021 全年销量表"工作簿中，要重点显示销售总量低于 7000 的数据，操作方法如下。

步骤 01 打开"素材文件\第 3 章\2021 全年销量表 .xlsx"，❶ 选择 G2：G16 单元格区域；❷ 单击"开始"选项卡"样式"组中的"条件格式"下拉按钮；❸ 在弹出的下拉列表中选择"突出显示单元格规则"选项；❹ 在弹出的二级

列表中选择"小于"选项。

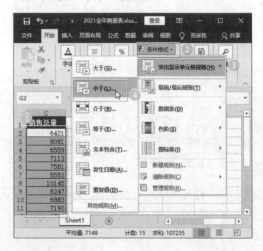

步骤 02 打开"小于"对话框，❶ 在数值框中输入 7000；❷ 在"设置为"下拉列表中选择"绿填充色深绿色文本"选项；❸ 单击"确定"按钮。

步骤 03 返回工作表中，即可看到所选单元格区域中数值低于 7000 的数据，已经按照设置的填充样式重点显示。

3.4.2 显示排名靠前的单元格

　　在各类数据报表中，经常需要找出排名靠前或靠后的数据，此时，可以使用条件格式中的"最前 / 最后规则"选项将其显示。

　　例如，要在"2021 全年销量表 1"工作簿中将一季度销售额排名前 3 位的数据突出显示出来，操作方法如下。

步骤 01 打开"素材文件 \ 第 3 章 \2021 全年销量表 1.xlsx"，❶ 选中 C2：C16 单元格区域；❷ 单击"条件格式"下拉按钮；❸ 在弹出的下拉列表中选择"最前 / 最后规则"选项；❹ 在弹出的二级列表中选择"前 10 项"选项。

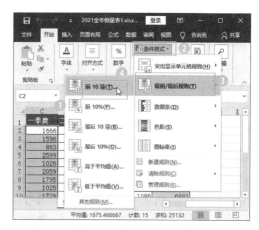

步骤 02 打开"前 10 项"对话框，❶ 在微调框中将值设置为 3，然后在"设置为"下拉列表中选择需要的格式；❷ 单击"确定"按钮。

步骤 03 返回工作表，即可看到所选单元格区域中排名前 3 位的数据，已经按照设置的填充样式重点显示。

3.4.3 显示重复的数据

扫一扫，看视频

在记录数据时，有时会因为操作失误而导致数据重复录入。此时，需要找出重复的数据，再根据实际情况处理重复的数据。

例如要在"职员招聘报名表"工作簿中将表格中重复的姓名标记出来，操作方法如下。

步骤 01 打开"素材文件\第3章\职员招聘报名表.xlsx"，❶选中要设置条件格式的单元格区域；❷单击"条件格式"下拉按钮；❸在弹出的下拉列表中选择"突出显示单元格规则"选项；❹在弹出的二级列表中选择"重复值"选项。

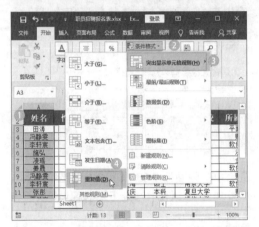

步骤 02 打开"重复值"对话框，❶单击"设置为"列表框的下拉按钮 ；❷在弹出的下拉列表中选择"自定义格式"选项。

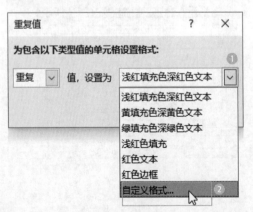

步骤 03 打开"设置单元格格式"对话框，在"字体"选项卡中设置字体样式。

步骤 04 ❶在"填充"选项卡的"背景色"栏选择一种填充颜色；❷单击"确定"按钮。

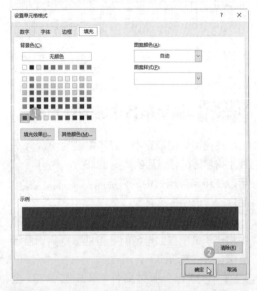

步骤 05 返回工作表，即可看到根据设置的单元格格式突出显示了重复的姓名。

姓名	性别	年龄	籍贯	学历	毕业院校
田涛	男	25	四川	本科	西南交通
冯静雯	女	24	重庆	本科	重庆大学
李轩宸	男	28	上海	硕士	南京大学
旆弘	男	26	广东	本科	浙江大学
凌瑶	女	26	江苏	硕士	复旦大学
姜晨	男	26	广东	本科	重庆大学
冯静雯	女	24	重庆	本科	重庆大学
李轩宸	男	28	上海	硕士	南京大学
张彤	女	24	重庆	本科	复旦大学
严健杰	男	25	江西	本科	清华大学
彭浩	男	25	上海	本科	重庆大学
吕菡	女	27	湖北	硕士	北京大学
魏玉萱	女	25	安徽	本科	武汉大学

销售地区	员工姓名	一季度	二季度	三季度	四季度	销售
西北	李江	1666	1296	796	2663	
东北	王林	1596	3576	1263	1646	
西北	周清明	863	2869	1598	1729	
西南	吕新同	2599	1479	2069	966	
总部	杨燕	1026	3025	1566	1964	
东北	张光华	2059	1059	866	1569	
总部	陈利	1795	2589	3169	2592	
西南	袁平远	1025	896	2632	1694	
西南	陈刚明	1729	1369	2699	1086	
西南	王彤	2369	1899	1556	1366	
总部	陈凤	1320	1587	1390	2469	
东北	王彤	798	1692	1585	2010	
总部	杨宏	1899	2695	1066	2756	
西北	薛小鱼	1696	1267	1940	1695	
西南	李明燕	2692	860	1999	2046	

3.4.4 使用数据条分析数据

在 Excel 中使用数据条功能，可以直观地显示数据的大小。为数据应用数据条后，颜色条越长，表示表格中的数据越大，反之则越小。

扫一扫，看视频

例如，要在"2021 全年销量表 2"工作簿中使用数据条显示"二季度"列中的数据，操作方法如下。

步骤 01 打开"素材文件 \ 第 3 章 \2021 全年销量表 2.xlsx"，❶ 选中要设置条件格式的单元格区域；❷ 单击"开始"选项卡"样式"组中的"条件格式"下拉按钮；❸ 在弹出的下拉列表中选择"数据条"选项；❹ 在弹出的二级列表中选择一种数据条样式。

步骤 02 操作完成后返回工作表，即可看到设置了数据条后的效果。

3.4.5 使用色阶分析数据

扫一扫，看视频

色阶功能可以在单元格区域中以双色渐变或三色渐变直观地显示数据，便于了解数据的分布和变化。

例如，要在"2021 全年销量表 3"工作簿中以色阶显示"三季度"列中的数据，操作方法如下。

步骤 01 打开"素材文件 \ 第 3 章 \2021 全年销量表 3.xlsx"，❶ 选中要设置条件格式的单元格区域；❷ 单击"开始"选项卡"样式"组中的"条件格式"下拉按钮；❸ 在弹出的下拉列表中选择"色阶"选项；❹ 在弹出的二级列表中选择一种色阶样式。

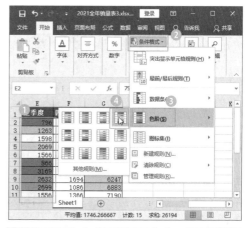

步骤 02 操作完成后返回工作表，即可看到设置了色阶后的效果。

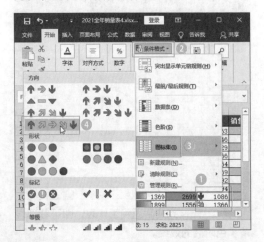

3.4.6 使用图标集分析数据

扫一扫，看视频

图标集用于对数据进行注释，并可以按值的大小将数据分为 3~5 个类别，每个图标代表一个数据范围。

例如，要在"2021 全年销量表 4"工作簿中将"四季度"列的销量通过图标集进行标识，操作方法如下。

步骤 01 打开"素材文件 \ 第 3 章 \2021 全年销量表 4.xlsx"，❶ 选中要设置条件格式的单元格区域；❷ 单击"开始"选项卡"样式"组中的"条件格式"下拉按钮；❸ 在弹出的下拉列表中选择"图标集"选项；❹ 在弹出的二级列表中选择一种图标集样式。

步骤 02 操作完成后返回工作表，即可看到应用了图标集后的效果。

本章小结

本章重点讲解了数据的整理和格式美化的相关内容，不规范数据的整理方法、表格样式和单元格样式的应用，以及使用条件格式简要分析数据的操作方法。通过本章的学习，可以制作出规范、美观的数据表，并能通过条件格式简单地分析数据。

✎ 读书笔记

第4章

数据分析基本技能：排序、筛选和分类汇总

本章导读

在进行数据分析时，排序、筛选和汇总是最常用的分析手段。通过对数据进行排序，可以让凌乱的数据升序或降序排列，便于了解数据的变化情况；通过筛选，可以挑选出需要的数据，方便快速地找出有效数据；通过分类汇总，可以将少量数据按要求汇总，使数据结构更清晰。本章将详细介绍在 Excel 中进行数据排序、筛选及分类汇总的相关知识。

本章要点

- 排序表格数据
- 筛选表格数据
- 分类汇总数据

4.1 排序表格数据

在 Excel 中对数据进行排序是指按照一定的规则对工作表中的数据进行排列，以进一步处理和分析这些数据。Excel 提供了多种方法，可以根据需要按行或列、按升序或降序对数据进行排序，也可以使用自定义排序命令。

4.1.1 按一个条件排序

扫一扫，看视频

在 Excel 中，有时会需要对数据进行升序或降序排列；升序是指对选择的数字按从小到大的顺序排列；降序是指对选择的数字按从大到小的顺序排列。

例如，在"2021 全年销量表"工作簿中，如果要按"销售总量"降序排列，则操作方法如下。

步骤 01 打开"素材文件\第 4 章\2021 全年销量表.xlsx"，❶选中"销售总量"列中的任意单元格；❷单击"数据"选项卡"排序和筛选"组中的"降序"按钮。

步骤 02 此时，工作表中的数据将按照关键字"销量总量"降序排列。

小技巧

在要排序的列中右击任意单元格，在弹出的快捷菜单中选择"排序"命令，在打开的子菜单中选择"升序"或"降序"命令，也可以为数据进行排序。

4.1.2 按多个条件排序

扫一扫，看视频

按多个条件排序是指依据多列的数据规则对数据表进行排序操作，需要打开"排序"对话框，然后添加条件才能完成排序。

例如，在"2021 全年销量表"工作簿中，如果按"销量总量"和"四季度"的销售情况进行排序，则操作方法如下。

步骤 01 打开"素材文件\第 4 章\2021 全年销量表.xlsx"，❶选中数据区域中的任意单元格；❷单击"数据"选项卡"排序和筛选"组中的"排序"按钮。

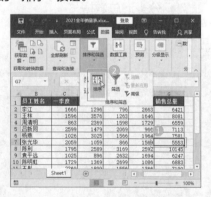

步骤 02 打开"排序"对话框，❶ 在"主要关键字"下拉列表中选择排序关键字，在"排序依据"下拉列表中选择排序依据，在"次序"下拉列表中选择排序方式；❷ 单击"添加条件"按钮。

步骤 03 ❶ 使用相同的方法设置次要关键字；❷ 完成后单击"确定"按钮。

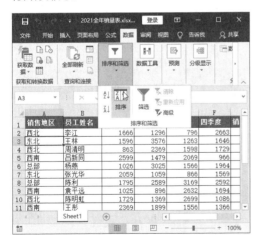

步骤 04 返回工作表，即可看到工作表中的数据已按照关键字"销售总量"和"四季度"进行升序排列。

🔔 小技巧

执行多个条件排序后，如果"销售总量"列的数据相同，则按照"四季度"列的数据大小排序。

4.1.3 自定义排序

扫一扫，看视频

在工作中，有时会遇到需要将数据按一定的规律排序，而这个规律却不在 Excel 默认的规律之中，此时可以使用自定义排序。

例如，在"2021 全年销量表"工作簿中，如果要按"销售地区"列自定义排序，则操作方法如下。

步骤 01 打开"素材文件 \ 第 4 章 \2021 全年销量表 .xlsx"，❶ 选中数据区域中的任意单元格；❷ 单击"数据"选项卡"排序和筛选"组中的"排序"按钮。

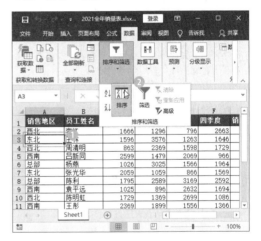

步骤 02 打开"排序"对话框，❶ 在"主要关键字"下拉列表中选择排序关键字；❷ 在"次序"下拉列表中选择"自定义序列"选项。

步骤 03 打开"自定义序列"对话框，❶ 在"输入序列"文本框中输入排序序列；❷ 单击"添加"按钮，将其添加到"自定义序列"列表框中；❸ 单击"确定"按钮。

步骤 04
返回"排序"对话框，单击"确定"按钮，在返回的工作表中可看到排序后的效果。

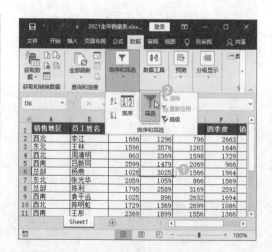

小技巧

如果要删除自定义序列，则可以在"自定义序列"对话框的"自定义序列"列表框中选择要删除的序列，单击"删除"按钮，然后单击"确定"按钮保存设置即可。

4.2 筛选表格数据

在 Excel 中，数据筛选是指只显示符合用户设置条件的数据信息，同时隐藏不符合条件的数据信息。可以根据实际需要进行自动筛选、高级筛选或自定义筛选。

4.2.1 自动筛选

扫一扫，看视频

自动筛选是 Excel 的一个易于操作，且经常使用的实用技巧。自动筛选通常是按简单的条件进行筛选，筛选时将不满足条件的数据暂时隐藏起来，只显示符合条件的数据。

例如，在"2021 全年销量表"工作簿中筛选"A 区"的销售情况，操作方法如下。

步骤 01
打开"素材文件\第 4 章\2021 全年销量表 .xlsx"，❶ 选中数据区域中的任意单元格；❷ 单击"数据"选项卡"排序和筛选"组中的"筛选"按钮。

小技巧

在"开始"选项卡的"编辑"组中单击"排序和筛选"下拉按钮，在弹出的下拉列表中选择"筛选"选项，也可以进入筛选状态。

步骤 02 在工作表数据区域中，字段名单元格右侧出现下拉按钮 ▼，❶ 单击"销售地区"字段右侧的下拉按钮 ▼；❷ 在弹出的下拉列表中勾选要筛选数据的复选框，本例勾选"总部"复选框；❸ 单击"确定"按钮。

步骤 03 返回工作表中，即可看到只显示出符合筛选条件的数据信息，同时"销售地区"字段右侧的下拉按钮变为 ▼ 形状，表示已对该关键字段进行了筛选。

4.2.2 自定义筛选

扫一扫，看视频

自定义筛选是指通过定义筛选条件，查询符合条件的数据记录。在 Excel 2019 中，自定义筛选可以筛选出等于、大于、小于某个数的数据，还可以通过"或""与"这样的逻辑用语筛选数据。

1. 筛选小于某个数的数据

例如，在"2021 全年销量表"工作簿中筛选"一季度"列中销量小于 1500 的数据，操作方法如下。

步骤 01 打开"素材文件 \ 第 4 章 \ 2021 全年销量表 .xlsx"，❶ 单击"一季度"单元格的筛选按钮 ▼；❷ 选择下拉列表中的"数字筛选"选项；❸ 在弹出的二级列表中单击"小于"选项。

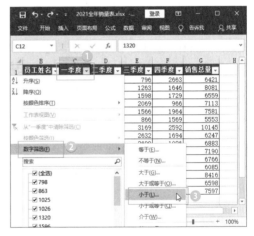

步骤 02 打开"自定义自动筛选方式"对话框，❶ 在"小于"右侧的文本框中输入"1500"；❷ 单击"确定"按钮。

步骤 03 返回工作表，所有销售数据小于或等

于 1500 的数据便被筛选出来了。

2. 自定义筛选条件

Excel 中除了直接选择"大于""小于""等于""不等于"这类筛选条件外，还可以自行定义筛选条件。

例如，在"2021 全年销量表"工作簿中筛选销售总量小于 7000 及大于 8000 的数据，操作方法如下。

步骤 01 打开"素材文件 \ 第 4 章 \2021 全年销量表 .xlsx"，❶ 单击"销售总量"单元格的筛选按钮；❷ 选择下拉列表中的"数字筛选"选项；❸ 在弹出的二级列表中选择"自定义筛选"选项。

步骤 02 打开"自定义自动筛选方式"对话框，❶ 设置"小于"为 7000，选择"或"单选按钮，设置"大于"为 8000，表示筛选出小于 7000 及大于 8000 的数据；❷ 单击"确定"按钮。

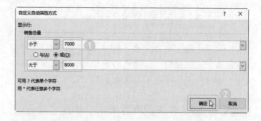

步骤 03 操作完成后，即可看到销售总量小于 7000 及大于 8000 的数据被筛选出来了。这样的筛选可以快速查看某类数据中较小值及较大值数据分别是哪些。

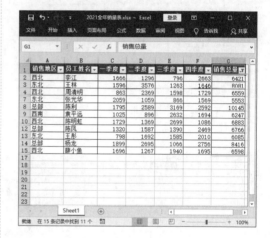

4.2.3 高级筛选

在数据筛选的过程中，可能会遇到许多复杂的筛选条件，此时可以利用 Excel 的高级筛选功能。使用高级筛选功能，其筛选的结果可以显示在原数据表格中，也可以显示在新的位置。

扫一扫，看视频

1. 将符合条件的数据筛选出来

如果要查找符合某个条件的数据，可以事先在 Excel 中设置筛选条件，然后利用高级筛选功能筛选出符合条件的数据。

例如，在"2021 全年销量表"工作簿中筛选符合一定条件的数据，操作方法如下。

步骤 01 打开"素材文件 \ 第 4 章 \2021 全年销量表 .xlsx"，在工作表的空白处输入筛选条件，如下图所示，图中的筛选条件表示需要筛选出一季度大于 1000、二季度大于 1100、三季度大于 1200 和四季度大于 1000 的数据。

先输入的条件区域；② 返回"高级筛选"对话框，单击"确定"按钮。

步骤 02 单击"数据"选项卡"排序和筛选"组中的"高级"按钮 ▼。

步骤 05 操作完成后，即可看到一季度大于 1000、二季度大于 1100、三季度大于 1200 和四季度大于 1000 的数据已经被筛选出来了。

步骤 03 打开"高级筛选"对话框，① 确定"列表区域"参数框选中了需要筛查的所有数据区域；② 单击"条件区域"参数框的折叠按钮 ▲。

2. 根据不完整数据筛选

在对表格数据进行筛选时，若筛选条件为某一类数据值中的一部分，即需要筛选出数据值中包含某个或某一组字符的数据。

例如，在"2021 全年销量表"工作簿中，筛选销售地区带有"西"字头，且销售总量大于 7000 的数据，操作方法如下。

步骤 01 打开"素材文件 \ 第 4 章 \2021 全年销量表 .xlsx"，① 在工作表的空白处输入筛选条件，这里筛选条件中"西 *"表示销售地区以"西"字开头，后面有若干字符；② 单击"数据"选项卡"排序和筛选"组中的"高级"按钮 ▼。

步骤 04 ① 按住鼠标左键，拖动鼠标选择事

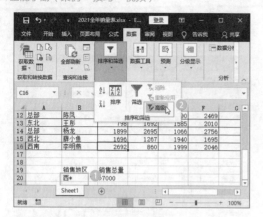

小提示

在进行此类筛选时，可以在筛选条件中应用通配符。例如，使用星号"*"代替任意多个字符，使用问号"?"代替任意一个字符。

步骤 02 使用与前文相同的方法添加条件区域。

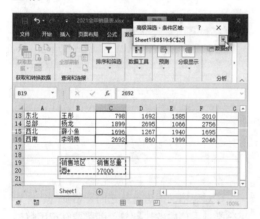

小提示

筛选条件由字段名称和条件表达式组成，首先在空白单元格中输入要作为筛选条件的字段名称，该字段名必须与进行筛选的列表区中的列标题名称完全相同，然后在其下方的单元格中输入条件表达式，即以比较运算符开头。若要以完全匹配的数值或字符串作为筛选条件，则可省略"="。若有多个筛选条件，则可以将多个筛选条件并排。

步骤 03 ❶ 在"高级筛选"对话框中选中"将筛选结果复制到其他位置"单选按钮；❷ 单击

"复制到"参数框右侧的折叠按钮。

步骤 04 ❶ 在工作表中选定要放置筛选结果的单元格；❷ 返回"高级筛选"对话框，单击"确定"按钮。

步骤 05 操作完成后，即可看到销售地区中以"西"字开头，且销售总量大于 7000 的数据已经被筛选出来了。

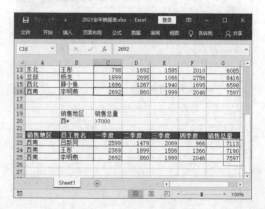

4.2.4　取消筛选

在查看了筛选结果之后，如果想要取消筛选，则可以通过以下的几种方法进行操作。

扫一扫，看视频

方法一：❶ 选中数据区域中的任意单元格；❷ 单击"数据"选项卡"排序和筛选"组中的"清除"按钮。

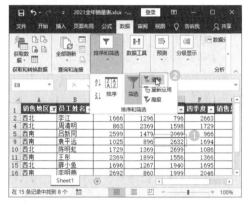

方法二：❶ 选中数据区域中的任意单元格；❷ 单击"数据"选项卡"排序和筛选"组中的"筛选"按钮。

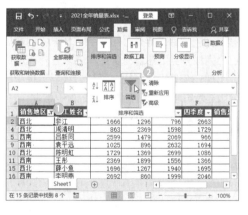

方法三：❶ 右击要取消筛选的数据列中的任意单元格，在弹出的快捷菜单中选择"筛选"命令；❷ 在弹出的子菜单中选择"从'XX'中清除筛选"命令（XX 表示字段名）。

方法四：❶ 如果要取消指定列的筛选，则可以单击该列的下拉按钮，在下拉列表中勾选"全选"复选框；❷ 单击"确定"按钮，即可取消指定列的全部筛选条件。

4.3　分类汇总数据

利用 Excel 提供的分类汇总功能，可以将表格中的数据进行分类，然后把性质相同的数据汇总到一起，使其结构更清晰，便于查找需要的数据信息。下面介绍创建简单分类汇总、高级分类汇总和嵌套分类汇总的方法。

4.3.1 简单分类汇总

扫一扫，看视频

分类汇总是指根据指定的条件对数据进行分类，并计算各分类数据的汇总值。在进行分类汇总前，应先以需要进行分类汇总的字段为关键字进行排序，以避免无法达到预期的汇总效果。

例如，在"一店销量统计表"工作簿中，以"商品类别"为分类字段，对销售额进行求和汇总，操作方法如下。

步骤 01 打开"素材文件 \ 第 4 章 \ 一店销量统计表 .xlsx"，❶ 在"商品类别"列中选中任意单元格；❷ 单击"数据"选项卡"排序和筛选"组中的"降序"按钮 进行排序。

步骤 02 ❶ 选择数据区域中的任意单元格；❷ 单击"数据"选项卡"分级显示"组中的"分类汇总"按钮。

步骤 03 打开"分类汇总"对话框，❶ 在"分类字段"下拉列表中选择要进行分类汇总的字段，这里选择"商品类别"；❷ 在"汇总方式"下拉列表中选择需要的汇总方式，这里选择"求和"；❸ 在"选定汇总项"列表框中设置要进行汇总的项目，这里选择"销售额"；❹ 单击"确定"按钮。

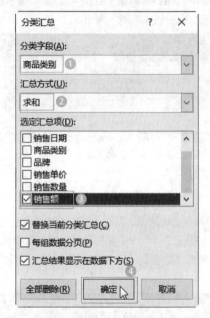

步骤 04 返回工作表，可看到工作表中的数据已经完成分类汇总。分类汇总后，工作表左侧会出现一个分级显示栏，通过分级显示栏中的分级显示符号可分级查看相应的表格数据。

4.3.2　高级分类汇总

高级分类汇总主要用于对数据清单中的某一列进行两种方式的汇总。相对简单分类汇总而言，其汇总的结果更加清晰，更便于分析数据信息。

扫一扫，看视频

例如，在"一店销量统计表"工作簿中，先按销售日期汇总销售额，再按销售日期汇总销售额的平均值，操作方法如下。

步骤 01 打开"素材文件\第 4 章\一店销量统计表.xlsx"，❶ 在"销售日期"列中选中任意单元格；❷ 单击"数据"选项卡"排序和筛选"组中的"升序"按钮 ⬆ 进行排序。

步骤 02 ❶ 选择数据区域中的任意单元格；❷ 单击"数据"选项卡"分级显示"组中的"分类汇总"按钮。

步骤 03 打开"分类汇总"对话框，❶ 在"分类字段"下拉列表中选择要进行分类汇总的字段，这里选择"销售日期"；❷ 在"汇总方式"下拉列表中选择需要的汇总方式，这里选择"求和"；❸ 在"选定汇总项"列表框中设置要进行汇总的项目，这里选择"销售额"；❹ 单击"确定"按钮。

步骤 04 返回工作表，将光标定位到数据区域中，再次单击"分类汇总"按钮。

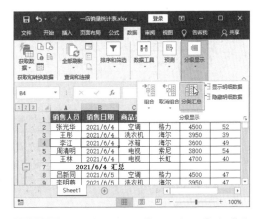

步骤 05 打开"分类汇总"对话框，❶ 在"分类字段"下拉列表中选择要进行分类汇总的字段，这里选择"销售日期"；❷ 在"汇总方式"下拉列表中选择需要的汇总方式，这里选择"平

均值"；❸ 在"选定汇总项"列表框中设置要进行汇总的项目，这里选择"销售数量"；❹ 取消勾选"替换当前分类汇总"复选框；❺ 单击"确定"按钮。

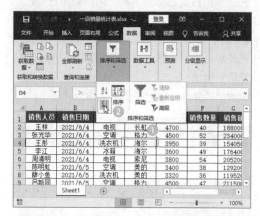

步骤 06 返回工作表，即可看到工作表中的数据已经按照前面的设置进行了分类汇总，并分组显示出分类汇总的数据信息。

4.3.3 嵌套分类汇总

高级分类汇总虽然汇总了两次，但两次汇总时关键字都是相同的。嵌套分类汇总是对数

扫一扫，看视频

据清单中两列或者两列以上的数据信息同时进行汇总。

例如，在"一店销量统计表"工作簿中，先按"品牌"汇总销售额，再按"商品类别"汇总销售数量，操作方法如下。

步骤 01 打开"素材文件\第 4 章\一店销量统计表 .xlsx"，❶ 在"品牌"列中选中任意单元格；❷ 单击"数据"选项卡"排序和筛选"组中的"升序"按钮进行排序。

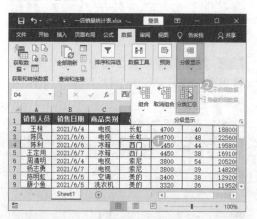

步骤 02 ❶ 选择数据区域中的任意单元格；❷ 单击"数据"选项卡"分级显示"组中的"分类汇总"按钮。

步骤 03 打开"分类汇总"对话框，❶ 在"分类字段"下拉列表中选择要进行分类汇总的字段，这里选择"品牌"；❷ 在"汇总方式"下拉列表中选择需要的汇总方式，这里选择"求和"；❸ 在"选定汇总项"列表框中设置要进行汇总

的项目，这里选择"销售额"；④ 单击"确定"按钮。

步骤 04 返回工作表，将光标定位到数据区域中，再次单击"分类汇总"按钮。

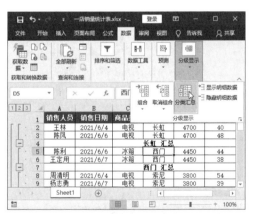

步骤 05 打开"分类汇总"对话框，① 在"分类字段"下拉列表中选择要进行分类汇总的字段，这里选择"商品类别"；② 在"汇总方式"下拉列表中选择需要的汇总方式，这里选择"求和"；③ 在"选定汇总项"列表框中设置要进行汇总的项目，这里选择"销售数量"；④ 取消

勾选"替换当前分类汇总"复选框；⑤ 单击"确定"按钮。

步骤 06 返回工作表，即可看到工作表中的数据按照前面的设置进行了分类汇总，并分组显示出分类汇总的数据信息。

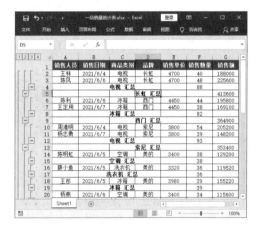

本章小结

　　本章主要讲解了数据的统计与分析，主要包括排序、筛选和分类汇总数据。通过本章的学习，在工作中遇到海量数据时就可以使用排序、筛选、分类汇总等方法，快速找出关键数据，提高工作效率。

第 **5** 章

易学易用：使用公式计算数据

本章
导读

　　Excel 具有强大的数据处理能力，能更快、更准地对数据进行计算。公式是 Excel 进行数据统计和分析的工具，可以利用输入的公式对数据进行自动计算。本章主要讲解 Excel 公式的相关操作，以及使用公式时遇到问题的处理方法。

本章
要点

- 公式的基础知识
- 使用数组公式计算数据
- 公式的审核与检测
- 公式返回错误值的分析与解决

5.1　公式的基础知识

公式是对工作表中的数值执行计算的等式，它是以"="开头的计算表达式，包含数值、变量、单元格引用、函数和运算符等。下面将介绍公式的组成、公式的引用方式及相关知识。

5.1.1　公式的组成

公式（Formula）是以等号"="引导，通过运算符按照一定的顺序组合进行数据运算处理的等式。函数是指按特定算法执行计算产生的一个或一组结果的预定义的特殊公式。

使用公式是为了有目的地计算结果，或者根据计算结果改变其所作用单元格的条件格式、设置规划求解模型等。因此，Excel 的公式必须（且只能）返回值。

公式的组成要素为等号"="、运算符、常量、单元格引用、函数、名称等，如下表所示。

公　式	说　明
=+52+65+78+54	包含常量运算的公式
=B4+C4+D4+E4	包含单元格引用的公式
=SUM(B5:G5)	包含函数的公式
= 单价 * 数量	包含名称的公式

5.1.2　运算符的优先级

在使用公式计算数据时，运算符用于连接公式中的操作符，是工作表处理数据的指令。在 Excel 中，运算符的类型分为 4 种：算术运算符、比较运算符、文本运算符和引用运算符。

- 常用的算术运算符有：加号"+"、减号"−"、乘号"*"、除号"/"、百分号"%"及乘方"^"。
- 常用的比较运算符有：等号"="、大于号">"、小于号"<"、小于等于号"<="、大于等于号">="及不等号"<>"。
- 文本连接运算符只有与号"&"，该符号用于将两个文本值连接或串起来产生一个连续的文本值。
- 常用的引用运算符有：区域运算符":"、联合运算符","及交叉运算符（为空格键）。

在公式的应用中，应注意每个运算符的优先级是不同的。在一个混合运算的公式中，对于不同优先级的运算，按照从高到低的顺序进行计算。对于相同优先级的运算，按照从左到右的顺序进行计算。

运算符的优先级如下表所示。

运算符	优先级
负值"−"	1
百分号"%"	2
幂"^"	3
乘和除"*、/"	4
加和减"+、−"	5
连接符"&"	6
比较"=""<"">""<="">=""<>"	7

在 Excel 中，逗号和空格是比较特殊的两个运算符。使用逗号分隔两个单元格区域时，说明在一个公式中需要同时使用这两个区域，如 COUNT(A2:B7,A4:B9) 表示统计 A2:B7 和 A4:B9 单元格区域中包含数字的单元格总数。若 COUNT(A2:B7 A4:B9) 中间为空格，则表示要得到这两个区域的交集，也就是 A2:B7 和 A4:B9 的交叉部分，包含 A4、A5、A6、A7、B4、B5、B6、B7 这 8 个单元格。

通常情况下，系统并不会按照 Excel 限定的默认运算符对公式进行计算，而是通过特定的方向改变计算公式来得到所需结果，此时就需要强制改变公式运算符的优先顺序。例如公式：

=A1+A2*A3+A4

上面的公式的计算顺序为：首先计算乘法运算 A2*A3，然后执行加法运算，即上一步运算结果加上 A1 和 A4 的结果。如果希望上面的公式 A3 先与 A4 相加再进行其他运算，就需要用圆括号将 A3 和 A4 括起来：

=A1+A2*(A3+A4)

此时公式将按照新的运算顺序计算：先计算 A3 与 A4 的和，然后将所得结果乘以 A2，再将计算结果与 A1 相加。与之前所得结果不同，通过括号改变了运算符的优先级顺序，从而改变了公式运算所得出的结果。

🔔 小提示

在使用圆括号改变运算符的优先级顺序时，圆括号可以嵌套使用，当有多个圆括号时，最内层的圆括号优先运算。

5.1.3 公式的输入方法

扫一扫，看视频

除了将单元格格式设置为"文本"的单元格之外，在单元格中输入等号"="时，Excel 将自动变为输入公式的状态。如果在单元格中输入加号"＋"、减号"－"等，系统会自动在前面加上等号，变为输入公式状态。

手动输入和使用鼠标辅助输入为输入公式的两种常用方法，下面分别进行介绍。

1. 手动输入

例如，要在"自动售货机销量表"工作簿中计算"方便面"的销售合计，操作方法如下。

步骤 01 打开"素材文件\第 5 章\自动售货机销量表 .xlsx"，在 H2 单元格内输入公式"=B2+C2+D2+E2+F2+G2"。

步骤 02 输入完成后，按 Enter 键，即可在 H2 单元格中显示出计算结果。

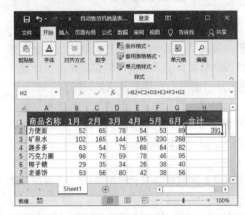

2. 使用鼠标辅助输入

在引用单元格较多的情况下，比起手动输入公式，使用鼠标辅助输入公式更加方便，操作方法如下。

步骤 01 打开"素材文件\第 5 章\自动售货机销量表 .xlsx"，❶ 在 B8 单元格中输入"＝"；❷ 单击 B2 单元格，此时该单元格周围出现闪动的虚线边框，可以看到 B2 单元格被引用到公式中。

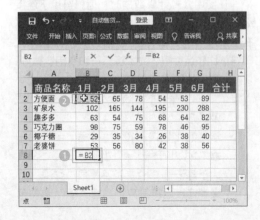

步骤 02 在 B8 单元格中输入运算符"+"，然后单击 B3 单元格，此时 B3 单元格也被引用到公式中，然后使用同样的方法引用其他单元格。

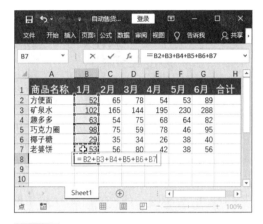

步骤 03 完成后按 Enter 键确认公式的输入，即可得到该公式下的计算结果。

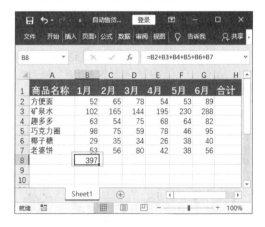

5.1.4 公式的引用方式

使用公式或函数时经常会涉及单元格的引用，在 Excel 中，单元格引用的作用是指明公式中所使用数据的地址。在编辑公式和函数时需要对单元格进行引用，一个引用地址代表工作表中的一个、多个单元格或者单元格区域。单元格引用包括相对引用、绝对引用和混合引用。

扫一扫，看视频

1. 单元格的相对引用

在使用公式计算数据时，通常会用到单元格的引用。引用的作用在于标识工作表上的单元格或单元格区域，并指明公式中所用的数据在工作表中的位置。通过引用，可以在一个公式中使用工作表中不同单元格中的数据，或者在多个公式中使用同一个单元格中的数据。

默认情况下，Excel 使用的是相对引用。在相对引用中，当复制公式时，公式中的引用会根据显示计算结果的单元格位置的不同而做出相应的改变，但引用的单元格与包含公式的单元格之间的相对位置不变。

例如，要在"工资表"工作簿中使用单元格的相对引用计算数据，可以在 F2 单元格中输入公式"=C2*D2"。将该公式从 F2 单元格复制到 F3 单元格时，F3 单元格中的公式会变成"=C3*D3"，即为相对引用。

2. 单元格的绝对引用

绝对引用是指将公式复制到目标单元格时，公式中的单元格地址始终保持不变。使用绝对引用时，需要在引用的单元格地址的列标和行号前分别添加符号"$"（英文状态下输入）。

例如，要在"工资表"工作簿中使用单元格的绝对引用计算数据，可以将 F2 单元格中的公式输入为"=$C$2*$D$2"，将该公式从 F2 单元格复制到 F3 单元格时，F3 单元格中的公式仍为"=$C$2*$D$2"（即公式的引用区域没有发生任何变化），且计算结果和 F2 单元格中的一样。

3. 单元格的混合引用

混合引用是指引用的单元格地址既有相对引用也有绝对引用。混合引用具有绝对列和相对行，或者绝对行和相对列。绝对引用列采用"$A1"这样的形式，绝对引用行采用"A$1"这样的形式。当公式所在单元格的位置改变时，相对引用会发生变化，而绝对引用不变。

例如，要对"工资表"工作簿中"绩效工资"列使用混合引用计算出实发工资，可以将 G2 单元格中的公式输入为"=B2+F2-E$2"，将该公式从 G2 单元格复制到 G3 单元格时，G3 单元格中的公式会变成"=B3+F3-E$2"。

小提示

选中单元格后按 F4 键，即可使单元格地址在相对引用、绝对引用与混合引用之间进行切换。

5.1.5 引用同一工作簿中其他工作表的单元格

Excel 不仅可以在同一工作表中引用单元格或单元格区域中的数据，还可以引用同一工作簿中多个工作表上的单元格或单元格区域中的数据。在同一工作簿中不同工作表上引用单元格的格式为"工作表名称！单元格地址"，如"Sheet1!F5"即为"Sheet1"工作表中的 F5 单元格。

例如，要在"产品销售情况"工作簿的"销售"工作表中引用"定价单"工作表中的单元格，操作方法如下。

步骤 01 打开"素材文件＼第 5 章＼产品销售情况 .xlsx"，❶ 选中要存放计算结果的单元格，输入"="，单击选择要参与计算的单元格，并输入运算符；❷ 单击要引用的工作表的标签名称。

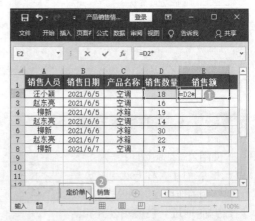

步骤 02 切换到该工作表，单击选择要参与计算的单元格。

步骤 03 直接按 Enter 键，得到计算结果，同时返回原工作表。

步骤 04 把在"定价单"工作表中引用的单元格地址转换为绝对引用，并复制到相应的单元格中，即可得到绝对引用"定价单"工作表的运算公式。

5.1.6 引用其他工作簿中的单元格

引用其他工作簿中工作表的单元格数据，又称为跨工作簿引用数据，与引用同一工作簿不同工作表的单元格数据的方法类似。一般格式为："工作簿存储地址 [工作簿名称] 工作表名称 ! 单元格地址"。

例如，要在"6 月销售额"工作簿中引用"定价表"工作簿中的单元格，操作方法如下。

步骤 01 打开"素材文件 \ 第 5 章 \ 6 月销售额 .xlsx"和"素材文件 \ 第 5 章 \ 定价表 .xlsx"，在"6 月销售额"工作簿中，选中要存放计算结果的单元格，输入"="，单击选择要参与计算的单元格，并输入运算符。

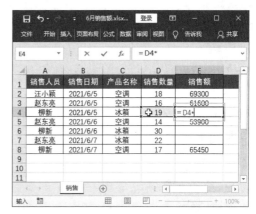

步骤 02 切换到"定价表"工作簿，在目标工作表中，单击选择需要引用的 B3 单元格。

步骤 03 直接按 Enter 键，得到计算结果，同时返回原工作簿。

步骤 04 B3 单元格默认为绝对引用，将公式复制到其他需要的单元格即可。

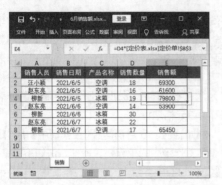

5.2 使用数组公式计算数据

数组就是多个数据的集合，组成这个数组的每个数据都是该数组的元素。在 Excel 中，如果需要对一组或多组数据进行多重计算，就可以使用数组公式，快速计算出结果。

5.2.1 为单元格定义名称

扫一扫，看视频

在 Excel 中，不管是一个独立的单元格，还是多个不连续的单元格组成的单元格组合，或者是连续的单元格区域，都可以为它定义名称。

1. 定义名称

例如，要为"员工工资计算"工作簿中的"基本工资"数据区域定义名称，具体操作方法如下。

步骤 01 打开"素材文件 \ 第 5 章 \ 员工工资计算 .xlsx"，❶ 选择要定义名称的单元格区域；❷ 单击"公式"选项卡"定义的名称"组中的"定义名称"按钮。

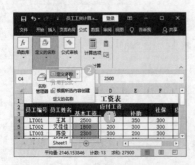

小提示

选择要定义名称的单元格或单元格区域，在"名称"框中直接输入定义的名称，按 Enter 键也可以定义名称。

步骤 02 打开"新建名称"对话框，❶ 在"名称"文本框内输入定义的名称；❷ 单击"确定"按钮。

步骤 03 操作完成后，即成功地为选择的单元格区域定义名称，再次选择该单元格区域时，会在"名称"框中显示已定义的名称。

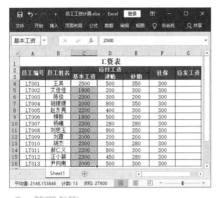

2. 管理名称

在为单元格定义名称后，还可以通过"名称管理器"对话框对名称进行修改、删除等操作。

例如，要在"员工工资计算1"工作簿中管理名称，具体操作方法如下。

步骤 01 打开"素材文件\第5章\员工工资计算1.xlsx"，单击"公式"选项卡"定义的名称"组中的"名称管理器"按钮。

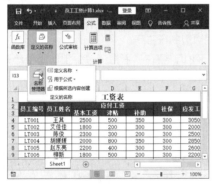

步骤 02 打开"名称管理器"对话框，① 在列表框中选择要修改的名称；② 单击"编辑"按钮。

步骤 03 打开"编辑名称"对话框，① 通过"名称"文本框可以进行重命名操作，在"引用位置"参数框中可以重新选择单元格区域；② 设置完成后单击"确定"按钮。

步骤 04 返回"名称管理器"对话框，① 在列表框中选择要删除的名称；② 单击"删除"按钮。

步骤 05 在弹出的提示对话框中单击"确定"按钮。

步骤 06 返回"名称管理器"对话框，可以看到编辑后的结果，单击"关闭"按钮即可。

5.2.2 将自定义名称应用于公式

扫一扫，看视频

为单元格区域定义了名称之后，就可以直接在存放结果的单元格中输入名称计算数据。

例如，在定义了名称的"员工工资计算 2"工作簿中使用名称进行计算，操作方法如下。

步骤 01 打开"素材文件\第 5 章\员工工资计算 2.xlsx"，本例已经将 C4:C16 单元格区域命名为"底薪"，D4:D16 单元格区域命名为"津贴"，E4:E16 单元格区域命名为"补助"，F4:F16 单元格区域命名为"社保"。选中要存放计算结果的单元格，直接输入公式"= 底薪 + 津贴 + 补助 - 社保"。

步骤 02 按 Enter 键得出计算结果，通过填充方式向下拖动鼠标复制公式，即可自动计算

出其他员工的应发工资。

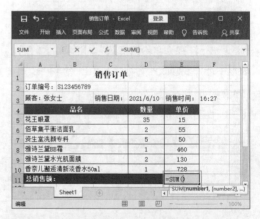

5.2.3 在单个单元格中使用数组公式进行计算

扫一扫，看视频

数组公式是指对两组或多组参数进行多重计算，并返回一个或多个结果的一种计算公式。使用数组公式时，要求每个数组参数必须有相同数量的行和列。

例如，要在"销售订单"工作簿中计算总销售额，操作方法如下。

步骤 01 打开"素材文件\第 5 章\销售订单 .xlsx"，选择存放结果的单元格，输入"=SUM()"，再将光标插入点定位在括号内。

步骤 02 ❶ 拖动鼠标选择要参与计算的第一个单元格区域 D5:D10，输入运算符"*"；❷ 拖动鼠标选择第二个要参与计算的单元格区

域 E5:E10。

步骤 03 按 Ctrl+Shift+Enter 组合键，即可得出数组公式的计算结果。

5.2.4 在多个单元格中使用数组公式进行计算

在 Excel 中，某些公式和函数可能会得到多个返回值，有一些函数也可能需要一组或多组数据作为参数。如果要使数组公式能计算出多个结果，就必须将数组输入到与数组参数具有相同的列数和行数的单元格区域中。

扫一扫，看视频

例如，要在"员工工资计算"工作簿中计算应发工资，操作方法如下。

步骤 01 打开"素材文件 \ 第 5 章 \ 员工工资计算 .xlsx"，❶选择存放结果的单元格区域，输入"="；❷拖动鼠标选择要参与计算的第一

个单元格区域。

步骤 02 参照上述操作方法，继续输入运算符，并拖动选择要参与计算的单元格区域。

步骤 03 按 Ctrl+Shift+Enter 组合键，得出数组公式的计算结果。

5.3 公式的审核与检测

在使用公式和函数计算数据的过程中，难免出现错误，此时可以使用 Excel 提供的"公式审核"工具，快速纠错。下面介绍在 Excel 中审核公式的方法。

5.3.1 追踪引用单元格与追踪从属单元格

扫一扫，看视频

在公式出现错误时，仅让数据表格中的公式显示出来还不够，还要对错误原因追根究底。Excel 提供了"追踪引用单元格"和"追踪从属单元格"功能，用于查看当前公式是引用哪些单元格进行计算的，有助于查找公式的错误原因。

1. 追踪引用单元格

例如，要在"员工工资计算 1"工作簿中追踪引用单元格，操作方法如下。

步骤 01 打开"素材文件\第 5 章\员工工资计算 1.xlsx"，❶选中要查看的单元格；❷在"公式"选项卡"公式审核"组中单击"追踪引用单元格"按钮。

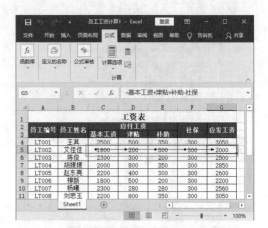

2. 追踪从属单元格

例如，要在"员工工资计算 1"工作簿中追踪从属单元格，操作方法如下。

步骤 01 接上一例操作，❶选中要查看的单元格；❷在"公式"选项卡"公式审核"组中单击"追踪从属单元格"按钮。

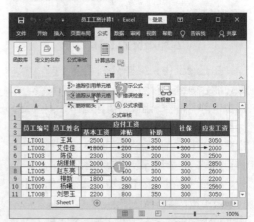

步骤 02 操作完成后，即可使用箭头显示数据源的引用指向。

步骤 02 操作完成后，即可使用箭头显示受当前所选单元格影响的单元格数据的从属指向。

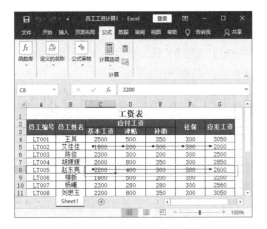

3. 删除箭头

如果不再需要追踪引用单元格或从属单元格，则可以删除箭头，操作方法如下。

接上一例操作，单击"公式"选项卡"公式审核"组中的"删除箭头"按钮，即可删除箭头。

扫一扫，看视频

以在单元格中查看最终的计算结果外，还能使用公式求值功能查看分步计算结果。

步骤 01 打开"素材文件\第5章\员工工资计算 3.xlsx"，❶ 选中计算出结果的单元格；❷ 单击"公式"选项卡"公式审核"组中的"公式求值"按钮。

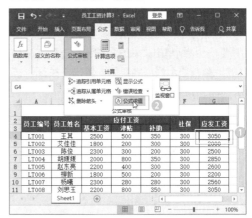

步骤 02 打开"公式求值"对话框，单击"求值"按钮。

步骤 03 显示第一步的值，继续单击"求值"按钮。

小技巧

单击"公式"选项卡"公式审核"组中的"删除箭头"下拉按钮，在下拉列表中选择"删除引用单元格追踪箭头"选项，或者选择"删除从属单元格追踪箭头"选项，可以删除其中一类箭头。

5.3.2 使用公式求值功能查看公式的分步计算结果

在工作表中使用公式计算数据后，除了可

步骤 04 将显示第一次公式计算出的值，并显示第二次要计算的公式。

步骤 05 继续单击"求值"按钮，直到完成公式的计算并显示最终结果后，单击"关闭"按钮关闭对话框即可。

扫一扫，看视频

5.3.3 使用错误检查功能检查公式

当公式的计算结果出现错误时，可以使用错误检查功能逐一对错误值进行检查。

例如，要检查"员工工资计算4"工作簿中的公式错误，操作方法如下。

步骤 01 打开"素材文件\第5章\员工工资计算4.xlsx"，❶ 在数据区域中选择起始单元格；❷ 单击"公式"选项卡"公式审核"组中的"错误检查"按钮，如下图所示。

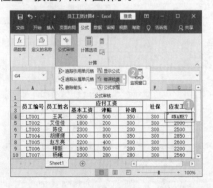

步骤 02 系统开始从起始单元格进行检查，当检查到有错误公式时，弹出"错误检查"对话框，并指出出错的单元格及错误的原因。若要修改，则单击"在编辑栏中编辑"按钮。

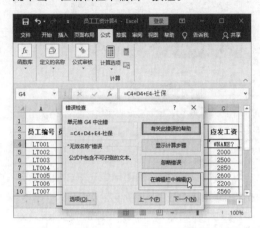

步骤 03 ❶ 在工作表的编辑栏中输入正确的公式；❷ 在"错误检查"对话框中单击"继续"按钮，将继续检查工作表中的其他错误公式。

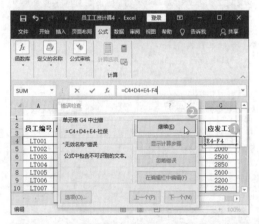

步骤 04 检查完成后，弹出提示对话框，提示已经完成工作表的错误检查，单击"确定"按钮即可。

5.4 公式返回错误值的分析与解决

如果工作表中的公式不能计算出正确的结果，系统会自动显示一个错误值，如"####""#VALUE！"等。下面将列出一些常见错误字符的含义和解决方法，在公式和函数使用中遇到问题时可以参考。

5.4.1 解决"####"错误

错误原因：日期运算结果为负值、日期序列超过系统允许的范围，或者在显示数据时，单元格的宽度不够。

解决办法：出现上述错误，可尝试如下操作。

- 更正日期运算公式，使其结果为正值。
- 修改输入的日期序列在系统的允许范围之内（1~2958465）。
- 调整单元格到合适的宽度。

5.4.2 解决"#DIV/0!"错误

错误原因：当数字除以 0 时，会出现此错误。例如，在某个单元格中输入函公式" = A1/B1"，如果 B1 单元格为 0 或空，则确认后公式将返回上述的错误值。

解决办法：修改引用的空白单元格或在作为除数的单元格中输入不为 0 的值即可。

5.4.3 解决"#VALUE！"错误

错误原因：出现"#VALUE！"错误的主要原因如下。

- 为需要单个值（而不是区域）的运算符或函数提供了区域引用。
- 当公式需要数字或逻辑值时，输入了文本。
- 输入和编辑的是数组公式，却用回车键进行确认等。

解决办法：更正相关的数据类型，如果输入的是数组公式，则在输入完成后，使用Ctrl+Shift+Enter 组合键进行确认。

例如，在某个单元格中输入公式" = A1+A2"，而 A1 或 A2 中有一个单元格的内容是文本，确认后函数将返回上述错误。

5.4.4 解决"#NUM！"错误

错误原因：公式或函数中使用了无效的数值，会出现此错误。

解决办法：根据实际情况尝试如下解决方案。

（1）在需要数字参数的函数中使用了无法接收的参数。

解决方法：请确保函数中使用的参数是数字，而不是文本、货币及时间等其他格式。例如，即使要输入的值是"￥1000"，也应在公式中输入 1000。

（2）使用了进行迭代的函数，且函数无法得到结果。

解决方法：为函数使用不同的起始值，或者更改 Excel 迭代公式的次数即可。更改 Excel 迭代公式的次数的方法如下。

打开"Excel 选项"对话框，❶ 切换到"公式"选项卡；❷ 在右侧窗格中勾选"启用迭代计算"复选框，分别设置"最多迭代次数"和"最大误差"；❸ 单击"确定"按钮。

小提示

迭代次数越高，Excel 计算工作表所需的时间就越长；最大误差值的数值越小，结果就越精确，Excel 计算工作表所需的时间也越长。

（3）输入的公式所得出的数字太大或太小，无法在 Excel 中表示。

解决方法：更改公式，使运算结果介于 −1E−307 到 1E+307 之间。

5.4.5 解决 "#NULL！" 错误

错误原因：在函数表达式中使用了不正确的区域运算符、不正确的单元格引用或指定两个并不相交的区域的交点等。

解决办法：如果使用了不正确的区域运算符，则需要将其进行更正，才能正确地返回函数值。具体方法如下。

若要引用连续的单元格区域，可以使用冒号分隔对区域中第一个单元格和最后一个单元格的引用。如 SUM(A1:E1) 引用的单元格区域为从 A1 单元格至 E1 单元格。

若要引用不相交的两个区域，可使用联合运算符，即逗号 ","。如对两个区域求和，可确保用逗号分隔这两个区域，函数表达式为 SUM(A1:A5,D1:D5)。

小提示

如果是因为指定了两个不相交的区域的交点，则更改引用使其相交即可。

5.4.6 解决 "#REF！" 错误

错误原因：当单元格引用无效时，会出现此错误，如函数引用的单元格或区域被删除、链接的数据不可用等。

解决办法：当出现上述错误时，可尝试以下操作。

- 修改公式中无效的引用单元格。
- 调整链接的数据，使其处于可用状态。

5.4.7 解决 "#NAME？" 错误

错误原因：当 Excel 无法识别公式中的文本时，将出现此错误。例如，使用了错误的自定义名称或名称已删除、函数名称拼写错误、引用文本时没有加引号（或者用了中文状态下的引号等），或者使用了"分析工具库"等加载宏的函数，而没有加载相应的宏。

解决办法：首先针对具体的公式，逐一检查错误的对象，然后加以更正。如重新指定正确的自定义名称、输入正确的函数名称、修改引号，以及加载相应的宏等，具体操作如下。

（1）使用了不存在的自定义名称。

解决方法：可以通过以下操作查看使用的名称是否存在。

切换到"公式"选项卡，在"定义的名称"组中单击"名称管理器"按钮，查看名称是否已列出，若名称在对话框中未列出，则可以单击"新建"按钮添加名称。

小提示

如果函数名称拼写错误，也将无法返回正确的函数值，因此在输入时应仔细核对。

（2）在公式中引用文本时没有使用英文的双引号。

解决方法：虽然用户的本意是将输入的内容作为文本使用，但 Excel 会将其解释为名称。此时只需将公式中的文本用英文状态下的双引号括起来即可。

（3）区域引用中漏掉了冒号 ":"。

解决方法：确保公式中的所有区域引用都使用了冒号 ":"。

（4）引用的另一个工作表未使用单引号。

解决方法：如果公式中引用了其他工作表或者其他工作簿中的值或单元格，且这些工作簿或工作表的名字中包含非字母字符或空格，那么必须用单引号 "'" 将名称括起来。例如，"='预报表 1月 '!A1"。

（5）使用了加载宏的函数，而没有加载相应的宏。

解决方法：加载相应的宏即可，具体操作方法如下。

步骤 01 打开"Excel 选项"对话框，❶ 切换到"加载项"选项卡，在右侧窗格的"管理"下拉列表中选择"Excel 加载项"选项；❷ 单击"转到"按钮。

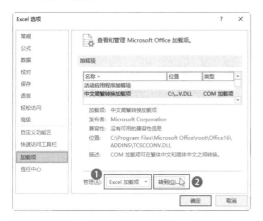

步骤 02 打开"加载宏"对话框，❶ 勾选需要加载的宏；❷ 依次单击"确定"按钮即可。

5.4.8 解决"#N/A"错误

错误原因：错误值"#N/A"表示无法得到有效值，即数值对函数或公式不可用时，将出现此错误。

解决办法：可以根据需要选中显示错误的单元格，选择"公式"选项卡"公式审核"组中的"错误检查"按钮，检查下列可能的原因并进行解决。

（1）缺少数据，在其位置输入了"#N/A"或"NA()"。

解决方法：遇到这种情况，用新的数据代替"#N/A"即可。

（2）为 MATCH、HLOOKUP、LOOKUP 或 VLOOKUP 等函数的 lookup_value 参数赋了不正确的值。

解决方法：确保 lookup_value 参数值的类型正确即可。

（3）在未排序的工作表中使用 VLOOKUP、HLOOKUP 或 MATCH 函数查找值。

解决方法：默认情况下，在工作表中使用查找信息函数时必须按升序排列。但 VLOOKUP 函数和 HLOOKUP 函数中包含一个 range_lookup 参数，该参数允许函数在未进行排序的工作表中查找完全匹配的值。若用户需要查找完全匹配值，可以将 range_lookup 参数设置为 FALSE。

此外，MATCH 函数中包含一个 match_type 参数，该参数用于指定列表查找匹配结果时必须遵循的排序次序。若函数找不到匹配结果，可以尝试更改 match_type 参数；若要查找完全匹配的结果，需将 match_type 参数设置为 0。

（4）数组公式中使用的参数的行数（列数）与包含数组公式的区域的行数（列数）不一致。

解决方法：若用户已在多个单元格中输入了数组公式，则必须确保公式引用的区域具有相同的行数和列数，或者将数组公式输入到更少的单元格中。

例如，在 10 行的 A1:A10 单元格区域中输入数组公式，但公式引用的 C1:C8 单元格区域为 8 行，则 C9:C10 单元格区域中将显示"#N/A"。要更正此错误，可以在较小的单元格区域中输入公式，如 A1:A8，或者将公式引用的单元格区域更改为相同的行数，如 C1:C10。

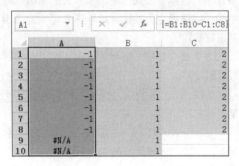

（5）内置或自定义函数中省略了一个或多个必需的参数。

解决方法：将函数中的所有参数完整输入即可。

（6）使用的自定义函数不可用。

解决方法：请确保包含自定义函数的工作簿已经打开，而且函数工作正常。

（7）运行的宏程序输入的函数返回"#N/A"。

解决方法：请确保函数中的参数输入正确且位于正确的位置。

本章小结

本章的重点在于掌握 Excel 公式的使用方法，主要包括认识公式、输入公式、使用数组公式、常见的公式错误与解决方法等知识点。通过本章的学习，应该能够熟练地运用公式计算数据，在分析数据时能够快速地统计出相关数据。

✎ 读书笔记

第6章

化繁为简：使用函数计算数据

本章导读

在 Excel 中，函数是系统预先定义好的公式。利用函数，可以很轻松地完成各种复杂数据的计算，并简化公式的使用，让数据统计变得更加轻松。本章将学习函数的使用方法，在计算数据时能够更加得心应手。

本章要点

- 初识函数
- 输入与编辑函数
- 常用函数

6.1 初识函数

Excel 中提到的函数其实是一些预定义的公式，使用一些参数的特定数值，按特定的顺序或结构进行计算。可以直接用函数对某个区域内的数据进行一系列运算，如分析和处理日期值、时间值，确定贷款的支付额，确定单元格中的数据类型，计算平均值，以及排序显示和运算文本数据等。下面介绍函数的一些基础知识。

6.1.1 函数的结构

在 Excel 中，函数只有唯一的名称且不区分大小写，每个函数都有特定的功能和作用。

函数一般具有一个或多个参数，可以更加简单、便捷地进行多种运算，并返回一个或多个值。函数与公式的使用方法有很多相似之处，如首先需要输入函数才能使用函数进行计算。输入函数前，还需要了解函数的结构。

函数作为公式的一种特殊存在形式，也是由 "=" 符号开始的，右侧依次是函数名称、左括号、以半角逗号分隔的参数和右括号。具体结构示意图如下。

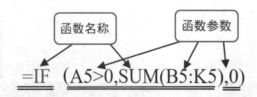

6.1.2 函数的分类

根据函数的功能，主要可以将函数划分为 11 种类型。函数在使用过程中，一般也是依据这些类型进行定位，然后在其中选择合适的函数。因此，学习函数知识，必须了解函数的分类。11 种函数类型的具体介绍如下。

（1）财务函数：Excel 中提供了非常丰富的财务函数，使用这些函数可以完成大部分的财务统计和计算。如 DB 函数可以返回固定资产的折旧值，IPMT 函数可以返回投资回报的利息部分等。财务人员如果能够正确、灵活地使用 Excel 中的财务函数进行计算，就能大大减轻日常工作中有关计算的工作量。

（2）逻辑函数：该类型的函数只有 7 个，用于测试某个条件，总是返回逻辑值 TRUE 或 FALSE。它们与数值的关系为：① 在数值运算中，TRUE=1，FALSE=0；② 在逻辑判断中，0=FALSE，所有非 0 数值 =TRUE。

（3）文本函数：在公式中处理文本字符串的函数。主要功能包括截取、查找或搜索文本中的某个特殊字符，或者提取某些字符，也可以改变文本的编写形式。例如，TEXT 函数可以将数值转换为文本；LOWER 函数可以将文本字符串的所有字母转换成小写形式等。

（4）日期和时间函数：用于分析或处理公式中的日期和时间值。例如，TODAY 函数可以返回当前系统日期。

（5）查找与引用函数：用于在数据清单或工作表中查询特定的数值或某个单元格引用的函数。常见的示例是税率表，使用 VLOOKUP 函数可以确定某一收入水平的税率。

（6）数学和三角函数：这类函数主要运用于各种数学计算和三角计算。例如，RADIANS 函数可以把角度转换为弧度等。

（7）统计函数：这类函数可以对一定范围内的数据进行统计学分析。例如，可以计算统计数据，如平均值、方差、标准偏差等。

（8）工程函数：这类函数常用于工程应用中。它们可以处理复杂的数字，在不同的计数体系和测量体系之间转换。例如，可以将十进制数转换为二进制数。

（9）多维数据集函数：这类函数用于返回多维数据集中的相关信息。例如，返回多维数据集中成员属性的值。

（10）信息函数：这类函数有助于确定单元格中数据的类型，还可以使单元格在满足一定

的条件时返回逻辑值。

（11）数据库函数：这类函数用于对存储在数据清单或数据库中的数据进行分析，判断其是否符合某些特定的条件。这类函数在需要汇总符合某一条件的列表中的数据时十分有用。

🔔 **小提示**

> Excel 中还有一类函数是使用 VBA 创建的自定义函数，称为用户定义函数。这些函数可以像 Excel 的内部函数一样运行，但不能在"粘贴函数"中显示每个参数的描述。

6.2 输入与编辑函数

函数的输入方法很多，可以根据自己的情况选择。如果对函数很熟悉，则可以直接输入函数；如果对函数比较熟悉，则可以使用提示功能快速输入函数；如果对函数不太熟悉，则可以使用函数库输入函数；如果是常用函数，则可以在"自动求和"下拉列表中选择；如果不能确定函数的正确拼写或计算参数，则可以使用"插入函数"对话框插入函数。

6.2.1 直接输入函数

如果知道函数名称及函数的参数，则可以直接在编辑栏中输入表达式，这是最常见的输入方式。

扫一扫，看视频

例如，要在"6.18 大促销售清单"工作簿中计算"小计"，操作方法如下。

步骤 01 打开"素材文件 \ 第 6 章 \6.18 大促销售清单 .xlsx"，❶ 选中要存放结果的单元格，选择 E3 单元格；❷ 在编辑栏中输入函数表达式"=PRODUCT(C3:D3)"（对 C3:D3 单元格区域中的数值进行乘积运算）。

步骤 02 输入完成后，单击编辑栏中的"输入"按钮 ✓，或者按 Enter 键进行确认，E3 单元格中即可显示计算结果。

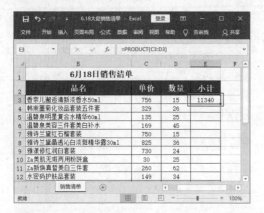

步骤 03 利用填充功能向下复制函数，即可计算出其他产品的销售金额。

6.2.2 通过提示功能快速输入函数

扫一扫，看视频

如果用户对函数并不是非常熟悉，则在输入函数表达式的过程中，可以利用函数的提示功能进行输入，以保证输入正确的函数。

例如，要在"6 月工资表"工作簿中计算"实发工资"，操作方法如下。

步骤 01 打开"素材文件 \ 第 6 章 \6 月工资表 .xlsx"，选中要存放结果的单元格，输入"＝"，然后输入函数的首字母，如 S，此时系统会自动弹出一个下拉列表，该下拉列表中将显示所有以 S 开头的函数，此时可以在下拉列表中查找需要的函数。选中某个函数时，会出现一个浮动框，并说明该函数的含义。

步骤 02 双击选中的函数，即可将其输入单元格中，输入函数后可以看到函数的语法提示。

步骤 03 根据提示输入计算参数。

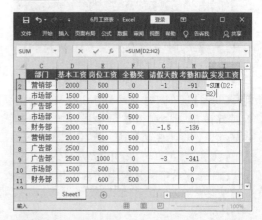

步骤 04 完成输入后，按 Enter 键，即可得到计算结果。

步骤 05 利用填充功能向下复制函数，即可计算出其他员工的实发工资。

6.2.3 通过"函数库"输入函数

在 Excel 窗口的功能区中有一个"函数库"组，函数库中提供了多种函数，可以非常方便地使用。

例如，要在"员工档案表"工作簿中统计人数，操作方法如下。

步骤 01 打开"素材文件\第 6 章\员工档案表 .xlsx"，❶ 选中要存放结果的单元格，如 C13；❷ 在"公式"选项卡"函数库"组中单击需要的函数类型，这里单击"其他函数"下拉按钮 ▦；❸ 在弹出的下拉列表中选择"统计"选项；❹ 在弹出的二级列表中单击需要的函数，这里单击 COUNTA。

步骤 02 弹出"函数参数"对话框，❶ 在"Value 1"参数框中设置要进行计算的参数；❷ 单击"确定"按钮。

步骤 03 返回工作表，即可看到计算结果。

6.2.4 使用"自动求和"按钮输入函数

扫一扫，看视频

使用函数计算数据时，求和函数、求平均值函数等用得非常频繁，因此 Excel 提供了"自动求和"按钮，通过该按钮，可以快速地使用这些函数进行计算。

例如，要在"食品销售表"工作簿中计算"月平均销量"，操作方法如下。

步骤 01 打开"素材文件 \ 第 6 章 \ 食品销售表 .xlsx"，❶ 选中要存放结果的单元格，如 E4；❷ 在"公式"选项卡的"函数库"组中单击"自动求和"下拉按钮；❸ 在弹出的下拉列表中选择"平均值"选项。

步骤 02 拖动鼠标选择计算区域，默认选择左侧数据的单元格。

步骤 03 按 Enter 键，即可得出计算结果。

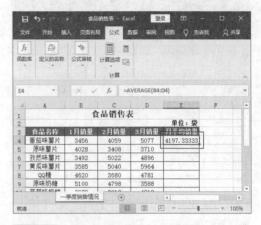

步骤 04 通过填充功能向下复制函数，计算出其他食品的月平均销量。

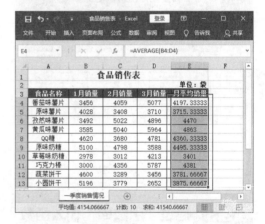

6.2.5 通过"插入函数"对话框调用函数

扫一扫，看视频

Excel 提供了大约 400 个函数，如果不能确定函数的正确拼写或计算参数，则建议用户使用"插入函数"对话框插入函数。

例如，要在"营业额统计周报表"工作簿中计算"合计"，操作方法如下。

步骤 01 打开"素材文件 \ 第 6 章 \ 营业额统计周报表 .xlsx"，❶ 选择要存放结果的单元格；❷ 单击编辑栏中的"插入函数"按钮 *fx*。

步骤 02 打开"插入函数"对话框，❶ 在"或选择类别"下拉列表中选择函数类别；❷ 在"选择函数"列表框中选择需要的函数，如 SUM 函数；❸ 单击"确定"按钮。

步骤 03 打开"函数参数"对话框，❶ 在"Number1"参数框中设置要进行计算的参数；❷ 单击"确定"按钮。

步骤 04 返回工作表，即可看到计算结果。

步骤 05 通过填充功能向下复制函数，计算出其他时间的营业额合计。

🔔 **小技巧**

　　如果只知道某个函数的功能，不知道具体的函数名，则可以在"搜索函数"文本框中输入函数功能，如"随机"，然后单击"转到"按钮，此时将在"选择函数"列表框中显示 Excel 推荐的函数。在"选择函数"列表框中选择某个函数后，会在列表框下方显示该函数的作用及语法等信息。

✏️ 读书笔记

_____

_____

_____

_____

_____

6.3 常用函数

在了解了函数的作用及调用方法后，就可以应用函数计算数据了。下面介绍一些常用函数，主要包括自动求和函数、平均值函数、最大值函数、最小值函数等。

6.3.1 使用 SUM 函数进行求和运算

扫一扫，看视频

在 Excel 中，SUM 函数是最常用的，用于返回某一单元格区域中所有数字之和。

求和函数的语法为：=SUM (number1, number2,...)，其中 number1, number2,... 表示参加计算的 1~255 个参数。

例如，要在"销售业绩"工作簿中使用 SUM 函数计算"销售总量"，操作方法如下。

步骤 01 打开"素材文件\第 6 章\销售业绩.xlsx"，❶ 选择要存放结果的单元格，如 E3，输入函数"=SUM(B3:D3)"；❷ 按 Enter 键，即可得出计算结果。

步骤 02 通过填充功能向下复制函数，计算出所有销售人员的销售总量。

6.3.2 使用 AVERAGE 函数计算平均值

扫一扫，看视频

AVERAGE 函数用于返回参数的平均值，该函数是对选择的单元格或单元格区域进行算术平均值运算。AVERAGE 函数的语法为：=AVERAGE(number1,number2,...)，其中 number1,number2,... 表示要计算平均值的 1~255 个参数。

例如，要在"销售业绩"工作簿中使用 AVERAGE 函数计算"平均值"，操作方法如下。

步骤 01 接上一例操作，❶ 选中要存放结果的单元格，如选择 F3；❷ 单击"公式"选项卡"函数库"组中的"自动求和"下拉按钮；❸ 在弹出的下拉列表中选择"平均值"选项。

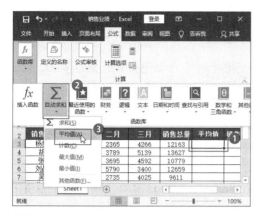

步骤 02 所选单元格中将插入 AVERAGE 函数，选择需要计算的 B3:D3 单元格区域。

步骤 03 按 Enter 键则计算出平均值，然后使用填充功能向下复制函数，即可计算出其他产品的销量平均值。

6.3.3 使用 MAX 函数计算最大值

扫一扫，看视频

使用 MAX 函数可以对选择的单元格区域中的数据进行比较，计算出其中的最大值，然后返回到目标单元格。

MAX 函数的语法为：=MAX(number1, number2,...)。其中 number1, number2, ... 表示要参与比较找出最大值的 1~255 个参数。

例如，要在"销售业绩"工作簿中使用 MAX 函数计算每个月的"最高销售量"，操作方法如下。

步骤 01 接上一例操作，选择要存放结果的单元格，如 B11，输入函数"=MAX(B3:B10)"，按 Enter 键，即可得出计算结果。

步骤 02 通过填充功能向右复制函数，即可计算出每个月和销售总量的最高销售量。

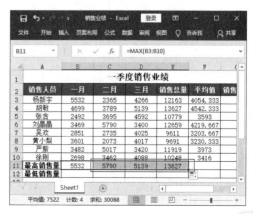

6.3.4 使用 MIN 函数计算最小值

扫一扫，看视频

MIN 函数与 MAX 函数的作用相反，是可以对选择的单元格区域中的数据进行比较，计算出其中的最小值，然后返回到目标单元格。

MIN 函数的语法为：=MIN(number1,number2,…)。其中 number1,number2,… 表示要参与比较找出最小值的 1~255 个参数。

例如，要在"销售业绩"工作簿中使用 MIN 函数计算每个月的"最低销售量"，操作方法如下。

步骤 01 接上一例操作，选择要存放结果的单元格，如 B12，输入函数"=MIN(B3:B10)"，按 Enter 键，即可得出计算结果。

步骤 02 通过填充功能向右复制函数，即可计算出每个月和销售总量的最低销售量。

6.3.5 使用 RANK 函数计算排名

扫一扫，看视频

使用 RANK 函数可以让指定的数据在一组数据中进行比较，将比较的名次返回到目标单元格中，这是计算排名的最佳函数。

RANK 函数的语法为：=RANK(number,ref,order)。其中，number 表示要在数据区域中进行比较的指定数据；ref 表示包含一组数字的数组或引用，其中的非数值型参数将被忽略；order 表示一个数字，指定排名的方式。若 order 为 0 或省略，则按降序排列的数据清单进行排位；如果 order 不为 0，则按升序排列的数据清单进行排位。

例如，要在"销售业绩"工作簿中使用 RANK 函数计算"销售排名"，操作方法如下。

步骤 01 接上一例操作，选中要存放结果的单元格，如 G3，输入函数"=RANK (E3,$E$3:$E$10,0)"，按 Enter 键，即可得出计算结果。

步骤 02 通过填充功能向下复制函数，即可计算出每位销售人员的销售排名。

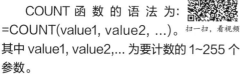

6.3.6 使用 COUNT 函数计算参数中包含的个数

使用 COUNT 函数可以统计包含数字的单元格的个数。

COUNT 函数的语法为：=COUNT(value1, value2, ...)。其中 value1, value2,... 为要计数的 1~255 个参数。

例如，要在"员工报名登记表"工作簿中使用 COUNT 函数计算"报名人数"，操作方法如下。

打开"素材文件 \ 第 6 章 \ 员工报名登记表 .xlsx"，选中要存放结果的单元格，如 G3，输入函数"=COUNT(E3:E17)"，按 Enter 键，即可得出计算结果。

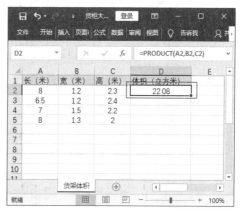

6.3.7 使用 PRODUCT 函数计算乘积

扫一扫，看视频

PRODUCT 函数用于计算所有参数的乘积，其语法结构为：=PRODUCT (number1, number2,...)，其中 number1, number2,... 表示要参与乘积计算的 1~255 个参数。

例如，要在"货柜大小计算"工作簿中使用 PRODUCT 函数计算货架的"体积"，操作方法如下。

步骤 01 打开"素材文件 \ 第 6 章 \ 货柜大小计算 .xlsx"，选择要存放结果的单元格，如 D2，输入函数"=PRODUCT(A2, B2,C2)"，按 Enter 键，即可得出计算结果。

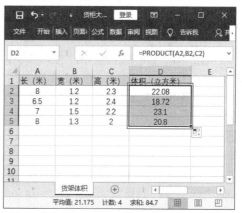

步骤 02 利用填充功能向下复制函数，即可计算出所有货柜的体积。

6.3.8 使用 IF 函数执行条件检测

扫一扫，看视频

IF 函数的功能是根据指定的条件的结果为 TRUE 或 FALSE，返回不同的结果。使用 IF 函数可以对数值和公式执行条件检测。

IF 函数的语法结构为：IF(logical_test, value_if_true,value_if_false)。

IF 函数中各个参数的含义如下。

- logical_test：表示计算结果为 TRUE 或 FALSE 的任意值或表达式。例如 "B5>100" 是一个逻辑表达式，若单元格 B5 中的值大于 100，则表达式的计算结果为 TRUE，否则为 FALSE。
- value_if_true：是 logical_test 参数为 TRUE 时返回的值。若此参数是文本字符串 "合格"，而且 logical_test 参数的计算结果为 TRUE，则返回结果 "合格"；若 logical_test 为 TRUE 而 value_if_true 为空，则返回 0（零）。
- value_if_false：是 logical_test 为 FALSE 时返回的值。若此参数是文本字符串 "不合格"，而且 logical_test 参数的计算结果为 FALSE，则返回结果 "不合格"；若 logical_test 为 FALSE 而 value_if_false 被省略，即 value_if_true 后面没有逗号，则会返回逻辑值 FALSE；若 logical_test 为 FALSE 且 value_if_false 为空，即 value_if_true 后面有逗号且紧跟着右括号，则返回 0（零）。

例如，以 "新进员工考核表" 工作簿中的总分为关键字，80 分以上（含 80 分）的录用情况为 "录用"，其余的则为 "淘汰"，操作方法如下。

步骤 01 打开 "素材文件 \ 第 6 章 \ 新进员工考核表 .xlsx"，❶ 选择要存放结果的单元格，如 G4；❷ 单击 "公式" 选项卡 "函数库" 组中的 "插入函数" 按钮。

步骤 02 打开 "插入函数" 对话框，❶ 在 "选择函数" 列表框中选择 IF 函数；❷ 单击 "确定" 按钮。

步骤 03 打开 "函数参数" 对话框，❶ 设置 Logical_test 参数框为 "F4>=80"，Value_if_true 参数框为 "" 录用 ""，Value_if_false 参数框为 "" 淘汰 ""；❷ 单击 "确定" 按钮。

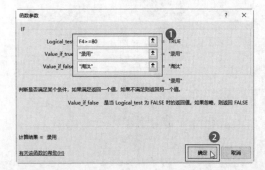

步骤 [04] 返回工作表，即可看到使用 IF 函数的计算结果。

步骤 [05] 利用填充功能向下复制函数，即可计算出其他员工的录用情况。

小技巧

在实际应用中，只用一个 IF 函数可能达不到工作的需要，这时可以使用多个 IF 函数进行嵌套。IF 函数嵌套的语法为：IF (logical_test,value_if_true,IF (logical_test,value_if_true,IF (logical_test,value_if_true,...,value_if_false)))。通俗地讲，可以理解成"如果（某条件，条件成立返回的结果，（某条件，条件成立返回的结果，（某条件，条件成立返回的结果，……，条件不成立返回的结果)))"。例如，在本例中以表格中的总分为关键字，80分以上（含80分）的录用情况为"录用"，70分以上（含70分）的录用情况为"有待观察"，其余的则为"淘汰"，G4 单元格的函数表达式为"=IF(F4>=80,"录用",IF(F4>=70,"有待观察","淘汰"))"。

本章小结

本章主要讲解了对函数的使用方法，主要包括认识函数的结构、分类，输入函数的各种方法及常用函数的应用。通过本章的学习，在需要使用函数时可以快速地找到，并且能够将函数运用到工作中。

✏️ 读书笔记

第7章

数据可视化：使用统计图表分析数据

本章
导读

在 Excel 中，图表的存在是为数据服务的。使用图表对数据进行诠释，可以让图表直观、生动、清晰地展示出数据想要传达的信息，使用户更容易发现数据中的问题，进而解决问题。本章将详细介绍在 Excel 中如何对表格数据进行可视化分析。

本章
要点

- 认识图表
- 创建与编辑图表
- 使用高级图表分析数据
- 使用迷你图分析数据

7.1 认识图表

Excel 提供了多种类型的图表用于展示数据。在使用这些图表前，需要先了解图表相关的各种知识，只有明白图表的作用及其应用范围，才能更好地应用图表表现数据，达到简化数据、突出重点的目的。

7.1.1 图表的组成

Excel 2019 提供了 17 种标准的图表类型，每种图表类型都分为几种子类型，其中包括二维图表和三维图表。虽然图表的种类不同，但每种图表的绝大部分组件是相同的，完整的图表包括①图表区域、②绘图区、③图表标题、④数据系列、⑤坐标轴和坐标轴标题、⑥图例、⑦网格线等，如下图所示。

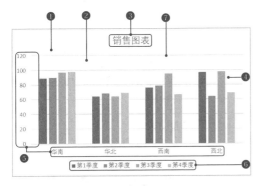

下面分别介绍图表的各个组成部分。

（1）图表区域：图表中最大的白色区域，作为其他图表元素的容器。

（2）绘图区：是图表区域中的一部分，即显示图形的矩形区域。

（3）图表标题：用来说明图表内容的文字，可以在图表中任意移动及修饰（如设置字体、字形及字号等）。

（4）数据系列：在数据区域中，同一列（或同一行）数据的集合构成一组数据系列，也就是图表中相关数据点的集合。图表中可以有一组到多组数据系列，多组数据系

列之间通常采用不同的图案、颜色或符号区分。在左侧图中，一季度到四季度的运营额统计就是数据系列，它们分别以不同的颜色区分。

（5）坐标轴和坐标轴标题：坐标轴是标识数值大小及分类的水平线和竖直线，上面有标定数值的标志（刻度）。一般情况下，水平轴（X轴）表示图表的分类。

（6）图例：图例指出图表中的符号、颜色或形状所代表的内容。图例由两部分构成，图例标识，代表数据系列的图案，即不同颜色的小方块；图例项，与图例标识对应的数据系列名称，一种图例标识只能对应一种图例项。

（7）网格线：贯穿绘图区的线条，用作估算数据系列所示值的标准。

🔔 小技巧

为了数据分析的需要，还可以为图表添加趋势线、数据标签等。

7.1.2 图表的类型

Excel 2019 中的图表类型主要包括柱形图、折线图、饼图和圆环图、条形图、面积图、XY 散点图、地图、股价图、曲面图、雷达图、树状图、旭日图、直方图、箱形图、瀑布图、漏斗图和组合图 17 种类型。了解并熟悉这些图表类型，可以在创建图表时选择最合适的图表。

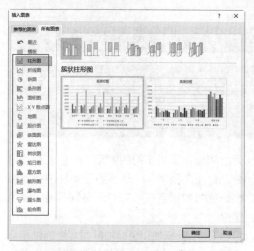

1. 柱形图

在工作表中以列或行的形式排列的数据可以绘制为柱形图。柱形图通常沿水平（类别）轴显示类别，沿垂直（值）轴显示值。

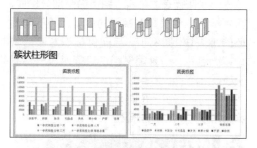

柱形图有多种类型，下面对各种条形图进行介绍。

- 簇状柱形图和三维簇状柱形图：簇状柱形图以二维柱形显示值。三维簇状柱形图以三维格式显示柱形，但是不使用第三个数值轴（竖坐标轴）。

簇状柱形图　　　　　　　**三维簇状柱形图**

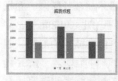

- 堆积柱形图和三维堆积柱形图：堆积柱形图使用二维堆积柱形显示值。三维堆积柱形图以三维格式显示堆积柱形，但是不使用竖坐标轴。

堆积柱形图　　　　　　　**三维堆积柱形图**

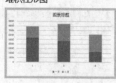

- 百分比堆积柱形图和三维百分比堆积柱形图：百分比堆积柱形图使用堆积柱形表示百分比的二维柱形显示值。三维百分比堆积柱形图以三维格式显示柱形，但是不使用竖坐标轴。如果图表具有两个或更多个数据系列，并且要强调每个值占整体的百分比，尤其是当各类别的总数相同时，则可以使用此种图表。

百分比堆积柱形图　　　**三维百分比堆积柱形图**

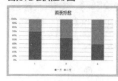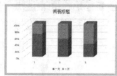

- 三维柱形图：三维柱形图使用三个可以修改的坐标轴（水平坐标轴、垂直坐标轴和竖坐标轴），并沿水平坐标轴和竖坐标轴比较数据点。

三维柱形图

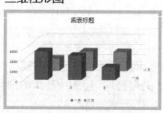

2. 折线图

在工作表中以列或行的形式排列的数据可以绘制为折线图。在折线图中，类别数据沿水平轴均匀分布，所有数据值沿垂直轴均匀分布。折线图可以在均匀按比例缩放的坐标轴上显示一段时间的连续数据，因此非常适合显示相等时间间隔（如月、季度或会计年度）下数据的趋势。

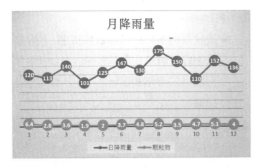

为了更好地了解折线图，下面对各种折线图进行介绍。

- 折线图和带数据标记的折线图：折线图在显示时带有指示单个数据值的标记，也可以不带标记，可显示一段时间或均匀分布的类别的趋势，特别是有多个数据点，并且这些数据点的出现顺序非常重要时。

折线图　　　　　　带数据标记的折线图

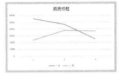 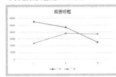

- 堆积折线图和数据点堆积折线图：堆积折线图显示时可带有标记，以指示各个数据值，也可以不带标记，用于显示每个值所占大小随时间或均匀分布的类别而变化的趋势。

堆积折线图　　　　　数据点堆积折线图

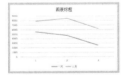 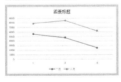

- 百分比堆积折线图和数据点百分比堆积折线图：百分比堆积折线图显示时可带有标记，以指示各个数据值，也可以不带标记，用于显示每个值所占的百分比随时间或均匀分布的类别而变化的趋势。

百分比堆积折线图　　　数据点百分比堆积折线图

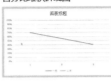 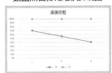

- 三维折线图：三维折线图将每个数据行或数据列显示为一个三维条带。三维折线图有水平坐标轴、垂直坐标轴和竖坐标轴，可以修改它们。

三维折线图

3. 饼图和圆环图

在工作表中以列或行的形式排列的数据可以绘制为饼图。饼图显示一个数据系列中各项的大小与各项总和的比例。饼图中的数据点显示为整个饼图的百分比。

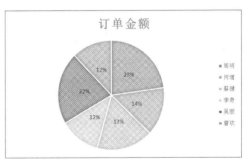

如果要创建的图表只有一个数据系列、数据中的值没有负值、数据中的值几乎没有零值或类别不超过 7 个，并且这些类别共同构成了整饼图，就可以使用饼图的方式查看数据。各种饼图的功能如下。

- 饼图和三维饼图：饼图以二维或三维格式显示每个值占总计的比例。可以手动拉出饼图的扇区，以强调扇区。

饼图　　　　　　　三维饼图

- 子母饼图和复合条饼图：子母饼图或复合条饼图是特殊显示的饼图，其中一些较小的值被拉出为次饼图或堆积条形图，从而使其更易于区分。

子母饼图　　　　　复合条饼图

- 圆环图：仅排列在工作表的列或行中的数据可以绘制为圆环图。像饼图一样，圆环图也显示了部分与整体的关系，但圆环图可以包含多个数据系列。

圆环图

4. 条形图

在工作表中以列或行的形式排列的数据可以绘制为条形图。条形图显示各个项目的比较情况。在条形图中，通常沿垂直坐标轴组织类别，沿水平坐标轴组织值。

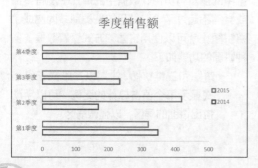

各种条形图的功能如下。

- 簇状条形图和三维簇状条形图：簇状条形图以二维格式显示条形。三维簇状条形图以三维格式显示条形，不使用竖坐标轴。

簇状条形图　　　　三维簇状条形图

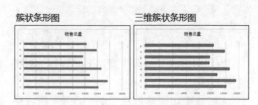

- 堆积条形图和三维堆积条形图：堆积条形图以二维条形显示单个项目与整体的关系。三维堆积条形图以三维格式显示条形，不使用竖坐标轴。

堆积条形图　　　　三维堆积条形图

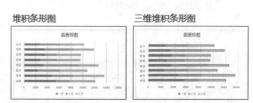

- 百分比堆积条形图和三维百分比堆积条形图：百分比堆积条形图显示二维条形，这些条形跨类别比较每个值占总计的百分比。三维百分比堆积条形图以三维格式显示条形，不使用竖坐标轴。

百分比堆积条形图　　三维百分比堆积条形图

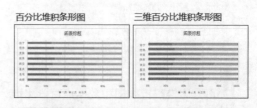

5. 面积图

在工作表中以列或行的形式排列的数据可以绘制为面积图。面积图可用于绘制随时间发生的变化量，用于引起人们对总值趋势的关注。通过显示所绘制的值的总和，面积图还可以显示部分与整体的关系。

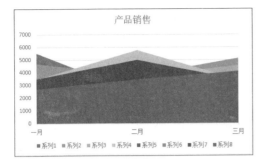

各种面积图的功能如下。

- 面积图和三维面积图：面积图以二维或三维格式显示，用于显示值随时间或其他类别数据的变化趋势。三维面积图使用三个可以修改的坐标轴（水平坐标轴、垂直坐标轴和竖坐标轴）。通常应考虑使用折线图而不是非堆积面积图，因为如果使用后者，一个系列中的数据可能会被另一系列中的数据遮住。

面积图 三维面积图

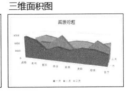

- 堆积面积图和三维堆积面积图：堆积面积图以二维格式显示每个值所占大小随时间或其他类别数据的变化趋势。三维堆积面积图也一样，但是以三维格式显示面积，并且不使用竖坐标轴。

堆积面积图 三维堆积面积图

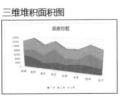

- 百分比堆积面积图和三维百分比堆积面积图：百分比堆积面积图显示每个值所占百分比随时间或其他类别数据的变化趋势。三维百分比堆积面积图也一样，但是以三维格式显示面积，并且不使用竖坐标轴。

百分比堆积面积图 三维百分比堆积面积图

 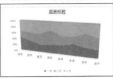

6. XY 散点图

在工作表中以列或行的形式排列的数据可以绘制为 XY 散点图。将 X 值放在一行或一列，然后在相邻的行或列中输入对应的 Y 值。

散点图有两个数值轴：水平（X）数值轴和垂直（Y）数值轴。散点图将 X 值和 Y 值合并到单一数据点，并按不均匀的间隔或簇来显示它们。散点图通常用于显示和比较数值，如科学数据、统计数据和工程数据。

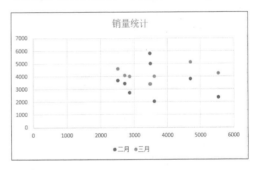

各种散点图的功能如下。

- 散点图：散点图显示数据点以比较值，但是不连接线。

散点图

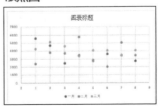

- 带平滑线和数据标记的散点图及带平滑线的散点图：这种图表显示用于连接数据点的平滑曲线。显示的平滑线可以带数据标记，也可以不带。如果有多个数据点，使用不带数据标记的平滑线。

带平滑线和数据标记的散点图　带平滑线的散点图

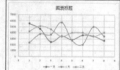 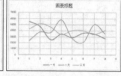

- 带直线和数据标记的散点图及带直线的散点图：这种图表显示数据点之间直接相连的直线。显示的直线可以带数据标记，也可以不带。

带直线和数据标记的散点图　带直线的散点图

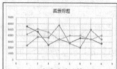 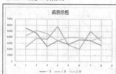

- 气泡图或三维气泡图：这两种气泡图都比较成组的三个值而非两个值，并以二维或三维格式显示气泡（不使用竖坐标轴）。第三个值用于指定气泡标记的大小。

气泡图　　　　　三维气泡图

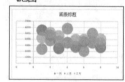 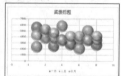

7. 地图

当数据中含有地理数据，如城市名称、省份名称、邮政编码等数据时，可以按地图创建图表。

8. 股价图

以特定顺序排列在工作表的列或行中的数据可以绘制为股价图。顾名思义，股价图可以显示股价的波动，这种图表也可以显示其他数据（如日降雨量和每年温度）的波动。通常必须按正确的顺序组织数据才能创建股价图。

例如，若要创建一个简单的成交量－开盘－盘高－盘低－收盘价图，需要按成交量、开盘、最高、最低、收盘价的次序输入的列标题来排列数据，如下图所示。

48	日期	成交量	开盘	最高	最低	收盘价
49	2021/10/10	3659	36.5	37.6	33.2	37.2
50	2021/10/11	5698	26.14	28.9	22.3	27.6
51	2021/10/12	5563	65.36	68.2	60.6	61.4
52	2021/10/13	2256	12.3	13.9	12.1	12.1
53	2021/10/14	6985	5.9	6.1	5.1	5.3
54	2021/10/15	7852	46.3	49.23	43.2	44.5
55	2021/10/16	5863	45.25	48.23	45.22	47.65

然后选择成交量－开盘－最高－最低－收盘价，得到下面的股价图。

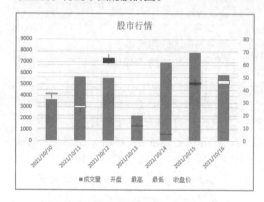

各种股价图的功能如下。

- 盘高－盘低－收盘价图：这种股价图按照以下顺序使用三个值系列：盘高、盘低和收盘价。

盘高-盘低-收盘价图

- 开盘－盘高－盘低－收盘价图：这种股价图按照以下顺序使用四个值系列：开盘、盘高、盘低和收盘价。

开盘-盘高-盘低-收盘价图

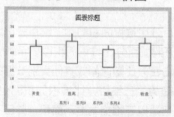

- 成交量－盘高－盘低－收盘图：这种股价图按照以下顺序使用四个值系列：成交量、盘高、盘低和收盘价。它在计算成交量时使用了两个数值轴：一个用于计算成交量的列；另一个用于股票价格的列。

成交量-盘高-盘低-收盘图

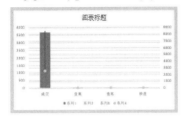

- 成交量－开盘－盘高－盘低－收盘价图：这种股价图按照以下顺序使用五个值系列：成交量、开盘、盘高、盘低和收盘价。

成交量-开盘-盘高-盘低-收盘价图

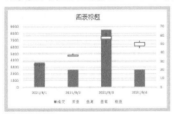

9. 曲面图

在工作表中以列或行的形式排列的数据可以绘制为曲面图。如果希望得到两组数据间的最佳组合，曲面图很有用。例如，在地形图上，颜色和图案表示具有相同取值范围的地区。当类别和数据系列都是数值时，可以创建曲面图。

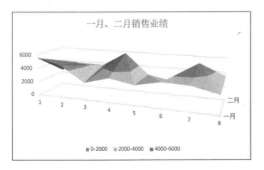

各种曲面图的功能如下。

- 三维曲面图：这种图表用于显示数据的三维视图，可以将其想象为三维柱形图上展开的橡胶板。它通常用于显示大量数据之间的关系，其他方式可能很难显示这种关系。曲面图中的颜色带不表示数据系列，它们表示值之间的差别。

三维曲面图

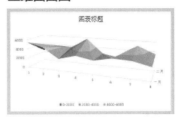

- 三维曲面图（框架图）：曲面不带颜色的三维曲面图称为三维曲面图（框架图）。这种图表只显示线条。三维曲面图（框架图）不容易理解，但是绘制大型数据集的速度比三维曲面图快得多。

三维曲面图（框架图）

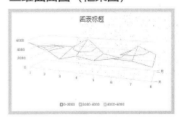

- 曲面图：曲面图是从俯视的角度看到的曲面图，与二维地形图相似。在俯视图中，色带表示特定范围的值。俯视图中的线条连接等值的内插点。

曲面图

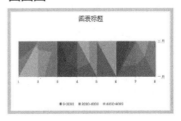

- 曲面图（俯视框架图）：曲面图（俯视框架图）也是从俯视的角度看到的曲面图。俯视框架图只显示线条，不在曲面上显示色带。俯视框架图不容易理解，可以改用三维曲面图。

曲面图(俯视框架图)

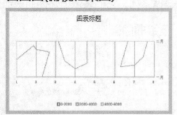

10. 雷达图

在工作表中以列或行的形式排列的数据可以绘制为雷达图。雷达图比较若干数据系列的聚合值。

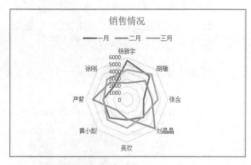

各种雷达图的功能如下。

- 雷达图和带数据标记的雷达图：无论单独的数据点有无标记，雷达图都显示值相对于中心点的变化。

雷达图

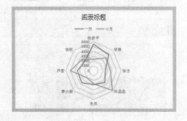

带数据标记的雷达图

- 填充雷达图：在填充雷达图中，数据系列覆盖的区域填充有颜色。

填充雷达图

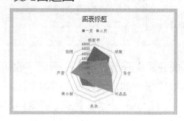

11. 树状图

树状图提供数据的分层视图，以便直观地显示哪种类别的数据占比最大，哪个城市的销量最高。树分支表示为矩形，每个子分支显示为更小的矩形。

树状图按颜色和距离显示类别，可以轻松地显示其他图表类型很难显示的大量数据，适合显示层次结构内的比例，但不适合显示最大类别与各数据点之间的层次结构级别。

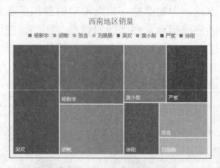

12. 旭日图

旭日图也称为太阳图，是一种圆环镶接图，每个圆环代表了同一级别的比例数据。离原点越近的圆环的级别越高，最内层的圆环表示结构的顶级。

旭日图可以清楚地表达层级和归属关系，适用于展现有父子层级维度的比例构成情况，便于进行细分溯源分析，帮助用户了解数据的构成。

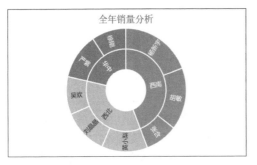

13. 直方图

直方图是用一系列宽度相等、高度不同的长方形表示数据的图形。长方形的宽度表示数据范围的间隔，长方形的高度表示在给定间隔内的数据值。

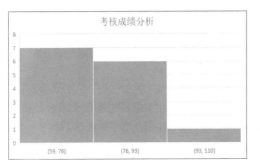

各种直方图的功能如下。

- 直方图：直方图是数值数据分布的精确图形表示。通过直方图的形状，可以判断生产过程是否稳定，预测生产过程的质量。
- 排列图：排列图是将出现的质量问题和质量改进项目按照重要程度依次排列而成的一种图表，是用来识别消耗了最多资源的少部分因素的统计分析方法。

直方图

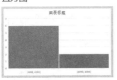

排列图

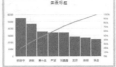

14. 箱形图

箱形图又称为盒形图、盒式图或箱线图，是用于显示一组数据分散情况的统计图。箱形图主要用于反映原始数据的分布特征，还可以进行多组数据分布特征的比较。

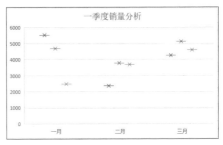

15. 瀑布图

瀑布图不仅可以反映数据在不同时间或受不同因素影响的程度和结果，还可以直观地反映出数据的增减变化，是分析影响最终结果的各个因素的重要图表，常用于财务分析和销售分析。

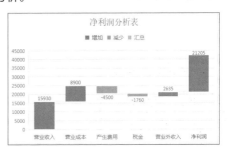

16. 漏斗图

漏斗图适用于流程比较规范、周期长、环节多的流程分析，通过漏斗各个环节数据的比较，能够直观地发现和说明问题。

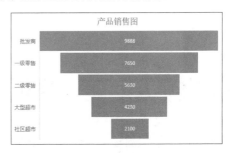

17. 组合图

以列和行的形式排列的数据可以绘制为组

合图。组合图将两种或更多图表类型组合在一起，使数据更容易理解，特别是数据变化范围较大时。因为采用了次坐标轴，所以这种图表更容易看懂。

　　例如，下图中使用了柱形图来显示一月的销售数据，然后使用了折线图来显示二月的销售数据。

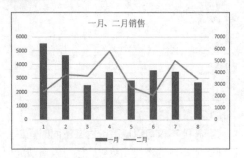

　　各种组合图的功能如下。

- 簇状柱形图－折线图和簇状柱形图－次坐标轴上的折线图：这种图表不一定带有次坐标轴，它综合了簇状柱形图和折线图，在同一个图表中将部分数据系列显示为柱形图，将其他数据系列显示为折线图。

簇状柱形图 - 折线图

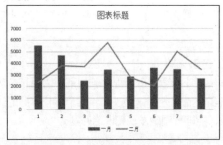

簇状柱形图 - 次坐标轴上的折线图

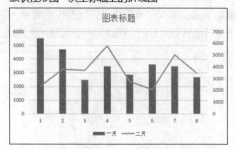

- 堆积面积图－簇状柱形图：这种图表综合了堆积面积图和簇状柱形图，在同一个图表中将部分数据系列显示为堆积面积图，将其他数据系列显示为柱形图。

堆积面积图 - 簇状柱形图

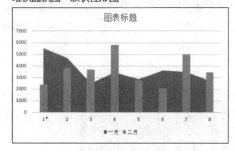

- 自定义组合：这种图表用于组合要在同一个图表中显示的多种图表。

自定义组合

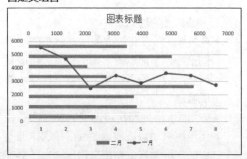

7.2　创建与编辑图表

　　Excel 中如果只有数据，看起来会十分枯燥。使用图表功能可以迅速创建各种各样的图表。图表不仅能增强视觉效果，还能更直观、形象地显示出表格中各个数据之间的复杂关系，更易于理解和交流，也起到了美化表格的作用。

7.2.1 根据数据创建图表

创建图表的方法非常简单，只需选择要创建为图表的数据区域，然后选择需要的图表样式即可。在选择数据区域时，根据需要可以选择整个数据区域，也可以选择部分数据区域。

扫一扫，看视频

1. 选择图表类型创建图表

如果要创建固定类型的图表，则可以根据需要选择图表类型，再进行创建。

例如，要在"销售业绩"工作簿中创建柱形图，操作方法如下。

步骤 01 打开"素材文件 \ 第 7 章 \ 销售业绩 .xlsx"，❶ 选中任意数据区域；❷ 单击"插入"选项卡"图表"组中的功能扩展按钮。

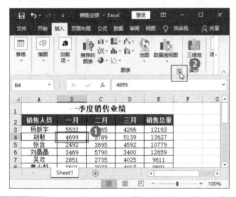

步骤 02 打开"插入图表"对话框，❶ 在"所有图表"选项卡的左侧选择"柱形图"选项；❷ 在右侧窗格中选择柱形图的样式；❸ 单击"确定"按钮。

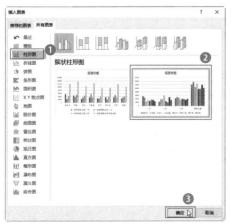

步骤 03 返回工作表中，即可看到已经自动选取了数据区域，并按所选图表样式创建了图表。

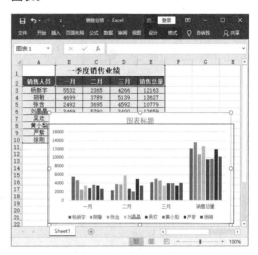

2. 创建推荐样式的图表

如果在创建图表时不知道选择哪种图表样式，则可以创建推荐样式的图表，操作方法如下。

步骤 01 打开"素材文件 \ 第 7 章 \ 销售业绩 .xlsx"，❶ 选中要创建图表的数据区域，如 A2：A10 和 E2：E10 单元格区域；❷ 单击"插入"选项卡"图表"组中的"推荐的图表"按钮。

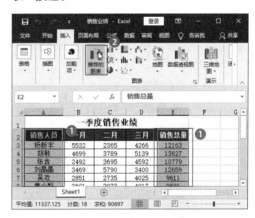

步骤 02 打开"插入图表"对话框，❶ 在"推荐的图表"选项卡的左侧推荐了多种图表，选择一种需要的图表样式；❷ 单击"确定"按钮。

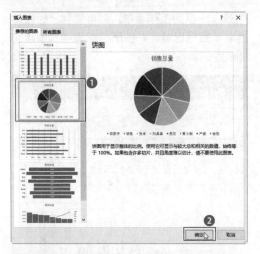

步骤 03 返回工作表，即可看到已经根据选定的数据区域和推荐的图表样式创建了图表。

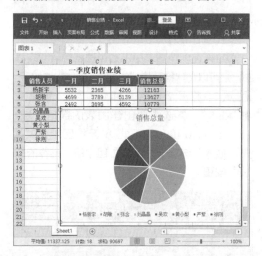

3. 创建组合图表

如果是两种类型的数据，则使用组合图表更清楚地表现数据之间的关系。

例如，要在"销售业绩"工作簿中根据一季度的销售量和销售总量创建图表，如果使用普通的柱形图，则销售总量数据表现得比较模糊，此时可以使用组合图表，操作方法如下。

步骤 01 打开"素材文件 \ 第 7 章 \ 销售业绩 .xlsx"，❶ 选中任意数据区域；❷ 单击"插入"选项卡"图表"组中的"插入组合图"下拉按钮 🔳 ；❸ 在弹出的下拉列表中选择"创

建自定义组合图"选项。

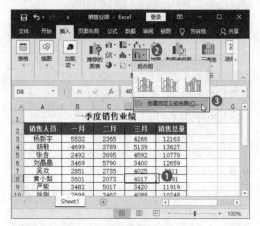

步骤 02 打开"插入图表"对话框，自动定位在"组合图"选项中，❶ 单击"自定义组合图"按钮；❷ 在"为您的数据系列选择图表类型和轴"列表中分别选择图表类型；❸ 勾选"销售总量"右侧的"次坐标轴"复选框；❹ 单击"确定"按钮。

步骤 03 返回工作表中，即可看到已经根据所选自定义组合图的图表样式创建了图表。一月、二月、三月的数据以柱形图显示，销售总量以折线图显示，并在右侧添加了次坐标轴，显示销售总量的数据。

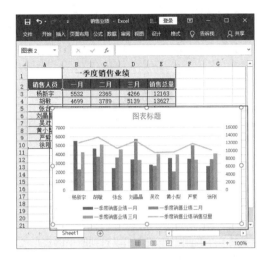

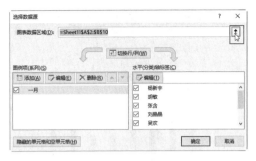

 步骤 03 在工作表中重新选择数据区域，完成后单击"选择数据源"对话框中的 按钮。

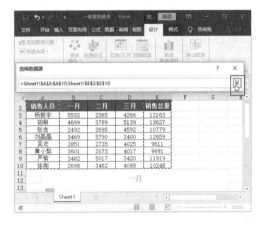

7.2.2 更改图表的数据源

创建了图表之后，如果数据源发生更改，则可以更改图表的数据源。

例如，"一季度销量表"工作簿中已经使用"一月"的数据创建了图表，现在要将数据源更改为"销售总量"，操作方法如下。

步骤 01 打开"素材文件\第 7 章\一季度销量表 .xlsx"，❶ 选中图表；❷ 单击"图表工具 / 设计"选项卡"数据"组中的"选择数据"按钮。

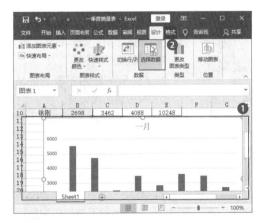

步骤 02 打开"选择数据源"对话框，单击"图表数据区域"文本框右侧的展开按钮 。

小提示

如果数据源录入错误，则在工作表中修改数据后，图表的数据将同步更改。

步骤 04 返回"选择数据源"对话框，单击"确定"按钮。

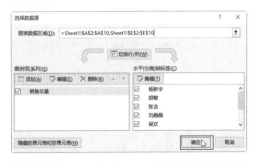

步骤 05 返回工作表，即可看到图表中已经更改了数据源。

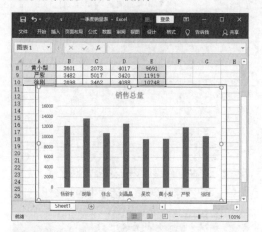

7.2.3 更改图表的类型

创建图表之后才发现图表类型不合适，不能很好地展现数据，此时可以改变图表类型。要改变图表类型并不需要重新插入图表，可以直接对已经创建的图表进行图表类型的更改。

例如，要将"一季度销量表"工作簿中的柱形图更改为饼图，操作方法如下。

步骤 01 打开"素材文件＼第 7 章＼一季度销量表 .xlsx"，❶ 选择图表；❷ 单击"图表工具／设计"选项卡"类型"组中的"更改图表类型"按钮。

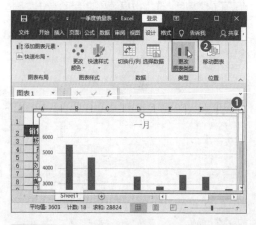

步骤 02 打开"更改图表类型"对话框，❶ 选择图表样式；❷ 单击"确定"按钮。

步骤 03 返回工作表，即可看到原来的柱形图已经更改为饼图。

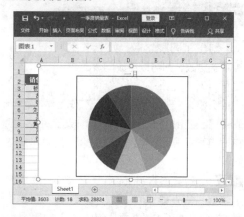

7.2.4 添加图表元素

创建了图表后，为了让图表的表达更加清晰，可以添加图表元素。

1. 添加图表标签

为了使所创建的图表更加清晰、明确，可以添加并设置图表标签。

例如，要在"一季度销量表"工作簿中添加图表标签，操作方法如下。

步骤 01 打开"素材文件＼第 7 章＼一季度销量表 .xlsx"，❶ 选择图表；❷ 单击"图表工具／设计"选项卡"图表布局"组中的"添加图表元素"下拉按钮；❸ 在弹出的下拉列表中选择"数据标签"选项；❹ 在弹出的二级列表中选择"数据标签外"选项。

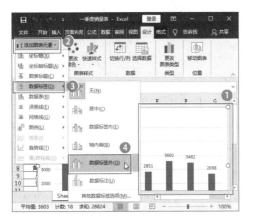

步骤 02 ❶ 在任意数据标签上单击，选中所有数据标签，然后在数据标签上右击；❷ 在弹出的快捷菜单中选择"更改数据标签形状"命令；❸ 在弹出的子菜单中选择一种数据标签形状。

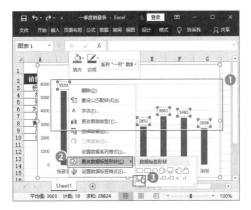

步骤 03 再次在数据标签上右击，在弹出的快捷菜单中选择"设置数据标签格式"命令。

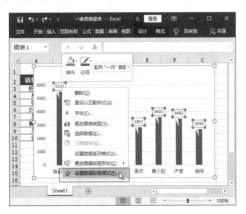

步骤 04 打开"设置数据标签格式"窗格，❶ 在"标签选项"选项卡中单击"填充与线条"按钮 ◇；❷ 在"填充"栏中选择"纯色填充"单选按钮；❸ 在"颜色"列表中选择填充颜色。

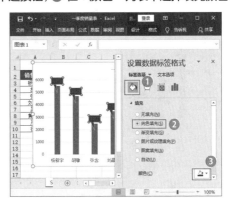

步骤 05 在"边框"栏中选择"无线条"单选按钮；❷ 单击"关闭"按钮 ✕，关闭"设置数据标签格式"窗格。

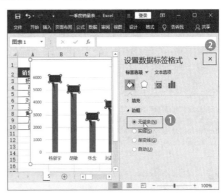

步骤 06 保持数据标签的选中状态，在"开始"选项卡的"字体"组中设置字体样式。

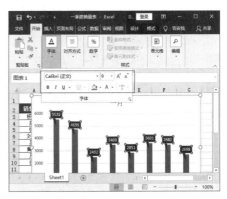

步骤 07 操作完成后，即可看到为图表设置数据标签后的效果。

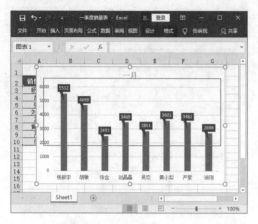

2. 添加数据表

添加数据表，可以在图表中以表格的形式展现数据信息，使数据更加直观。下面介绍添加数据表的方法。

步骤 01 接上一例操作，❶ 选择图表；❷ 单击"图表工具 / 设计"选项卡"图表布局"组中的"添加图表元素"下拉按钮；❸ 在弹出的下拉列表中选择"数据表"选项；❹ 在弹出的二级列表中选择数据表的样式。

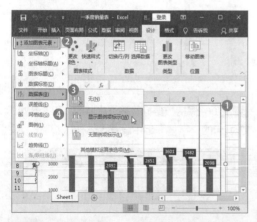

步骤 02 操作完成后，即可看到图表中添加了数据表。

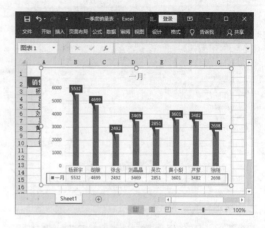

🔔 小技巧

在创建图表时，会默认添加图表标题，如果要更改图表的标题，可以将光标定位在图表标题文本框中，删除默认标题后，再输入需要的标题内容即可。

3. 添加趋势线

趋势线是用线条将低点与高点相连，利用已经发生的数据值推测以后大致走向的一种图形分析方法。下面介绍添加趋势线的方法。

步骤 01 接上一例操作，❶ 选择图表；❷ 单击"图表工具 / 设计"选项卡"图表布局"组中的"添加图表元素"下拉按钮；❸ 在弹出的下拉列表中选择"趋势线"选项；❹ 在弹出的二级列表中选择一种趋势线，如"线性"。

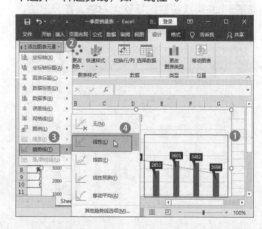

步骤 02 操作完成后，即可看到已经为图表添加了趋势线。

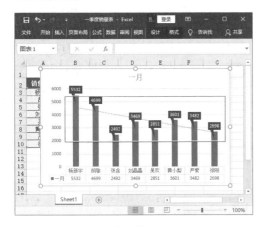

4. 快速布局图表元素

当不知道如何布局图表元素时，可以使用内置的布局样式快速布局图表元素，操作方法如下。

步骤 01 接上一例操作，❶ 选择图表；❷ 单击"图表工具 / 设计"选项卡"图表布局"组中的"快速布局"下拉按钮；❸ 在弹出的下拉列表中选择一种布局样式，如选择"布局 7"。

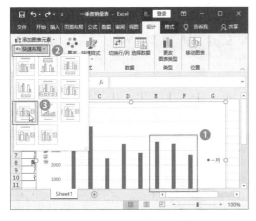

步骤 02 操作完成后，即可看到图表元素已经重新布局，并添加了坐标轴标题。

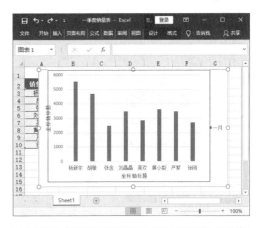

步骤 03 将光标定位到坐标轴标题的文本框中，重新命名坐标轴标题即可。

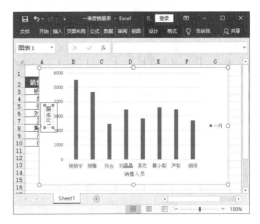

7.2.5　美化图表

扫一扫，看视频

默认的图表样式比较普通。为了让图表更能吸引眼球，可以美化图表。

1. 使用内置样式美化图表

Excel 内置了多种图表样式，可以快速地美化图表，操作方法如下。

步骤 01 打开"素材文件 \ 第 7 章 \ 销售总量分析 .xlsx"，❶ 选择图表；❷ 单击"图表工具 / 设计"选项卡"图表样式"组中的"更改颜色"下拉按钮；❸ 在弹出的下拉列表中选择一种配色方案。

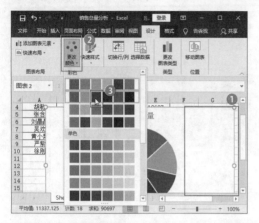

步骤 02 保持图表的选中状态，❶单击"图表工具／设计"选项卡"图表样式"组中的"快速样式"下拉按钮；❷在弹出的下拉列表中选择一种图表样式。

步骤 03 操作完成后，即可看到图表应用了内置的图表样式后的效果。

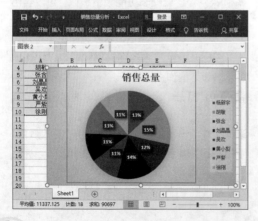

2. 自定义图表样式

内置的图表样式虽然使用方便，但样式固定，不能满足所有人的需求。如果对图表的样式有要求，则可以自定义图表样式，操作方法如下。

步骤 01 打开"素材文件＼第 7 章＼销售业绩分析 .xlsx"，在图表上右击，在弹出的快捷菜单中选择"设置图表区域格式"命令。

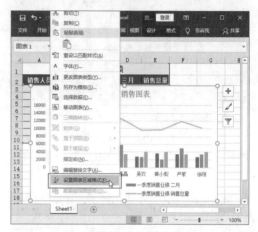

步骤 02 打开"设置图表区格式"窗格，❶在"图表选项"选项卡中，选择"填充"栏中的"图片或纹理填充"单选按钮；❷单击"图片源"栏中的"插入"按钮。

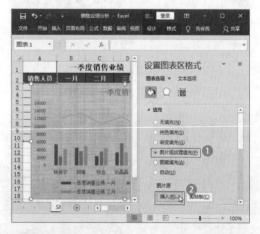

步骤 03 打开"插入图片"对话框，选择"联机图片"选项。

步骤 04 打开"联机图片"对话框，❶ 在搜索框中输入关键词，如背景，按 Enter 键；❷ 在下方的搜索结果中选择一张图片；❸ 单击"插入"按钮。

步骤 05 单击某一数据系列，选中该系列，然后在该系列上右击，在弹出的快捷菜单中选择"设置数据系列格式"命令。

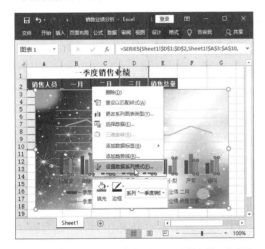

步骤 06 打开"设置数据系列格式"窗格，在"填充"栏中选择"渐变填充"单选按钮。

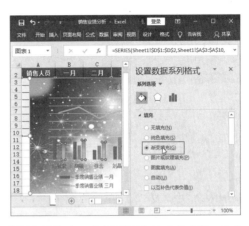

步骤 07 ❶ 在下方设置渐变填充的参数；❷ 单击"关闭"按钮×，关闭"设置数据系列格式"窗格。

步骤 08 ❶ 选择折线图；❷ 单击"图表工具 /格式"选项卡"形状样式"组中的"形状轮廓"下拉按钮；❸ 在弹出的下拉列表中选择一种轮廓颜色。

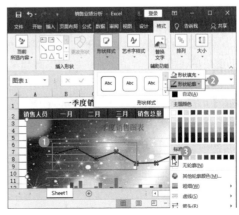

步骤 09 操作完成后，即可看到为图表设置自定义样式后的效果。

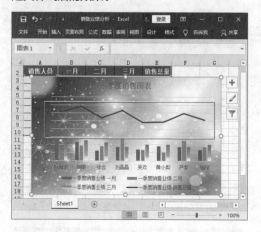

✏️ **读书笔记**

_____

_____

_____

_____

_____

7.3 使用高级图表分析数据

在制作图表时，如果遇到一些特殊的数据，在图表中不易表现，如负值、超大数据等，则可以使用一些方法让图表更合理。

7.3.1 隐藏饼图中接近零值的数据标签

扫一扫，看视频

在制作饼图时，如果其中某个数据本身接近零值，则在饼图中不能显示色块，但会显示一个 0% 的标签。在操作过程中，即使将这个零值标签删除掉，如果再次更改图表中的数据，这个标签又会自动出现。为了使图表更加美观，可以通过设置让接近 0% 的数据彻底隐藏起来。

例如，在"副食销售统计"工作簿中，如果要在饼状图中将接近 0% 的数据隐藏起来，操作方法如下。

步骤 01 打开"素材文件＼第 7 章＼副食销售统计 .xlsx"，❶ 选中图表标签；❷ 在标签上右击，在弹出的快捷菜单中选择"设置数据标签格式"命令。

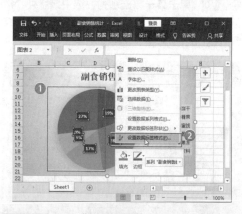

步骤 02 打开"设置数据标签格式"窗格，❶ 在"标签选项"选项卡"数字"栏中的"类别"下拉列表中选择"自定义"选项；❷ 在"格式代码"文本框中输入"[＜0.01]"";0%"；❸ 单击"添加"按钮；❹ 单击"关闭"按钮 ×，关闭该窗格。

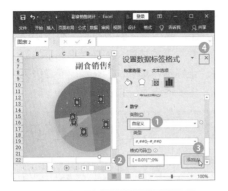

小提示

本例中输入的代码"[< 0.01]"";0%"，表示当数值小于 0.01 时不显示。

步骤 03 返回工作表，可以看到图表中接近 0% 的数据自动隐藏起来了。

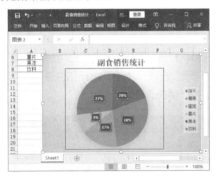

7.3.2 让某个扇区独立于饼图之外

默认的饼图，所有的数据系列是一个整体。如果想要突显某一项数据，则可以将饼图中的某个扇区分离出来。

扫一扫，看视频

分离饼图的方法很简单，直接拖动就可以了。这种方法虽然简单，但分离的位置随意，如果需要更精确的位置，则需要通过设置"点分离"数据来实现。

例如，将"副食销售统计 1"工作簿中饼图的"糖果"扇区分离，操作方法如下。

步骤 01 打开"素材文件 \ 第 7 章 \ 副食销售统计 1.xlsx"，❶ 在数据系列上单击，选中所有数据系列，然后单击要分离的饼图数据点，选中单个数据点，在数据点上右击；❷ 在弹出

的快捷菜单中选择"设置数据点格式"命令。

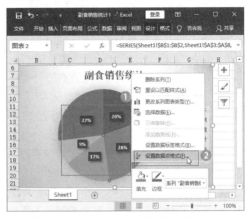

步骤 02 打开"设置数据点格式"窗格，❶ 在"系列项"选项卡的"系列选项"栏中设置点分离的具体数值；❷ 单击"关闭"按钮 ×，关闭该窗格。

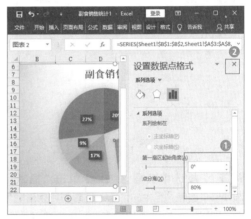

步骤 03 返回工作表，可看到所选饼图的"糖果"扇区已经成功按照设置分离出来。

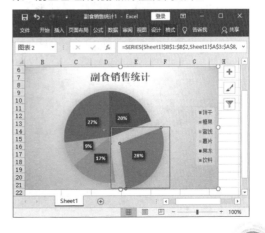

7.3.3 特殊处理图表中的负值

扫一扫，看视频

在制作含有负值的图表时，负数图形与坐标轴标签会重叠在一起，不易阅读。因为正负数据都属于同一数据系列，如果将正负数据的系列设置为不同的颜色，则还不容易做到。创建辅助列来制作图表，就可以完美解决图表中负值的问题。

例如，在"上半年销量"工作簿中要对图表中的负值进行特殊处理，操作方法如下。

步骤 01 打开"素材文件 \ 第 7 章 \ 上半年销量 .xlsx"，创建辅助数据，输入的数值的正负与原始数据正好相反。

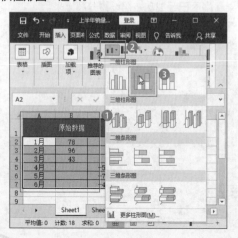

步骤 02 ① 选中数据区域；② 单击"插入"选项卡"图表"组中的"插入柱形图和条形图"下拉按钮 ；③ 在弹出的下拉列表中选择"堆积柱形图"选项。

步骤 03 ① 选择横坐标轴；② 单击"图表工具 / 设计"选项卡"图表布局"组中的"添加图表元素"下拉按钮；③ 在弹出的下拉列表中选择"坐标轴"选项；④ 在弹出的二级列表中选择"更多轴选项"选项。

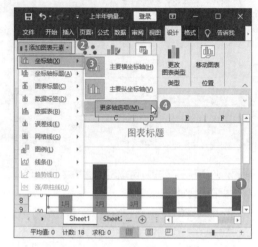

步骤 04 打开"设置坐标轴格式"窗格，① 在"坐标轴选项"选项卡中设置"标签位置"为"无"；② 单击"关闭"按钮 。

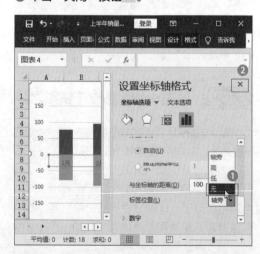

步骤 05 ① 选中根据辅助数据列创建的图表；② 单击"图表工具 / 设计"选项卡"图表布局"组中的"添加图表元素"下拉按钮；③ 在弹出的下拉列表中选择"数据标签"选项；④ 在弹出的二级列表中选择"轴内侧"选项。

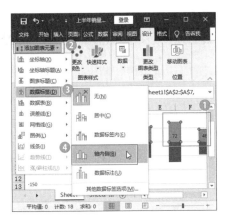

步骤 06 ❶选择数据标签，在数据标签上右击；❷在弹出的快捷菜单中选择"设置数据标签格式"命令。

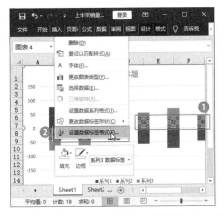

步骤 07 打开"设置数据标签格式"窗格，❶在"标签"选项卡的"标签选项"栏中取消勾选"值"复选框，勾选"类别名称"复选框，用以模拟分类坐标轴标签；❷单击"关闭"按钮 ×。

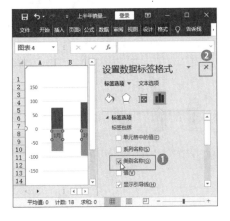

步骤 08 ❶选中辅助数据系列的图形；❷单击"图表工具 / 格式"选项卡"形状样式"组中的"形状填充"下拉按钮；❸在弹出的下拉列表中选择"无填充"选项。

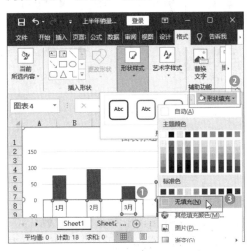

步骤 09 ❶单击"图表工具 / 格式"选项卡"形状样式"组中的"形状轮廓"下拉按钮；❷在弹出的下拉列表中选择"无轮廓"选项。

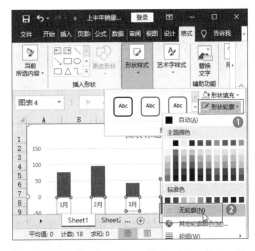

步骤 10 ❶分别选中正数和负数的图形；❷在"图表工具 / 设计"选项卡的"图表布局"组中单击"添加图表元素"下拉按钮；❸在弹出的下拉列表中选择"数据标签"选

项；④ 在弹出的二级列表中选择"数据标签内"选项。

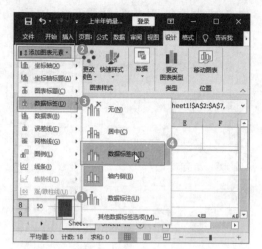

步骤 11 ① 分别选中正数和负数的数据标签；② 在"开始"选项卡的"字体"组中设置数据标签的字体格式。

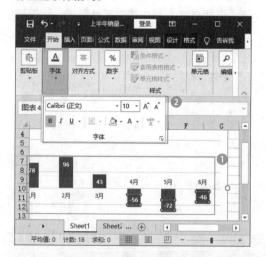

步骤 12 ① 选中图表；② 单击"图表工具／设计"选项卡"图表布局"组中的"添加图表元素"下拉按钮；③ 在弹出的下拉列表中选择"图例"选项；④ 在弹出的二级列表中选择"无"选项。

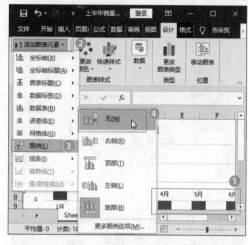

步骤 13 ① 单击"图表工具／设计"选项卡"图表布局"组中的"添加图表元素"下拉按钮；② 在弹出的下拉列表中选择"图表标题"选项；③ 在弹出的二级列表中选择"无"选项。

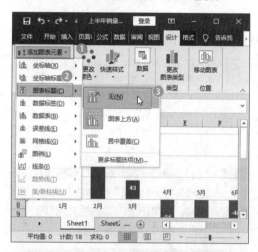

步骤 14 操作完成后，即可看到处理负值后的效果。

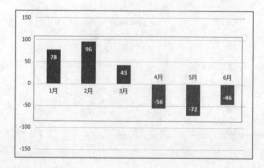

7.3.4 让数据标签随条件变色

在分析数据时，高点与低点往往是备受关注的重点数据。在制作图表时，为了让重点数据更加突出，可以为其设置不同的数据标签颜色。

扫一扫，看视频

例如，要将"星星商场销量统计"工作簿中的数据标签设置为：小于 1000 的数字显示为蓝色，大于 1500 的数字显示为红色，1000~1500 的数字显示为默认的黑色，操作方法如下。

步骤 01 打开"素材文件\第 7 章\星星商场销量统计 .xlsx"，❶ 选中所有数据标签；❷ 单击"图表工具/格式"选项卡"当前所选内容"组中的"设置所选内容格式"按钮。

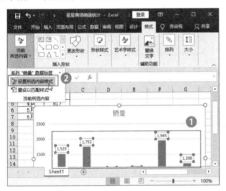

步骤 02 打开"设置数据标签格式"窗格，❶ 在"标签选项"选项卡的"类别"下拉列表中选择"自定义"选项；❷ 在"格式代码"文本框中输入"[蓝色][<1000]0;[红色][>1500]0;0"；❸ 单击"添加"按钮；❹ 单击"关闭"按钮 ×，关闭该窗格。

步骤 03 返回工作表，可以看到图表中的数据标签将根据设定的条件自动显示为不同的颜色。

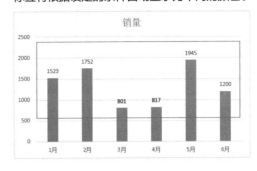

7.3.5 特殊处理超大数据

扫一扫，看视频

如果遇到超大数据，则按常规的方法制作图表，分类数据之间的差异变得难以判断。另外，"鹤立鸡群"的超大值还会影响图表的美观。

如果要解决这个问题，则可以用辅助数据创建图表，然后使用自选图形截断标记，更改数据标签值。

例如，要使用"超大值处理"工作簿中的超大数据创建图表，操作方法如下。

步骤 01 打开"素材文件\第 7 章\超大值处理 .xlsx"，❶ 在原始数据的基础上创建辅助数据，把超大数据值缩小；❷ 根据辅助数据创建簇状条形图。

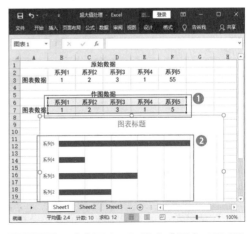

步骤 02 ❶ 选中图表；❷ 单击"图表工具/设计"选项卡"图表样式"组中的"更改颜色"下

拉按钮；❸ 在弹出的下拉列表中选择一种颜色。

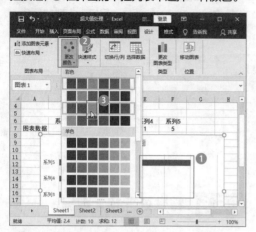

步骤 03 根据需要添加数据标签，并将图表标题设置为无。

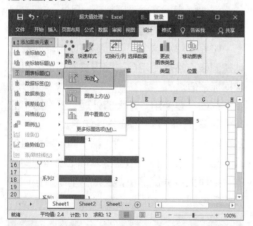

步骤 04 在超大数据系列的右侧绘制平行四边形。

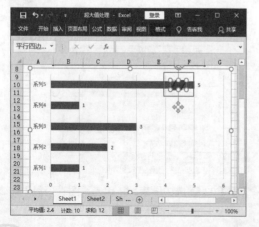

步骤 05 ❶ 选中平行四边形；❷ 单击"绘图工具 / 格式"选项卡"形状样式"组中的"形状填充"下拉按钮；❸ 在弹出的下拉列表中选择"白色，背景 1"选项。

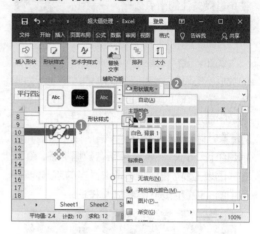

🔔 **小提示**

　　根据图表背景颜色的不同，在设置平行四边形的颜色时，需要选择与图表背景相同的颜色。

步骤 06 ❶ 单击"绘图工具 / 格式"选项卡"形状样式"组中的"形状轮廓"下拉按钮；❷ 在弹出的下拉列表中选择"无轮廓"选项。

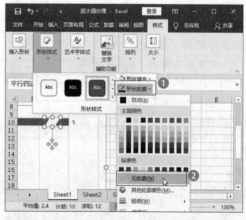

步骤 07 在平行四边形的两边绘制两条斜线，并设置斜线的样式。

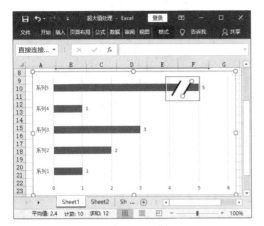

步骤 08 ❶ 选择表示超大值的数据标签，将其更改为需要的数值；❷ 在"开始"选项卡的"字体"组中设置标签的字体样式。

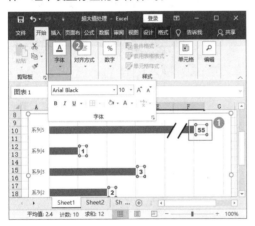

步骤 09 操作完成后，即可看到图表的最终效果。

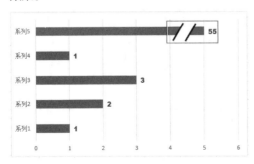

7.3.6 创建动态图表

动态图表不仅直观、形象，还可以随着数

扫一扫，看视频

据的变化而变化，可以更好地展示数据。

1. 创建可以自动更新的动态图表

将图表制作成可以随着数据源的更新自动更新的动态图表，这样在添加了数据源之后，不需要再去更改数据就可以自动更新图表，操作方法如下。

例如，要在"华东地区销量"工作簿中创建动态数据图表，操作方法如下。

步骤 01 打开"素材文件 \ 第 7 章 \ 华东地区销量 .xlsx"，❶ 选中 A1 单元格；❷ 单击"公式"选项卡"定义的名称"组中的"名称管理器"按钮。

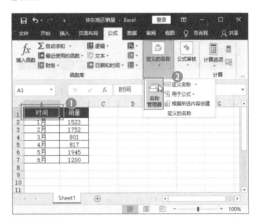

步骤 02 弹出"名称管理器"对话框，单击"新建"按钮。

步骤 03 弹出"新建名称"对话框，❶ 在"名称"文本框中输入"时间"；❷ 在"范围"下拉

列表中选择"Sheet 1"选项；❸ 在"引用位置"
参数框中设置为"=Sheet1!$A$2:$A$13"；❹
单击"确定"按钮。

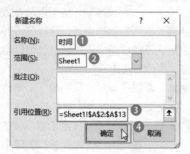

步骤 04 返回"名称管理器"对话框，单击"新
建"按钮。

步骤 05 弹出"新建名称"对话框，❶ 在"名
称"文本框中输入"销量"；❷ 在"范围"下拉
列表中选择"Sheet 1"选项；❸ 在"引用位置"
参数框中设置为"=OFFSET(Sheet1!$B$1,
1,0,COUNT(Sheet1!$B:$B))"；❹ 单击"确
定"按钮。

步骤 06 返回"名称管理器"对话框，在列表
框中可以看见新建的所有名称，单击"关闭"按钮。

步骤 07 返回工作表，❶ 选中数据区域中的任
意单元格，单击"插入"选项卡"图表"组中
的"插入柱形图和条形图"下拉按钮 ；❷ 在
弹出的下拉列表中选择需要的柱形图样式。

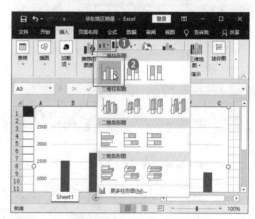

步骤 08 ❶ 选中图表；❷ 单击"图表工具／
设计"选项卡"数据"组中的"选择数据"按钮。

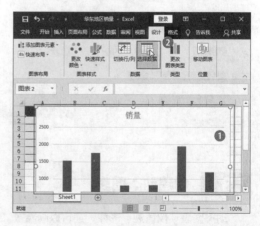

步骤 09 弹出"选择数据源"对话框，在"图例项（系列）"列表框中单击"编辑"按钮。

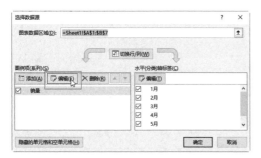

步骤 10 弹出"编辑数据系列"对话框，❶ 在"系列值"参数框中设置为"=Sheet1! 销量"；❷ 单击"确定"按钮。

步骤 11 返回"选择数据源"对话框，在"水平（分类）轴标签"列表框中单击"编辑"按钮。

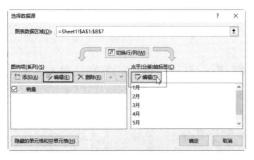

步骤 12 弹出"轴标签"对话框，❶ 在"轴标签区域"参数框中设置为"=Sheet1! 时间"；❷ 单击"确定"按钮。

步骤 13 返回"选择数据源"对话框，单击"确定"按钮。

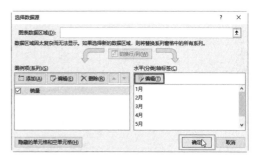

步骤 14 返回工作表，分别在 A8、B8 单元格中输入内容，图表将自动添加相应的内容。

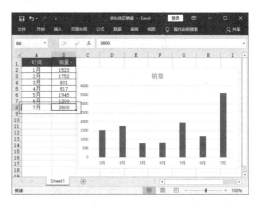

2. 使用函数创建可以选择的动态图表

折线图可以直观地显示出不同类型的数据走势，如每月的销量统计。使用函数创建动态图表之后，可以通过选择类别分别查看当前数据统计。

例如，要在"销售数据分析表"工作簿中创建动态图表，操作方法如下。

步骤 01 打开"素材文件\第 7 章\销售数据分析表 .xlsx"，❶ 选择 A26 单元格，输入 1；❷ 选择 B26 单元格，输入函数"=INDEX(B3:B7,$A$26)"，按 Enter 键；❸ 将函数填充到 C26:M26 单元格区域。

小提示

在引用单元格数据时，使用了 INDEX 函数。INDEX 函数用于返回数组中指定的单元格或单元格区域的数值。公式"=INDEX(B3:B7,$A$26)"的含义是指单元格的值随 A26 单元格中指定的行数来引用 B3:B7 单元格区域的数据。

步骤 02 ❶ 选择 A26：M26 单元格区域；❷ 单击"插入"选项卡"图表"组中的"插入折线图或面积图"下拉按钮 ∭ ▾；❸ 在弹出的下拉列表中选择折线的样式。

步骤 03 将图表移动到数据源的下方，并更改图表标题。

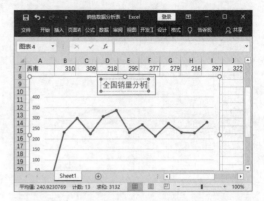

步骤 04 ❶ 选择图表；❷ 单击"图表工具/设计"选项卡"图表布局"组中的"添加图表元素"下拉按钮；❸ 在弹出的下拉列表中选择"趋势线"选项；❹ 在弹出的二级列表中选择"线性"选项。

步骤 05 ❶ 选择添加的趋势线；❷ 在"图表工具/格式"选项卡"形状样式"组中设置趋势线的样式。

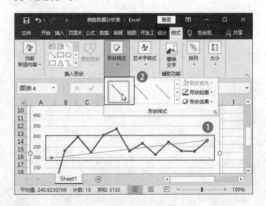

步骤 06 ❶ 单击 "开发工具" 选项卡 "控件" 组中的 "插入" 下拉按钮；❷ 在弹出的下拉列表中单击 "表单控件" 栏的 "组合框（窗体控件）" 按钮 ▦。

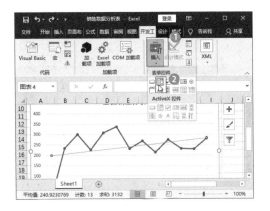

小提示

如果窗口中没有显示 "开发工具" 选项卡，则需要先将其显示出来。操作方法为：打开 "Excel 选项" 对话框，在 "自定义功能区" 的 "主选项卡" 列表中选中 "开发工具" 选项卡，然后单击 "确定" 按钮。

步骤 07 将鼠标指针移到折线图右上角，沿单元格边框拖动鼠标，绘制下拉列表框。

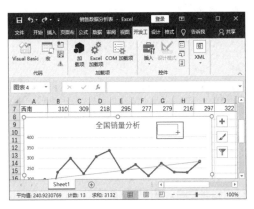

步骤 08 ❶ 在列表框上右击；❷ 在弹出的快捷菜单中选择 "设置控件格式" 命令。

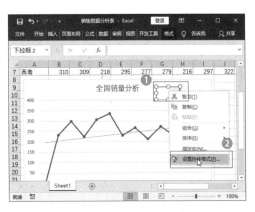

步骤 09 打开 "设置控件格式" 对话框，❶ 在 "控制" 选项卡的 "数据源区域" 参数框中输入 "$A$3:$A$7"，在 "单元格链接" 参数框中输入 "$A$26"；❷ 单击 "确定" 按钮。

步骤 10 返回工作表即可看到 A26 单元格的数值变为 0，B26:M26 单元格区域显示为乱码。将 A26 单元格的 0 修改为 1 即可使公式和图表正确显示。

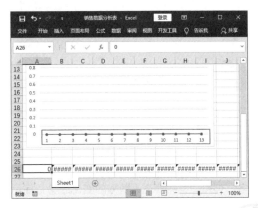

步骤 11 ❶ 单击下拉列表框右侧的下拉按钮 ▼；❷ 在弹出的下拉列表中选择需要查看的类别，即可查看该类数据的市场趋势。

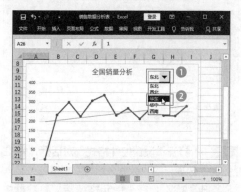

步骤 12 拖动鼠标，将 26 行的行高设置为 1 像素，隐藏该行。

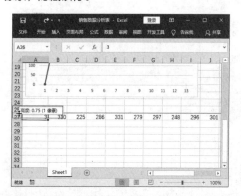

步骤 13 操作完成后，即可看到动态图表的最终效果。

🔔 小提示

绘制的控件并不会随着图表移动。如果要移动图表，则需要单独对控件执行复制或剪切操作。

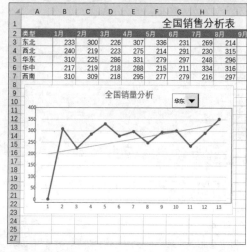

✏️ 读书笔记

_____

_____

_____

_____

7.4 使用迷你图分析数据

数据表中的数据众多，很难一眼看出数据的分布形态，此时，可以使用迷你图将这些数据直观地展示出来。迷你图有折线迷你图、柱形迷你图和盈亏迷你图三种类型，根据查看数据方式的不同，可以选择相应的迷你图类型。

7.4.1 创建迷你图

扫一扫，看视频

迷你图是显示于单元格中的一个微型图表，可以直观地反映数据系列中的变化趋势。

虽然迷你图没有图表的功能多，但是如果想要查看数据的变化趋势，使用

迷你图就足够了。

1. 创建单个迷你图

例如，要在"区域销量分析"工作簿中创建折线迷你图，操作方法如下。

步骤 01 打开"素材文件\第 7 章\区域销量分析 .xlsx"，❶ 选中要显示迷你图的单元格；❷ 在"插入"选项卡的"迷你图"组中选择要

插入的迷你图类型，如选择"折线"。

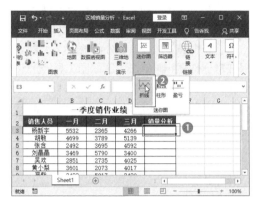

步骤 02 弹出"创建迷你图"对话框，❶ 在"数据范围"参数框中设置迷你图的数据源；❷ 单击"确定"按钮。

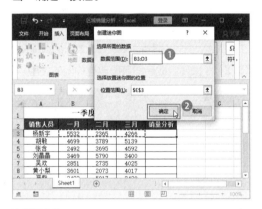

步骤 03 返回工作表，即可看到在当前单元格中创建了迷你图。

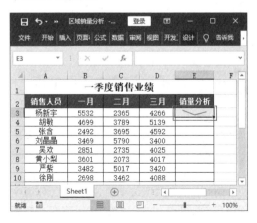

步骤 04 使用相同的方法创建其他迷你图即可。

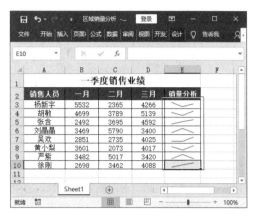

2. 创建多个迷你图

在创建多个迷你图时会发现，若逐一创建，会显得非常烦琐。为了提高工作效率，可以一次性创建多个迷你图。

例如，要在"区域销量分析"工作簿中创建多个柱形迷你图，操作方法如下。

步骤 01 打开"素材文件\第 7 章\区域销量分析.xlsx"，❶ 选中要显示迷你图的多个单元格；❷ 在"插入"选项卡的"迷你图"组中单击"柱形"按钮。

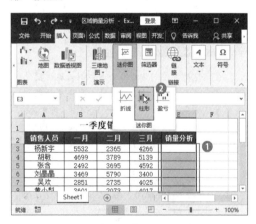

步骤 02 打开"创建迷你图"对话框，❶ 在"数据范围"参数框中设置迷你图的数据源；❷ 单击"确定"按钮。

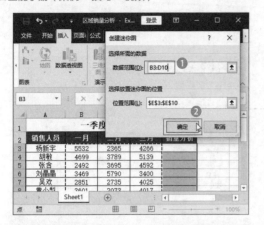

步骤 03 操作完成后，可以看到所选单元格中创建了多个迷你图。

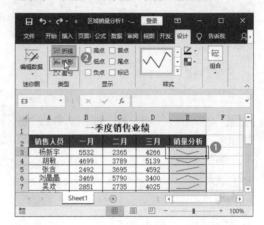

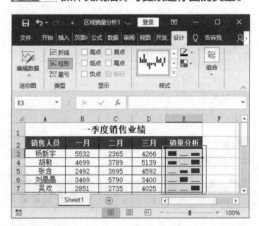

小技巧

使用这种方法创建的多个迷你图为迷你图组，在编辑时选择一个迷你图即可选中整个迷你图组。如果要编辑迷你图组中的某一个迷你图，可以先取消组合后再进行编辑。取消组合的方法是：选中迷你图，单击"迷你图工具/设计"选项卡"组合"组中的"取消组合"按钮。

如果要将多个迷你图组合成为迷你图组，操作方法是：选择多个迷你图，在"迷你图工具/设计"选项卡的"分组"组中单击"组合"按钮，可以将其组合成一组迷你图。

7.4.2 更改迷你图类型

在迷你图中提供了三种类型，如果创建的

迷你图类型不是自己需要的，可以更改迷你图类型，操作方法如下。

步骤 01 打开"素材文件\第7章\区域销量分析1.xlsx"，❶ 选择任意迷你图；❷ 单击"迷你图工具/设计"选项卡"类型"组中的"柱形"按钮。

步骤 02 操作完成后即可更改迷你图的类型。

7.4.3 设置迷你图中不同的点

扫一扫，看视频

在单元格中插入迷你图后，可以根据不同数据设置突出点，如高点、低点、首点、尾点等。

例如，要在"区域销量分析1"工作簿中设置高点和低点，并分别设置高点和低点的颜色，操作方法如下。

步骤 01 接上一例操作，❶ 选择任意迷你图；❷ 勾选"迷你图工具 / 设计"选项卡"显示"组中的"高点"和"低点"复选框，即可在迷你图中显示高点和低点。

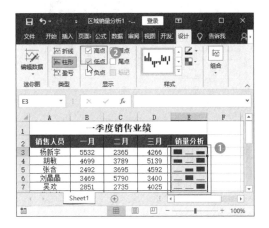

步骤 02 ❶ 在"迷你图工具 / 设计"选项卡"样式"组中单击"标记颜色"下拉按钮 ▾；❷ 在弹出的下拉列表中选择"高点"选项；❸ 在弹出的二级列表中为高点选择颜色。

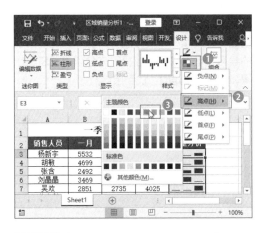

步骤 03 ❶ 在"迷你图工具 / 设计"选项卡"样式"组中单击"标记颜色"下拉按钮 ▾；❷ 在弹出的下拉列表中选择"低点"选项；❸ 在弹出的二级列表中为低点选择颜色。

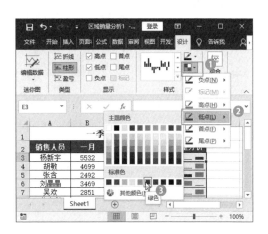

步骤 04 操作完成后，即可看到迷你图分别显示了高点和低点，而且高点和低点分别以不同的颜色显示。

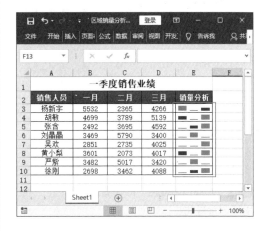

7.4.4　使用内置样式美化迷你图

扫一扫，看视频

如果对自己选择的颜色搭配没有信心，也可以使用内置样式快速美化迷你图，操作方法如下。

步骤 01 接上一例操作，❶ 选中任意迷你图；❷ 单击"迷你图工具 / 设计"选项卡"样式"组中的"其他"下拉按钮 ▾。

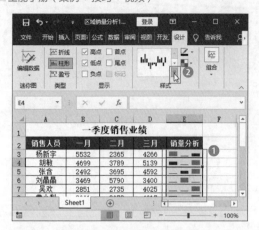

步骤 02 在打开的下拉列表中选择一种迷你图样式。

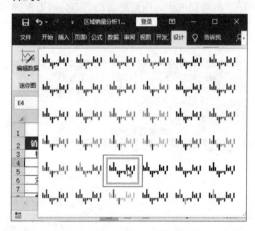

步骤 03 操作完成后，即可看到迷你图已经应用了内置样式。

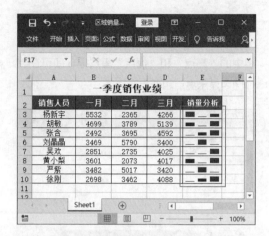

小技巧

在"迷你图工具 / 设计"选项卡"样式"组中单击"迷你图颜色"下拉按钮，在弹出的下拉列表中可以更改迷你图的颜色。

本章小结

本章主要讲解了 Excel 中表格数据的可视化分析方法，在学习时重点掌握 Excel 图表的创建和编辑方法，主要包括选择图表、创建图表、修改图表类型、修改图表布局、添加趋势线、创建迷你图和编辑迷你图等知识点。通过本章的学习，可以在分析数据时充分利用图表的优势，查看数据走向，找到重点数据。

✐ 读书笔记

第8章

数据透视分析法：数据透视表与数据透视图

本章导读

　　数据透视表和数据透视图是 Excel 中具有强大的数据分析功能的工具。面对含有大量数据的表格，利用数据透视表和数据透视图可以更直观地查看数据，并对数据进行对比和分析。本章将详细介绍如何创建、编辑与美化数据透视表，以及如何使用数据透视图。

本章要点

- 认识数据透视表
- 创建与编辑数据透视表
- 使用数据透视表分析数据
- 使用数据透视图分析数据
- 数据透视表中数据的计算

8.1 认识数据透视表

数据透视表是 Excel 中一个强大的数据处理与分析工具。通过数据透视表，可以快速分类汇总、筛选、比较海量数据。在日常工作中，如果遇到含有大量数据记录、结构复杂的工作表，要将其中的一些内在规律显现出来，就可以使用数据透视表快速整理出有意义的报表。

8.1.1 数据透视表的结构

数据透视表的结构与普通表格有较大的区别。在使用数据透视表之前，需要先认识数据透视表的结构，才能更好地学习数据透视表。

创建数据透视表之后，将光标定位到数据透视表中，Excel 将自动打开"数据透视表字段"窗格，如下图所示。在其中可以对数据透视表字段进行各种设置，并同步反映到数据透视表中。在认识数据透视表时，可以结合"数据透视表字段"窗格说明。

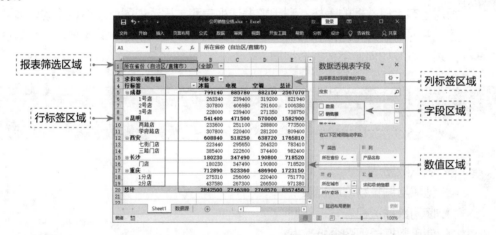

1. 字段区域

创建数据透视表之后，字段将全部显示在"数据透视表字段"窗格的"字段区域"中。在字段区域中勾选需要的字段，即可将其添加到数据透视表中。

2. 行标签区域

在"数据透视表字段"窗格的行标签区域中添加字段后，该字段将作为数据透视表的行标签显示在相应区域中。

通常情况下，将一些用于分组或分类的内容，如"所在城市""所在部门""日期"等字段设置为行标签。

3. 列标签区域

在"数据透视表字段"窗格的列标签区域中添加字段后，该字段将作为数据透视表的列标签显示在相应区域中。

可以将一些随时间变化的内容设置为列标签，如"年份""季度""月份"等，以便分析数据随时间变化的趋势。如将"产品销量""员工部门"等内容设置为列标签，可以分析出同类数据在不同条件下的情况或某种特定关系。

4. 数值区域

数值区域是数据透视表中包含数值的大面

积区域，其中的数据是对数据透视表中的行字段与列字段数据的计算和汇总。

在"数据透视表字段"窗格的数值区域中添加字段时需要注意，该区域中的数据一般是可以参与计算的。

5. 报表筛选区域

报表筛选区域位于最上方。在"数据透视表字段"窗格的筛选器区域中添加字段后，该字段将成为一个下拉列表显示在相应区域中。如果添加了多个字段，则数据透视表的报表筛选区域中将出现多个下拉列表。

通过选择下拉列表中的选项，可以一次性对整个数据透视表中的数据进行筛选，可以将一些重点统计的内容放置到该区域中，如"所在省份""班级""分店"等。

8.1.2 数据源的设计准则

如果要创建数据透视表，对数据源会有一些要求，并不是随便一个数据源都可以创建出有效的数据透视表。

因为数据透视表是在数据源的基础上创建的，如果数据源设计得不规范，创建的数据透视表就会漏洞百出。在制作数据透视表之前，首先要明白规范的数据源应该是什么样的。

1. 数据源的第一行必须包含各列的标题

有的数据源的第一行并没有包含各列的标题，如下图所示。

如果使用这样的数据源创建数据透视表，则创建数据透视表之后，在字段列表中可以看到每个分类字段使用的是数据源中各列的第一个数据，无法代表每列数据的分类的含义，这样的数据也难以进行下一步的操作。

如果是用于创建数据透视表的数据源，首要的设计原则是：数据源的第一行必须包含各列的标题。只有这样的结构才能在创建数据透视表后正确显示出分类明确的标题，以便进行后续的排序和筛选等操作。

2. 数据源的不同列中不能包含同类字段

用于创建数据透视表的数据源，第二个需要注意的原则是，在数据源的不同列中不能包含同类字段。所谓同类字段，即类型相同的数据。如下图所示的数据源中，B 列到 F 列代表 5 个连续的年份，这样的数据表又称为二维表，是数据源中包含多个同类字段的典型示例。

	A	B	C	D	E	F
1	地区	2017年	2018年	2019年	2020年	2021年
2	武汉	7550	4568	7983	5688	6988
3	合肥	6890	7782	7845	7729	7564
4	杭州	9852	8744	8766	9866	8863
5	上海	6577	5466	4468	5433	4725

如果使用上图中的数据源创建数据透视表，每个分类字段使用的是数据源中各列的第一个数据，则在右侧的"数据透视表字段"窗格中可以看到，生成的分类字段无法代表每列数据的分类含义，如下图所示。面对这样的数据透视表，难以进行进一步的分析工作。

据源中存在空列，在创建数据透视表时，系统将默认以空列为分隔线选择活动单元格所在区域，本例为空列左侧的区域，而忽视掉空列右侧的数据区域。

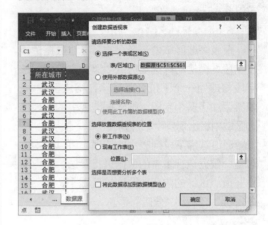

小提示

一维表和二维表中的"维"是指分析数据的角度。简单地说，一维表中的每个指标对应一个取值。本例的二维表中，列标签的位置是 2017 年、2018 年和 2019 年等，它们本身同属一类，是父类别"年份"对应的数据。

3. 数据源中不能包含空行和空列

用于创建数据透视表的数据源，第三个需要注意的原则是：在数据源中不能包含空行和空列。

当数据源中存在空行或空列时，默认情况下，无法使用完整的数据区域来创建数据透视表。

例如，下图的数据源中存在空行，在创建数据透视表时，系统将默认以空行为分隔线选择活动单元格所在区域，本例为空行上方的区域，而忽视掉其他数据区域。这样创建的数据透视表，其中就不包含完整的数据区域了。

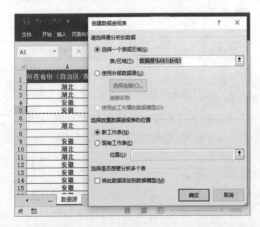

当数据源存在空列时，也无法使用完整的数据区域来创建数据透视表。例如，下图的数

4. 数据源中不能包含空白单元格

用于创建数据透视表的数据源，第四个需要注意的原则是：在数据源中不能包含空白单元格。

与空行和空列导致的问题不同，即使数据源中包含空白单元格，也可以创建出包含完整数据区域的数据透视表。但是，如果数据源中包含空白单元格，在创建好数据透视表之后进一步进行处理时，很容易出现问题，导致无法获得有效的数据分析结果。

如果数据源中不可避免地出现了空白单元格，可以使用同类型的默认值来填充。例如，在数值类型的空白单元格中填充"0"。

8.1.3 整理数据透视表的数据源

数据源是数据透视表的基础。为了能够创建有效的数据透视表，数据源必须符合几项默认的原则。对于不符合要求的数据源，可以加以整理，以创建出准确的数据源。

1. 将表格从二维表变为一维表

当数据源的第一行中没有包含各列的标题时，解决问题的方法很简单，添加一行列标题即可。

在数据源的不同列中包含有同类字段时，处理办法也不复杂，可以将这些同类字段重组，使其存在于一个父类别之下，然后相应地调整与其相关的数据即可。

简单来说，如果数据源是用二维形式存储的，可以先将二维表整理为一维表，然后就可以进行数据透视表的创建了。

	A	B	C	D	E	F
1	地区	2017年	2018年	2019年	2020年	2021年
2	武汉	7550	4568	7983	5688	6988
3	合肥	6890	7782	7845	7729	7564
4	杭州	9852	8744	8766	9866	8863
5	上海	6577	5466	4468	5433	4725

	A	B	C
1	地区	年份	销售量
2	合肥	2017	7550
3	上海	2017	6890
4	武汉	2017	9852
5	杭州	2017	6577
6	合肥	2018	4568
7	上海	2018	7782
8	武汉	2018	8744
9	杭州	2018	5466
10	合肥	2019	7983
11	上海	2019	7845
12	武汉	2019	8766
13	杭州	2019	4468
14	合肥	2020	5688
15	上海	2020	7729
16	武汉	2020	9866
17	杭州	2020	5433
18	合肥	2021	6988
19	上海	2021	7564
20	武汉	2021	8863
21	杭州	2021	4725

2. 删除数据源中的空行和空列

当数据源中含有空行或空列时，会导致默认创建的数据透视表不能包含全部数据，所以在创建数据透视表之前，需要先将其删除。当空行或空列少、便于查找时，可以按住 Ctrl 键，依次单击需要删除的空行或空列，选择完成后右击，在弹出的快捷菜单中选择"删除"命令。

正常情况下，即便是包含大量数据记录的数据源，其中列标题的数量也不会太多，可以手动删除。如果是在包含大量数据记录的数据源中删除为数众多的空行，则使用手动删除比

较麻烦，此时可以使用手动排序的方法。

例如，要在"公司销售业绩 1"工作簿中删除空行，操作方法如下。

步骤 01 打开"素材文件＼第 8 章＼公司销售业绩 1.xlsx"，❶ 选中 A 列；❷ 右击，在弹出的快捷菜单中选择"插入"命令，插入空白列。

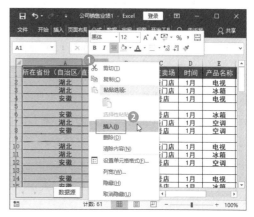

步骤 02 ❶ 在 A1 和 A2 单元格中输入起始数据；❷ 将光标指向 A3 单元格右下角，当光标呈十字形状显示时，按住鼠标左键，使用填充柄向下拖动填充序列。

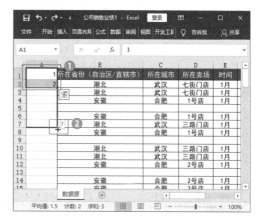

步骤 03 ❶ 将光标定位到 D 列的任意单元格；❷ 单击"数据"选项卡"排序和筛选"组中的"升序"按钮$\frac{A}{Z}\downarrow$，对数据进行排序。

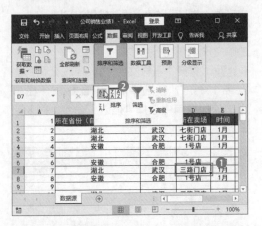

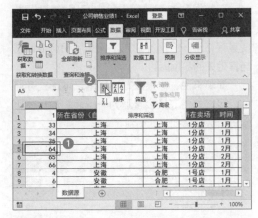

步骤 04 得到的排序结果，所有空行将集中显示在底部，❶ 选中所有要删除的行；❷ 右击，在弹出的快捷菜单中选择"删除"命令。

步骤 06 ❶ 选中 A 列；❷ 右击，在弹出的快捷菜单中选择"删除"命令即可。

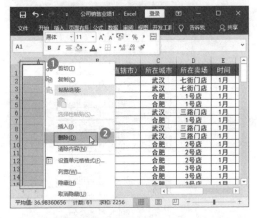

步骤 05 ❶ 将光标定位到 A 列的任意单元格；❷ 单击"数据"选项卡"排序和筛选"组中的"升序"按钮，对数据进行排序，使数据源中的数据内容恢复最初的顺序。

3. 填充数据源中的空白单元格

如果数据源中存在空白单元格，则创建的数据透视表在进行排序、筛选和分类汇总等数据分析工作时会出现一些问题。为了避免出现问题，可以在数据源的空白单元格中输入 0。填充空白单元格的方法见 2.2.2 节。

8.2 创建与编辑数据透视表

数据透视表是从 Excel 数据库中产生的一个动态汇总表格，它具有强大的透视和筛选功能，在分析数据信息时经常使用。下面介绍创建数据透视表、更改布局、整理字段、更改数据透视表的数据源及美化数据透视表的操作。

8.2.1 创建数据透视表

利用数据透视表，可以深入分析数据并发现一些预计不到的数据问题。使用数据透视表之前，首先要创建数据透视表，再对其进行设置。创建数据透视表，需要连接到一个数据源，并输入报表位置。

扫一扫，看视频

例如，要在"公司销售业绩"工作簿中创建数据透视表，操作方法如下。

步骤 01 打开"素材文件 \ 第 8 章 \ 公司销售业绩 .xlsx"，❶ 将光标定位到数据区域的任意单元格；❷ 单击"插入"选项卡"表格"组中的"数据透视表"按钮。

步骤 02 打开"创建数据透视表"对话框，在"选择一个表或区域"文本框中已经自动选择所有数据区域，直接单击"确定"按钮。

🔔 **小技巧**

在"创建数据透视表"对话框中选择"现有工作表"单选按钮，然后选择放置数据透视表的位置，即可将创建的数据透视表显示在现有工作表的所选位置。

步骤 03 新建一个工作表，在新工作表中创建一个空白的数据透视表，并打开"数据透视表字段"窗格。

步骤 04 在"数据透视表字段"窗格的"选择要添加到报表的字段"列表框中勾选相应字段对应的复选框，即可创建带有数据的数据透视表。

扫一扫，看视频

8.2.2 调整数据透视表的字段

调整数据透视表字段，就是在"数据透视表字段"任务窗格的字段列表框中添加数据透视表中的数据字段，并将其添加到数据透视表相应的区域中。

调整数据透视表字段的方法很简单，只需在"数据透视表字段"窗格的字段列表框中勾选需要的字段名称对应的复选框，将这些字段放置在数据透视表的默认区域中。如果要调整数据透视表的区域，则可以通过以下方法实现。

1. 通过鼠标拖动调整

在"数据透视表字段"窗格中，直接通过鼠标将需要调整的字段名称拖动到相应的列表框中，即可更改数据透视表的布局。

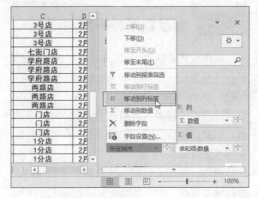

2. 通过菜单调整

在"数据透视表字段"窗格下方的四个列表框中，选择需要调整的字段名称的下拉按钮，在弹出的下拉列表中选择需要移动到其他区域的命令，如"移动到行标签""移动到列标签"等，即可在不同的区域之间移动字段。

3. 通过快捷菜单调整

在"数据透视表字段"窗格的字段列表框中，右击需要调整的字段名称，在弹出的快捷菜单中选择"添加到行标签""添加到列标签"等命令，即可将该字段的数据添加到数据透视表的某个特定区域中。

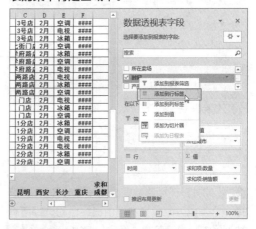

8.2.3 调整报表布局

扫一扫，看视频

数据透视表默认的布局方式是压缩形式，会将所有行字段都堆积到一列中。

如果要更改布局，可以选中数据透视表中的任意单元格，在"数据透视表工具 / 设计"选项卡的"布局"组中单击"报表布局"下拉按钮，在弹出的下拉列表中根据需要选择报表布局及其显示方式。

在选择时，首先要清楚每种报表布局的特点和优缺点，然后根据实际情况选用。

1. 以压缩形式显示

数据透视表的所有行字段都将堆积到一列中，可以节省横向空间。缺点是一旦将该数据透视表数值化，转换为普通的表格，因为行字段的标题都堆积在一列中，故将难以进行数据分析。

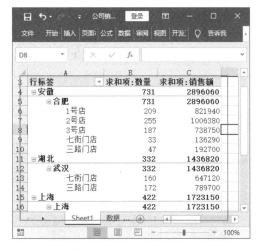

2. 以大纲形式显示

数据透视表的所有行字段都将按顺序从左到右依次排列，该顺序以"数据透视表字段"窗格的行标签区域中的字段顺序为依据。如果需要将数据透视表中的数据复制到新的位置或进行其他处理，例如，将数据透视表数值化，转换为普通表格，使用这种方式较合适。缺点是占用了更多的横向空间。

3. 以表格形式显示

与大纲布局类似，数据透视表的所有行字段都将按顺序从左到右依次排列，该顺序以"数据透视表字段"窗格的行标签区域中的字段顺序为依据，但是每个父字段的汇总值会显示在每组的底部，如下图所示。多数情况下，使用表格布局能够使数据看上去更直观、清晰。缺点是占用了更多的横向空间。

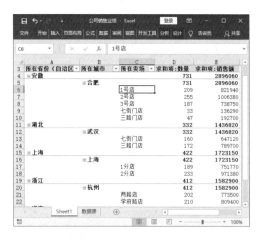

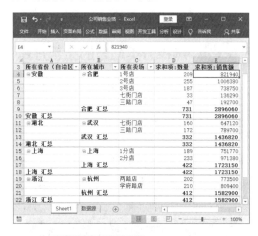

4. 重复所有项目标签

在使用大纲布局和表格布局时，选择这种布局方式，可以看到数据透视表中自动填充了所有的项目标签，如下图所示。重复所有项目标签的布局方式，便于将数据透视表进行其他处理。例如，将数据透视表数值化，转换为普通表格等。

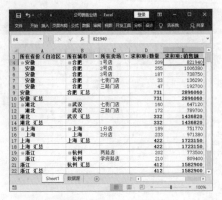

5. 不重复项目标签

默认情况下，数据透视表的报表布局方式是"不重复项目标签"，便于在进行数据分析的相关操作时更直观、清晰地查看数据。如果设置了"重复所有项目标签"，则选择该命令即可撤销所有重复项目的标签。

> 🔔 **小提示**
>
> 如果在"数据透视表选项"对话框的"布局和格式"选项卡中勾选"合并且居中排列带标签的单元格"复选框，则将无法使用"重复所有项目标签"功能。

8.2.4 选择分类汇总的显示方式

扫一扫，看视频

Excel 提供了三种分类汇总的显示方式，方便用户根据需要设置。方法是：单击数据透视表中任意单元格，在"数据透视表工具／设计"选项卡的"布局"组中单击"分类汇总"下拉按钮 ，在弹出的下拉列表中根据需要选择分类汇总的显示方式即可。

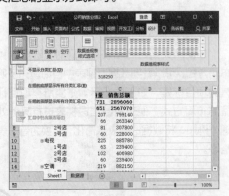

1. 不显示分类汇总

选择该命令，数据透视表中的分类汇总将被删除。

2. 在组的底部显示所有分类汇总

选择该命令，数据透视表中的分类汇总将显示在每组的底部，即默认情况下数据透视表中分类汇总的显示方式。

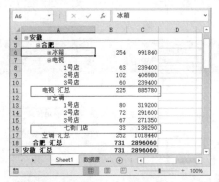

3. 在组的顶部显示所有分类汇总

选择该命令，可以使数据透视表中的分类汇总显示在每组的顶部。

8.2.5 整理数据透视表的字段

布局数据透视表，可以从一定角度筛选数据的内容，而整理数据透视表的其他字段，则可以满足用户对数据透视表格式上的需求。

扫一扫，看视频

1. 重命名字段

向数据区域添加字段后，Excel 都会将其重命名。例如，"数量"会被重命名为"求和项：数量"或"计数项：本月数量"，这样就会加大字段所在列的列宽，影响表格的整洁和美观，此时可以重命名字段，操作方法如下。

步骤 01 打开"素材文件 \ 第 8 章 \ 公司销售业绩 2.xlsx"，单击数据透视表的列标题单元格，如"求和项：数量"，输入新标题"销售数量"，输入完成后按 Enter 键，即可更改列标题。

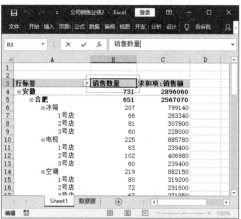

步骤 02 依次更改其他字段标题即可。

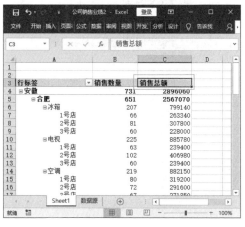

🔔 **小提示**

数据透视表中每个字段的名称必须唯一，即创建的数据透视表的各个字段名称不能相同，Excel 不接受任意两个具有相同名称的字段。创建的数据透视表的字段名称与数据源表头的名称也不能相同，否则会出现错误提示。

2. 删除字段

在分析数据时，可以删除数据透视表中不再需要分析的字段。删除字段主要有两种方法。

- 在任务窗格中删除：在"数据透视表字段"窗格中单击"行"标签区域中需要删除的字段，在弹出的快捷菜单中选择"删除字段"命令。

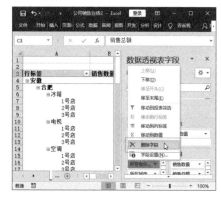

- 通过字段删除：右击数据透视表中希望删除的字段，在弹出的快捷菜单中选择"删除'（字段名）'"命令。如要删除"销售数量"字段，则选择"删除'销售数量'"命令。

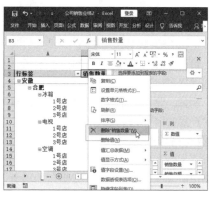

3. 隐藏字段标题

如果不需要在数据透视表中显示行或列的字段标题，则可以将其隐藏，操作方法如下。

步骤 01 打开"素材文件\第8章\公司销售业绩2.xlsx"，① 单击数据透视表的任意单元格；② 在"数据透视表工具/分析"选项卡的"显示"组中单击"字段标题"按钮。

步骤 02 操作完成后，即可看到字段标题已经隐藏。

4. 折叠与展开活动字段

折叠与展开活动字段，可以在不同的场合对应地显示和隐藏明细数据。

例如，要在"公司销售业绩"工作簿中隐藏"产品名称"字段，操作方法如下。

步骤 01 打开"素材文件\第8章\公司销售业绩2.xlsx"，① 选中产品名称，如"冰箱"字段；② 单击"数据透视表工具/分析"选项卡"活

动字段"组中的"折叠字段"按钮。

步骤 02 "冰箱"字段将全部折叠，只显示其他产品字段的具体信息。

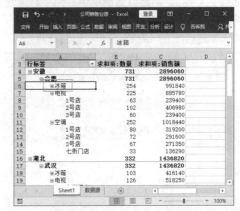

步骤 03 如果要显示已隐藏字段相关的详细字段，单击字段前的 ⊞ 按钮，即可显示指定项的明细数据。

小提示

选中数据透视表中被折叠的字段，然后单击"数据透视表工具 / 分析"选项卡"活动字段"组中的"展开字段"按钮，可以展开所有字段。

8.2.6 更新来自数据源的更改

如果数据透视表的数据源的内容发生了改变，则需要刷新数据透视表才能更新数据透视表中的数据。刷新数据透视表的方法有以下几种。

扫一扫，看视频

1. 手动刷新数据透视表

当需要手动刷新数据透视表时，可以通过以下方法操作。

● 右击数据透视表的任意单元格，在弹出的快捷菜单中选择"刷新"命令。

● 选中数据透视表的任意单元格，单击"数据透视表工具 / 分析"选项卡"数据"组中的"刷新"按钮。

● 单击任意一个数据透视表中的任意单元格，在"数据透视表工具 / 分析"选项卡的"数据"组单击"刷新"下拉按钮，在弹出的下拉列表中选择"全部刷新"选项，即可刷新工作簿中的所有数据透视表。

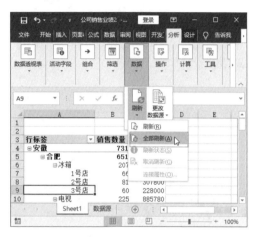

2. 在打开文件时刷新数据透视表

可以设置在打开数据表的同时自动刷新，操作方法如下。

步骤 01 打开"素材文件 \ 第 8 章 \ 公司销售业绩 2.xlsx"，❶ 右击数据透视表中的任意区域，❷ 在弹出的快捷菜单中选择"数据透视表选项"命令。

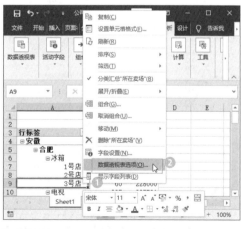

步骤 02 打开"数据透视表选项"对话框，❶ 切换到"数据"选项卡；❷ 勾选"打开文件

时刷新数据"复选框；❸ 单击"确定"按钮。

8.2.7 删除不需要的字段

如果字段不再需要了，但一直保留在数据透视表中，不仅会给阅读带来不便，而且一段时间后连自己都不知道这个字段到底是不是有用字段。

要删除字段，操作方法主要有以下两种。

- 在"数据透视表字段"窗格的"选择要添加到报表的字段"列表框中，取消勾选要删除字段的字段名复选框即可。

- 在"数据透视表字段"窗格的行标签区域等 4 个区域中，单击要删除的字段，在弹出的快捷菜单中选择"删除字段"

命令即可。

8.2.8 美化数据透视表

美观的数据透视表可以给人耳目一新的感觉，也能让人愿意仔细查看数据透视表的数据。

扫一扫，看视频

如果时间紧急，则可以使用内置样式美化数据透视表；如果时间充足，则使用自定义样式可以慢慢设置自己想要的样式。

1. 使用内置的数据透视表样式

Excel 内置了多种数据透视表样式，使用内置样式可以轻松地让数据透视表变个样。

例如，要在"公司销售业绩 2"工作簿中使用内置的数据透视表样式，操作方法如下。

步骤 01 打开"素材文件\第 8 章\公司销售业绩 2.xlsx"，❶ 将光标定位到数据区域的任意单元格；❷ 单击"数据透视表工具 / 设计"选项卡"数据透视表样式"组中的"其他"按钮。

步骤 02 打开"数据透视表样式"下拉列表，在其中选择需要应用的样式。

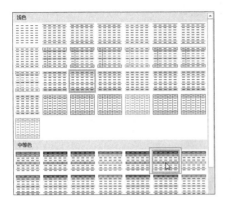

步骤 03 如果有需要，还可以设置行、列的边框和填充效果。例如，勾选"数据透视表工具 / 设计"选项卡"数据透视表样式选项"组中的"镶边行"复选框。

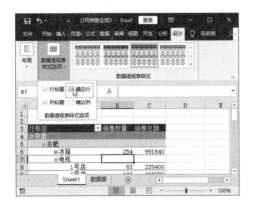

步骤 04 操作完成后，即可看到设置了内置样式后的数据透视表的效果。

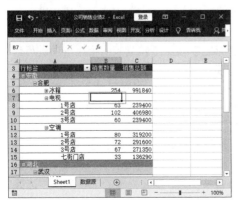

小提示

在"数据透视表样式"下拉列表中，Excel 提供的内置样式分为"浅色""中等色""深色" 3 组，同时列表中越往下的样式越复杂。选择不同的内置样式，勾选"镶边行"和"镶边列"复选框后，显示效果也不一样，可以逐一尝试。

2. 为数据透视表自定义样式

如果想要更多的样式，则可以使用自定义样式功能。

使用自定义样式，配色是最大的关卡。在配色之前，需要知道如下配色原则。

- 同色原则：使用一个相同的颜色，如红色、橙色。
- 同族原则：使用同一色族的颜色，如红色、淡红色、粉红色、淡粉红色。
- 对比原则：以反差较大的色彩为主，如底色是黑色，文字用白色。

在"公司销售业绩 2"工作簿中使用自定义样式美化数据透视表，操作方法如下。

步骤 01 打开"素材文件 \ 第 8 章 \ 公司销售业绩 2.xlsx"， ❶ 选中数据透视表中的任意单元格； ❷ 在"数据透视表工具 / 设计"选项卡的"数据透视表样式"组中单击"其他"下拉按钮，在弹出的下拉列表中选择"新建数据透视表样式"选项。

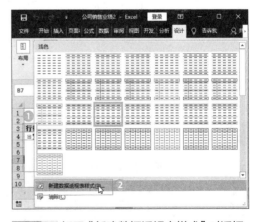

步骤 02 打开"新建数据透视表样式"对话框， ❶ 在"名称"文本框中输入自定义样式的名称； ❷ 在"表元素"列表框中选择要设置格式的元素；

❸ 单击"格式"按钮，打开"设置单元格格式"对话框进行设置；❹ 设置完成后单击确定按钮。

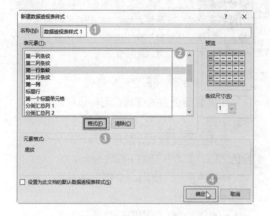

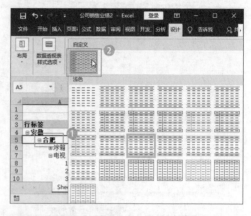

步骤 04 操作完成后，即可看到数据透视表应用了自定义样式后的效果。

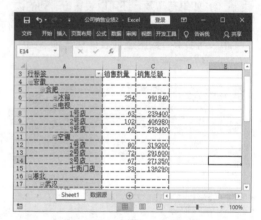

🔔 小提示

设置数据透视表自定义样式的方法与设置表格自定义样式的方法基本相同，此处仅简单介绍，具体可参考 3.3.2 节进行设置。

步骤 03 返回工作簿，单击"数据透视表工具 / 设计"选项卡"数据透视表样式"组中的"其他"下拉按钮，在弹出的下拉列表中可以看到自定义的数据透视表样式，选择该样式。

8.3 使用数据透视表分析数据

在 Excel 中，数据透视表和普通数据列表的分析方法十分相似，排序和筛选的规则完全相同。在数据透视表中，除了排序和筛选功能之外，切片器也是分析数据的有力工具。

8.3.1 对数据进行排序

扫一扫，看视频

对数据进行排序，主要方法包括通过字段下拉列表自动排序，通过功能区按钮自动排序，以及通过"数据透视表字段"窗格自动排序。

1. 通过字段下拉列表自动排序

在 Excel 中，可以利用数据透视表的行标签字段中下拉列表的相应选项进行自动排序。

例如，要在"公司销售业绩 2"工作簿中对"销售额"字段排序，操作方法如下。

步骤 01 打开"素材文件 \ 第 8 章 \ 公司销售业绩 2.xlsx"，❶ 单击行标签区域字段右侧的下拉按钮▼；❷ 在弹出的下拉列表中选择需要排序的行字段，如选择"产品名称"字段；
❸根据需要选择"升序"或"降序"选项。

步骤 02 操作完成后，即可看到"产品名称"字段已经按所选的顺序排列。

🔔 **小提示**

本例的数据透视表拥有多个行字段，并以压缩形式显示数据透视表，因此需要在行标签字段的下拉列表中选择要排序的字段。在一个下拉列表对应一个行字段的情况下，则无此选择，打开需要设置的行字段的下拉列表设置排序方式即可。排序后，如果选择的是升序排列，则行标签字段右侧的下拉按钮 ▼ 将变为 ↑↓ 形状；如果选择的是降序排列，则下拉按钮 ▼ 将变为 ↓↑ 形状。

2. 通过功能区按钮自动排序

在 Excel 中，可以通过功能区的"升序"按钮 ↓↑ 和"降序"按钮 ↓↑ 快速进行自动排序。

例如，要在"公司销售业绩 2"工作簿中对"销售额"字段升序排列，操作方法如下。

步骤 01 打开"素材文件\第 8 章\公司销售业绩 2.xlsx"，❶ 单击"销售额"字段标题或者其任意数据项所在的单元格；❷ 单击"数据"选项卡"排序和筛选"组中的"升序"按钮 ↓↑。

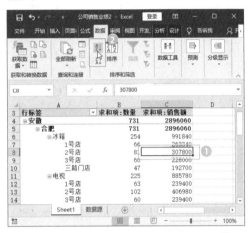

步骤 02 操作完成后，即可看到"销售额"字段已经按所选的顺序排列。

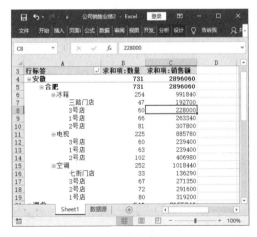

3. 通过"数据透视表字段"窗格自动排序

在 Excel 中，可以通过"数据透视表字段"窗格的字段列表进行自动排序。

例如，要在"公司销售业绩2"工作簿中对"所在城市"字段升序排列，操作方法如下。

步骤 01 打开"素材文件\第8章\公司销售业绩2.xlsx"，打开"数据透视表字段"窗格，在"选择要添加到报表的字段"列表框中，将光标指向要排序的字段右侧，将出现一个下拉按钮 ▼，单击该按钮。

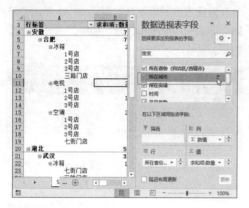

步骤 02 在弹出的下拉列表中选择"升序"即可。

8.3.2 对数据进行筛选

扫一扫，看视频

在数据透视表中可以方便地对数据进行筛选。

在筛选数据时，如果是对数据透视表进行整体筛选，则可以使用字段下拉列表。

如果要筛选开头是、开头不是、等于、不等于、结尾是、结尾不是、包含、不包含等条件的数据，则可以使用标签筛选。

如果要找出最大的几项、最小的几项、等于多少、不等于多少、大于多少、小于多少等数据，则可以使用"值筛选"来完成。

1. 使用字段下拉列表筛选数据

例如，要在"公司销售业绩2"工作簿中筛选李江和杨燕一月份的销售情况，操作方法如下。

步骤 01 打开"素材文件\第8章\季度销售情况.xlsx"，❶ 单击行标签右侧的下拉按钮 ▼；❷ 在弹出的下拉列表中取消勾选"（全选）"复选框，然后勾选"李江"和"杨燕"复选框；❸ 单击"确定"按钮。

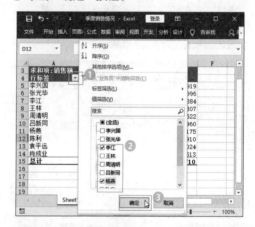

步骤 02 返回数据透视表，即可看到行标签右侧的下拉按钮变为 ▼ 形状，在数据透视表中筛选出了业务员李江和杨燕的销售数据。

步骤 03 ❶ 单击列标签右侧的下拉按钮▼；❷ 在打开的下拉列表中取消勾选"（全选）"复选框，然后勾选"一月"复选框；❸ 单击"确定"按钮。

步骤 04 返回数据透视表，即可看到列标签右侧的下拉按钮变为▼形状，数据透视表中筛选出了业务员李江和杨燕一月份的销售数据。

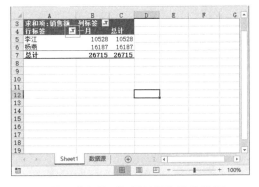

2. 使用字段的"标签筛选"筛选数据

例如，要筛选出"李"姓业务员的销售数据，操作方法如下。

步骤 01 打开"素材文件\第8章\季度销售情况.xlsx"，❶ 单击行标签右侧的下拉按钮▼；❷ 在弹出的下拉列表中选择"标签筛选"选项；❸ 在弹出的二级列表中选择"开头是"选项。

步骤 02 打开"标签筛选（业务员）"对话框，❶ 设置"显示的项目的标签"中的"开头是"为"李"；❷ 单击"确定"按钮。

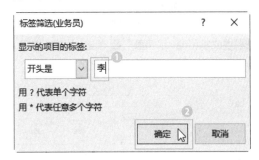

步骤 03 返回数据透视表，即可看到"李"姓业务员的销售数据已经筛选出来。

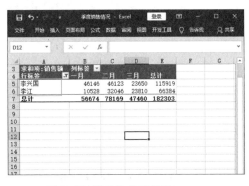

3. 使用"值筛选"筛选数据

例如，要筛选出累计销售额前5名的业务员的记录，操作方法如下。

步骤 01 打开"素材文件\第8章\季度销售情况.xlsx"，❶ 单击行标签右侧的下拉按

钮 ▼；❷ 在弹出的下拉列表中选择"值筛选"选项；❸ 在弹出的二级列表中选择"前 10 项"选项。

步骤 02 打开"前 10 个筛选（业务员）"对话框，❶ 设置"显示"的数据为"最大 5 项"，设置"依据"为"求和项：销售额"；❷ 单击"确定"按钮。

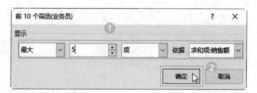

步骤 03 返回数据透视表，即可看到销售额的前 5 名业务员的记录已经筛选出来。

扫一扫，看视频

8.3.3 使用切片器分析数据

切片器是一种图形化的筛选方式，它可以为数据透视表中的每个字段创建一个筛选器，浮动显示在数据透视表之上。

如果要筛选某个数据，则在筛选器中单击某个字段项就可以了，可以十分直观地查看数据透视表中的信息。

1. 插入切片器

例如，要在"公司销售业绩 2"工作簿的数据透视表中插入切片器，操作方法如下。

步骤 01 打开"素材文件 \ 第 8 章 \ 公司销售业绩 2.xlsx"，❶ 选中数据透视表的任意单元格；❷ 在"数据透视表 / 分析"选项卡的"筛选"组中单击"插入切片器"按钮。

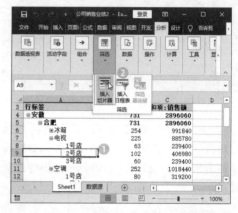

步骤 02 ❶ 打开"插入切片器"对话框，勾选需要的字段名复选框；❷ 单击"确定"按钮。

🔔 **小技巧**

选中数据透视表的任意单元格，在"插入"选项卡的"筛选器"组中单击"切片器"按钮，弹出"插入切片器"对话框，勾选需要的字段名复选框，单击"确定"按钮也可以插入切片器。

步骤 03 返回工作表，可以看到已经插入了切片器。

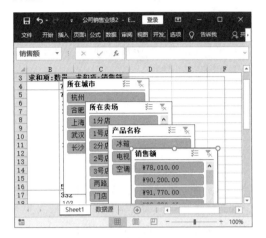

2. 使用切片器分析数据

在数据透视表中插入切片器后，要对字段进行筛选，只需在相应的切片器筛选框内选择需要查看的字段项即可。筛选后，未被选择的字段项将显示为灰色，同时该筛选框右上角的"清除筛选器"按钮处于可单击状态。

例如，要筛选"合肥地区1分店电视"的销售情况，操作方法如下。

步骤 01 接上一例操作，在"所在城市"切片器筛选框中单击"合肥"，其他切片器中将筛选出合肥的销售情况。

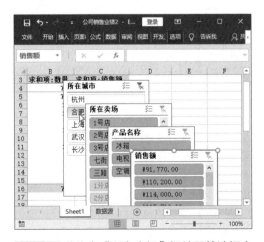

步骤 02 依次在"所在卖场"切片器筛选框中

单击"1号店"，在"产品名称"切片器筛选框中单击"电视"，即可筛选出"合肥地区1分店电视"的销售情况。

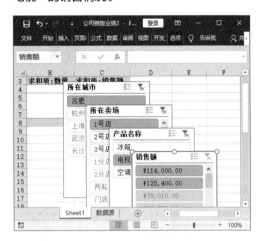

3. 清除筛选器

在切片器中筛选数据后，如果需要清除筛选结果，方法有以下几种。

- 选中要清除筛选的切片器筛选框，按Alt+C组合键，可以清除筛选器。
- 单击相应筛选框右上角的"清除筛选器"按钮。

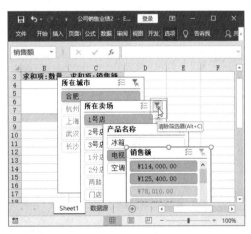

- 右击相应的切片器，在弹出的快捷菜单中选择"从'（切片器名称）'中清除筛选器"命令即可。

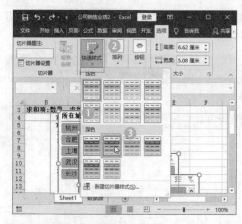

步骤 02
返回工作表，即可看到使用内置样式后的切片器。

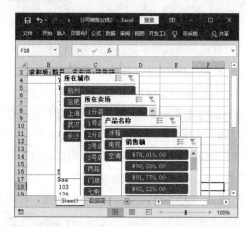

8.3.4　美化切片器

扫一扫，看视频

　　创建切片器之后，也可以对切片器进行美化。使用内置样式是最简便的方法之一，操作方法如下。

步骤 01　接上一例操作，❶ 按 Ctrl 键选中所有切片器；❷ 单击"切片器工具 / 选项"选项卡"切片器样式"组中的"快速样式"下拉按钮；❸ 在弹出的下拉列表中选择一种切片器样式。

8.4　使用数据透视图分析数据

　　数据透视图是数据透视表的图形表达方式，其图表类型与一般图表类似，主要有柱形图、条形图、折线图、饼图、面积图及圆环图等。下面介绍创建数据透视图、更改数据透视图布局、设置数据透视图样式等操作。

8.4.1　创建数据透视图

扫一扫，看视频

　　如果使用数据源创建数据透视图，会一同创建数据透视表；如果是在数据透视表中对数据创建数据透视图，则可以直接将数据透视图显示出来。

1. 使用数据源创建数据透视图

　　如果没有为表格创建数据透视表，可以使用数据源直接创建数据透视图。在创建数据透视图时，系统会同时创建数据透视表，一举两得，操作方法如下。

步骤 01　打开"素材文件 \ 第 8 章 \ 产品销售管理系统 .xlsx"，❶ 选中数据源中的任意单元格；❷ 单击"插入"选项卡"图表"组中的"数据透视图"按钮。

步骤 02　打开"创建数据透视图"对话框；❶选择要放置数据透视图的位置；❷单击"确定"按钮。

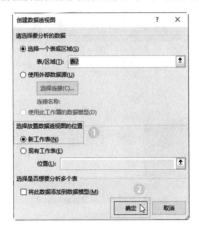

步骤 03　操作完成后，返回工作表，即可看到创建了一个空白的数据透视图及空白的数据透视表。

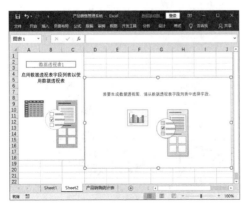

步骤 04　在"数据透视图字段"窗格中勾选相应字段，并拖动字段调整到相应区域，即可创建出相应的数据透视表和数据透视图。

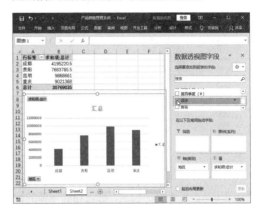

2. 使用数据透视表创建数据透视图

　　如果已经创建了数据透视表，则可以根据数据透视表中的数据来创建数据透视图，操作方法如下。

步骤 01　打开"素材文件\第8章\产品销售管理系统.xlsx"，❶选中数据透视表中的任意单元格；❷单击"数据透视表工具/分析"选项卡"工具"组中的"数据透视图"按钮。

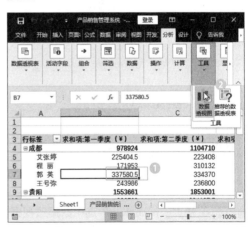

步骤 02　打开"插入图表"对话框，❶在左侧的列表中选择图表类型，如"柱形图"；❷在右侧选择柱形图的样式，如"堆积柱形图"；❸单击"确定"按钮。

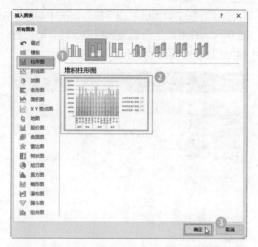

步骤 03 返回数据透视表，即可看到创建的数据透视图。

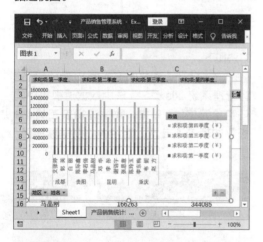

8.4.2　美化数据透视图

扫一扫，看视频

　　美化数据透视图的方法与美化图表的方法基本相同，此处仅介绍使用内置样式美化数据透视图，操作方法如下。

步骤 01 接上一例操作，❶ 选中数据透视图；❷ 单击"数据透视图工具 / 设计"选项卡"图表布局"组中的"快速布局"下拉按钮；❸ 在弹出的下拉列表中选择一种布局方式，如"布局 3"。

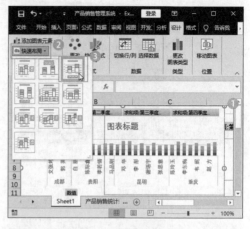

步骤 02 ❶ 单击"数据透视图工具 / 设计"选项卡"图表样式"组中的"快速样式"下拉按钮；❷ 在弹出的下拉列表中选择一种内置样式。

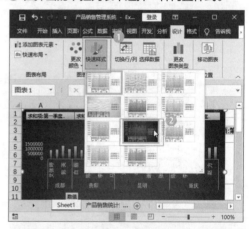

步骤 03 操作完成后，即可看到美化数据透视图后的效果。

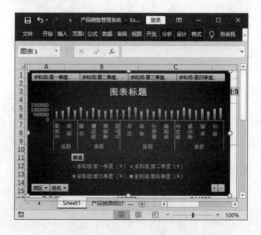

8.4.3　在数据透视图中筛选数据

当数据透视图中的数据较多时，查看起来比较困难，此时可以使用筛选功能筛选数据，操作方法如下。

扫一扫，看视频

步骤 01 打开"素材文件\第 8 章\产品销售管理系统 1.xlsx"，❶ 选中数据透视图；❷ 单击"折叠整个字段"按钮 ，以折叠字段。

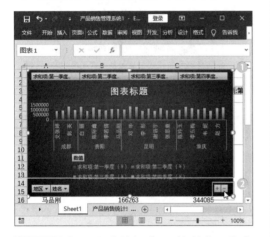

步骤 02 ❶ 单击"地区"下拉按钮；❷ 在弹出的下拉列表中取消勾选"全选"复选框，然后勾选要筛选的字段；❸ 单击"确定"按钮。

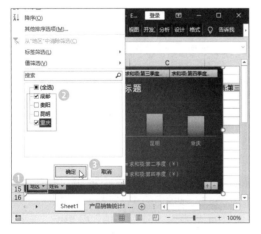

步骤 03 操作完成后，即可看到筛选结果。

8.4.4　把数据透视图移动到图表工作表

扫一扫，看视频

可以把数据透视图放置在单独的图表工作表中。有很多场合并不适合把数据展示出来，如果有单独的图表工作表，则不仅方便查看和控制图表，还能保护数据的安全。

如果要把数据透视图移动到图表工作表中，则操作方法如下。

步骤 01 接上一例操作，❶ 选择图表；❷ 单击"数据透视图选项/设计"选项卡"位置"组中的"移动图表"按钮。

步骤 02 打开"移动图表"对话框，❶ 选择"新工作表"单选按钮，并在右侧的文本框中输入新工作表的名称（也可以不输入，默认为

Sheet1）；❷ 单击"确定"按钮。

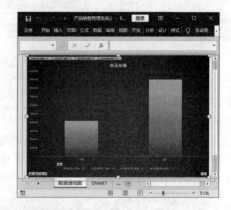

步骤 03 操作完成后，返回工作簿中，即可看到新建了一个工作表，并将数据透视图移动到这个新的工作表中。

🔔 小技巧

　　如果将图表工作表中的数据透视图再次移动到普通工作表中，移动后的图表工作表将会自动删除。

8.5 数据透视表中数据的计算

　　虽然数据透视表的主要作用是汇总分析，但是也可以直接参与计算。在数据透视表中，计算主要是通过计算字段和计算项来完成的。

8.5.1 设置数据透视表的值汇总方式

扫一扫，看视频

　　在数据透视表中，求和是最常用的汇总方式，所以在汇总时值的显示方式默认为求和。数据不同，分析的目的也不同，因此可以设定其他汇总方式，如"平均值""最大值""最小值""乘积"等。

　　例如，要将"公司销售业绩 2"工作簿中"求和项：数量"的值汇总方式设置为"平均值"，操作方法如下。

步骤 01 打开"素材文件 \ 第 8 章 \ 公司销售业绩 2.xlsx"，打开"数据透视表字段"窗格，单击要设置的值字段右侧的下拉按钮 ▾，在弹出的下拉列表中选择"值字段设置"选项。

步骤 02 打开"值字段设置"对话框，❶ 在"值汇总方式"选项卡的"计算类型"列表框中选择一种汇总方式，如"平均值"；❷ 单击"确定"按钮。

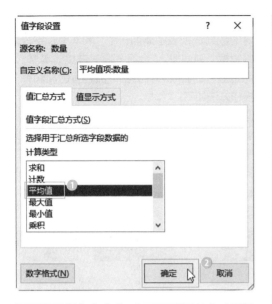

步骤 03 操作完成后，即可看到汇总方式已经更改为平均值。

🔔 **小技巧**

　　在数据透视表的数值区域中，在要更改汇总方式的数值列中，右击任意单元格，在弹出的快捷菜单中选择"值汇总依据"命令，在弹出的子菜单中选择汇总方式，如"平均值"，操作完成后，即可看到汇总方式已经更改为平均值。

8.5.2 设置数据透视表的值显示方式

扫一扫，看视频

　　在数据透视表中，通过设置值显示方式，可以转换数据的查看方式，找到数据规律。

　　使用"总计的百分比"的值显示方式，可以得到数据透视表内各数据项占总比重的情况；使用"列汇总的百分比"的值显示方式，可以在列汇总数据的基础上，得到该列中各个数据项占列总计比重的情况等。

　　例如，要在"公司销售业绩 3"工作簿的数据透视表中对各分店、各产品销售额占总销售额的比重进行分析，可以对"求和项：销售额"字段设置"总计的百分比"的值显示方式，方法如下。

步骤 01 打开"素材文件＼第 8 章＼公司销售业绩 3.xlsx"，❶ 右击数据透视表中"求和项：销售额"字段；❷ 在弹出的快捷菜单中选择"值字段设置"命令。

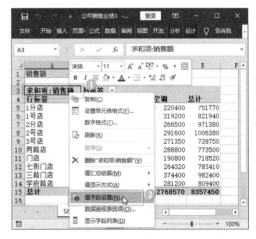

步骤 02 打开"值字段设置"对话框，❶ 切换到"值显示方式"选项卡，在"值显示方式"下拉列表中选择"总计的百分比"选项；❷ 单击"确定"按钮。

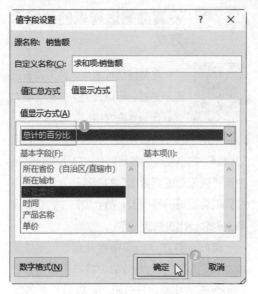

步骤 03 返回数据透视表，即可看到值字段占总销售额的百分比。

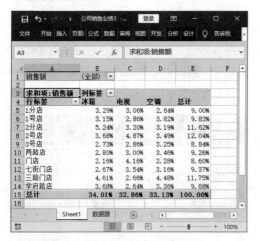

8.5.3 使用自定义计算字段

扫一扫，看视频

虽然数据透视表中不能插入单元格，也不能添加公式，但是可以用自定义计算字段来计算数据透视表中的数据。

1. 添加自定义计算字段

在 Excel 中，可以通过添加自定义计算字段对数据透视表中现有的字段进行计算，以得到新字段。

例如，要在"A 公司销售出库记录"工作簿的数据透视表中添加一个"利润率"字段，并根据"利润率 =（ 合同金额 − 进货成本)/ 合同金额"的公式，计算出产品销售的利润率，操作方法如下。

步骤 01 打开"素材文件\第 8 章 \A 公司销售出库记录 .xlsx"，❶ 选中数据透视表中的列字段项的任意单元格；❷ 单击"数据透视表工具 / 分析"选项卡"计算"组中的"字段、项目和集"下拉按钮 ；❸ 在弹出的下拉列表中选择"计算字段"选项。

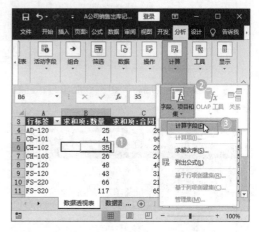

步骤 02 打开"插入计算字段"对话框，❶ 在"名称"文本框中输入字段名，在"公式"文本框中输入计算公式；❷ 单击"添加"按钮，添加计算字段；❸ 单击"确定"按钮。

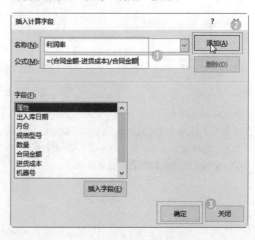

步骤 03 返回数据透视表，可以看到其中添加了"求和项：利润率"字段。因为要使数据以百分比格式显示，所以需进一步设置。❶ 右击"求和项：利润率"字段所在单元格；❷ 在弹出的快捷菜单中选择"值字段设置"命令。

步骤 04 打开"值字段设置"对话框，单击"数字格式"按钮。

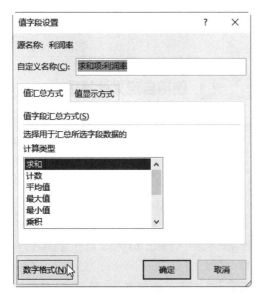

步骤 05 打开"设置单元格格式"对话框，❶ 在"数字"选项卡的"分类"列表框中选择"百分比"选项；❷ 在右侧窗格中设置小数位数为 2；❸ 单击"确定"按钮。

步骤 06 返回数据透视表，即可看到添加了自定义计算字段，计算出利润率的最终效果。由于数据透视表将各个数值字段分类求和的结果用于计算字段，计算字段名称将显示为"求和项：利润率"，被视作"求和项"。

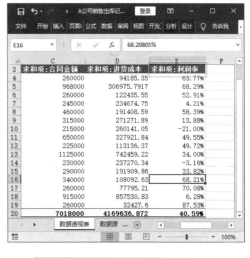

🔔 小提示

可以在数据透视表中使用的函数很少，只能执行简单的计算。如果是复杂的公式和函数，则还是要在 Excel 表格中计算完成之后再制作数据透视表。

2. 修改自定义计算字段

在 Excel 的数据透视表中添加了自定义计算字段后，可以根据需要对添加的计算字段进行修改，操作方法如下。

步骤 01 接上一例操作，选中数据透视表中的列字段项所在单元格，在"数据透视表工具 / 分析"选项卡的"计算"组中选择"字段、项目和集"→"计算字段"命令，打开"插入计算字段"对话框，❶ 单击"名称"文本框右侧的下拉按钮☑；❷ 在打开的下拉列表中选择要修改的计算字段。

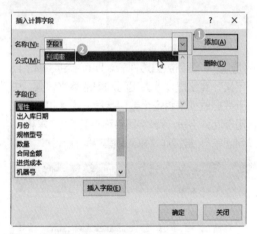

步骤 02 此时"添加"按钮将变为"修改"按钮，❶ 修改"公式"文本框的公式内容；❷ 单击"确定"按钮，保存设置。

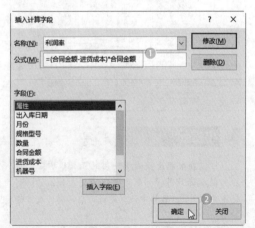

3. 删除自定义计算字段

如果不再需要计算字段，可以删除，操作方法如下。

接上一例操作，选中数据透视表中的列字段项所在单元格，在"数据透视表工具 / 分析"选项卡的"计算"组中选择"字段、项目和集"→"计算字段"命令，打开"插入计算字段"对话框，❶ 单击"名称"文本框右侧的下拉按钮☑，在打开的下拉列表中选择要删除的计算字段；❷ 单击"删除"按钮，删除该计算字段。

8.5.4 使用自定义计算项

扫一扫，看视频

在 Excel 中，可以在数据透视表的现有字段中插入自定义计算项，通过对该字段的其他项进行计算，来得到该计算项的值。

1. 添加自定义计算项

例如，要在"公司销售业绩 4"工作簿的数据透视表中计算出 1 月和 2 月产品销量的差异，操作方法如下。

步骤 01 打开"素材文件 \ 第 8 章 \ 公司销售业绩 4.xlsx"，❶ 选中要插入字段项的列字段所在单元格；❷ 在"数据透视表工具 / 分析"选项卡的"计算"组中选择"字段、项目和集"→"计算项"命令。

步骤 02 打开"在'时间'中插入计算字段"对话框，❶ 在"名称"文本框中输入字段项名称，在"公式"文本框中输入"="；❷ 在"字段"和"项"列表框中选中要参与计算的字段项；❸ 单击"插入项"按钮。

步骤 03 选中的字段项将被插入"公式"文本框中，❶ 使用相同的方法输入完整的公式；❷ 单击"添加"按钮，添加计算字段；❸ 单击"确定"按钮。

小提示

在"项"列表框中双击要插入的字段项，可以快速将其插入"公式"文本框中。

步骤 04 返回数据透视表，可以看到数值区域中新增了"差异"列，即在"时间"字段中插入"差异"计算项，计算出 1 月和 2 月产品销量的差异的结果。

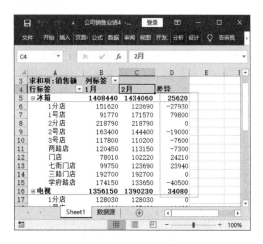

小提示

在选择"字段、项目和集"→"计算项"命令时，打开的用于设置计算项的对话框名称不是"在'X字段'中插入计算项"，而是"在'X字段'中插入计算字段"。

2. 修改自定义计算项

在 Excel 的数据透视表中添加了自定义计算项后，可以根据需要对添加的计算项进行修改，操作方法如下。

步骤 01 接上一例操作，在数据透视表中选中插入字段项的列字段所在单元格，切换到"数据透视表工具 / 分析"选项卡，在"计算"组中选择"字段、项目和集"→"计算项"命令，打开"在'时间'中插入计算字段"对话框，❶ 单击"名称"文本框右侧的下拉按钮；❷ 在打开的下拉列表中选择要修改的计算项。

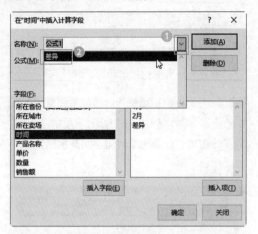

接上一例操作，在"数据透视表工具／分析"选项卡的"计算"组中选择"字段、项目和集"→"计算项"命令，打开"在'时间'中插入计算字段"对话框，❶ 单击"名称"文本框右侧的下拉按钮，在打开的下拉列表中选择要删除的计算字段；❷ 单击"删除"按钮，删除该计算字段；❸ 单击"确定"按钮，保存设置。

步骤 02 此时"添加"按钮将变为"修改"按钮，❶ 在"公式"文本框中修改公式内容；❷ 单击"确定"按钮，保存设置。

3. 删除自定义计算项

如果不再需要自定义计算项，可以将其删除，操作方法如下。

本章小结

本章系统地讲解了使用数据透视表的方法，包括了解数据透视表，创建和编辑数据透视表，分析数据透视表，使用数据透视图，以及在数据透视表中进行计算等知识。通过本章的学习，在遇到海量数据时，就可以灵活地使用数据透视表汇总数据，取得数据分析的关键信息。

✎ 读书笔记

第 9 章

数据分析工具：数据的预算与决算分析

本章导读

在对表格进行数据分析时，经常需要对数据变化情况进行模拟，并分析和查看数据变化后所导致的其他数据变化的结果。可以使用数据分析工具来分析数据。本章将详细介绍使用模拟运算表、方案管理器、规划求解和数据分析工具库分析数据的基本操作。

本章要点

- 合并计算数据
- 使用模拟运算表
- 使用方案管理器
- 使用规划求解
- 巧用 Excel 数据分析工具库

9.1 合并计算数据

在日常工作中，经常需要将相似结构或内容的多个表格进行合并汇总，此时，可以使用 Excel 中的合并计算功能。合并计算是将多个相似格式的工作表或数据区域，按指定的方式自动匹配计算。合并计算的数据源可以是同一个工作表中的数据，也可以是同一个工作簿中不同工作表中的数据。

9.1.1 对同一个工作表的数据进行合并计算

扫一扫，看视频

合并计算是指将多个相似格式的工作表或数据区域按指定的方式自动匹配计算。如果所有数据在同一个工作表中，则可以在同一个工作表中进行合并计算。

例如，要对"家电销售汇总"工作簿中的数据进行合并计算，具体操作方法如下。

步骤 01 打开"素材文件\第 9 章\家电销售汇总 .xlsx"，❶ 选中汇总数据要存放的起始单元格；❷ 单击"数据"选项卡"数据工具"组中的"合并计算"按钮。

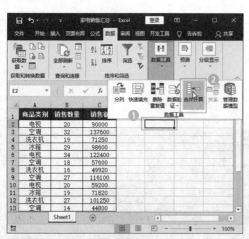

步骤 02 弹出"合并计算"对话框，❶ 在"函数"下拉列表中选择汇总方式，如"求和"；❷ 在"引用位置"参数框中，拖动鼠标选择工作表中参与计算的数据区域，如 A1:C13 单元格

区域；❸ 单击"添加"按钮；❹ 在"标签位置"栏中勾选"首行"和"最左列"复选框；❺ 单击"确定"按钮。

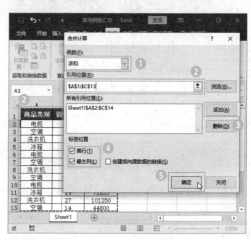

步骤 03 返回工作表，即可看到合并计算后的数据。

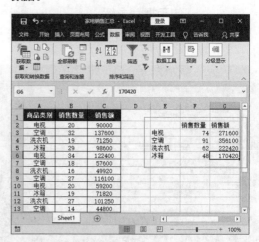

9.1.2 对多个工作表的数据进行合并计算

在制作销售报表、汇总报表等类型的表格时，经常需要对多个工作表的数据进行合并计算，以便更好地查看数据。

扫一扫，看视频

例如，要对"家电销售年度汇总"工作簿的多个工作表的数据进行合并计算，具体操作方法如下。

步骤 01 打开"素材文件\第 9 章\家电销售年度汇总.xlsx"，❶ 选择要存放结果的工作表，选中要存放汇总数据的起始单元格，如选择"年度汇总"工作表的 A2 单元格；❷ 单击"数据"选项卡"数据工具"组中的"合并计算"按钮。

步骤 02 弹出"合并计算"对话框，❶ 在"函数"下拉列表中选择汇总方式，如"求和"；❷ 单击"引用位置"参数框右侧的折叠按钮 ↑。

步骤 03 ❶ 在"一季度"工作表中选择 A1:C6 单元格区域；❷ 单击"合并计算－引用位置："对话框的展开按钮 ▣。

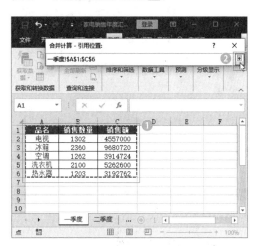

步骤 04 在"合并计算"对话框中，单击"添加"按钮，将选择的数据区域添加到"所有引用位置"列表框中。

步骤 05 ❶ 使用相同的方法，添加其他需要参与计算的数据区域；❷ 勾选"首行"和"最左列"复选框；❸ 单击"确定"按钮。

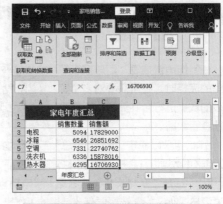

步骤 06 返回工作表，即可看到合并计算后的数据。

小技巧

对多个工作表进行合并计算时，建议勾选"创建指向源数据的链接"复选框。勾选该复选框后，若源数据中的数据发生变化，通过合并计算得到的数据汇总会自动进行更新。

9.2 使用模拟运算表

模拟运算表作为工作表的一个单元格区域，可以显示将某个计算公式中一个或多个变量替换成不同值时的结果。模拟运算表为同时求解某一个运算中所有可能的变化值的组合提供了计算依据，并且可以将不同的计算结果显示在工作表中，以便于对数据进行查找和比较。

9.2.1 进行单变量求解

扫一扫，看视频

单变量求解就是求解具有一个变量的方程，通过调整可变单元格中的数值，使之按照给定的公式来满足目标单元格中的目标值。

例如，在"货品价格分析"工作簿中，公司的新产品进价为 1800 元，销售费用为 26 元，要计算销售利润在不同情况下的加价百分比，具体操作方法如下。

步骤 01 打开"素材文件\第 9 章\货品价格分析 .xlsx"，在工作表中选中 B4 单元格，输入公式"=B1*B2-B3"，按 Enter 键确认。

步骤 02 ❶ 选中 B4 单元格；❷ 单击"数据"选项卡"预测"组中的"模拟分析"下拉按钮；❸ 在弹出的下拉列表中选择"单变量求解"选项。

步骤 03 弹出"单变量求解"对话框，❶ 在"目标值"文本框中输入理想的利润值，如 500；❷ 在"可变单元格"文本框中输入"$B$2"；❸ 单击"确定"按钮。

步骤 04 弹出"单变量求解状态"对话框，单击"确定"按钮。

步骤 05 返回工作表，在 B2 单元格中计算出销售利润为 500 元时的加价百分比。

9.2.2 使用单变量模拟运算表分析数据

扫一扫，看视频

通过模拟运算表，可以在给出一个或两个变量的可能取值时，查看某个目标值的变化情况。

例如，在"贷款利率计算"工作簿中，假设某人向银行贷款 50 万元，借款年限为 15 年，每年还款期数为 1 期，现在计算不同"年利率"下的"等额还款额"，操作方法如下。

步骤 01 打开"素材文件\第 9 章\贷款利率计算 .xlsx"，选中 F2 单元格，输入公式"=PMT(B2/D2,E2,-A2)"，按 Enter 键即可得出计算结果。

步骤 02 选中 B5 单元格，输入公式"=PMT(B2/D2,E2,-A2)"，按 Enter 键即可

得出计算结果。

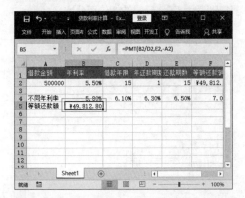

步骤 03 ❶ 选中 B4:F5 单元格区域；❷ 单击"数据"选项卡"预测"组中的"模拟分析"下拉按钮；❸ 在弹出的下拉列表中选择"模拟运算表"选项。

步骤 04 弹出"模拟运算表"对话框，❶ 将光标插入点定位到"输入引用行的单元格"参数框，在工作表中选择要引用的 B2 单元格；❷ 单击"确定"按钮。

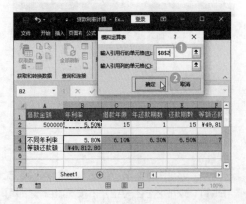

步骤 05 进行上述操作后，即可计算出不同"年利率"下的"等额还款额"，然后将这些计算结果的数字格式设置为"货币"。

9.2.3 使用双变量模拟运算表分析数据

扫一扫，看视频

使用单变量模拟运算表时，只能解决一个输入变量对一个或多个公式的计算结果的影响问题。如果需要计算的结果有两个变量会影响公式的计算结果，就需要使用双变量模拟运算表。

例如，在"多种贷款利率计算"工作簿中，假设借款年限为 15 年，年利率为 6.2%，每年还款期数为 1，现要计算不同"借款金额"和不同"还款期数"下的"等额还款额"，操作方法如下。

步骤 01 打开"素材文件\第 9 章\多种贷款利率计算.xlsx"，选中 F2 单元格，输入公式"=PMT(B2/D2,E2,−A2)"，按 Enter 键即可得出计算结果。

步骤 02 选中 A5 单元格，输入公式"=PMT(B2/D2, E2, -A2)"，按 Enter 键即可得出计算结果。

步骤 03 ❶ 选中 A5:F9 单元格区域；❷ 单击"数据"选项卡"预测"组中的"模拟分析"下拉按钮；❸ 在弹出的下拉列表中选择"模拟运算表"选项。

步骤 04 弹出"模拟运算表"对话框，将光标插入点定位到"输入引用行的单元格"参数框，在工作表中选择要引用的 E2 单元格。

步骤 05 ❶ 将光标插入点定位到"输入引用列的单元格"参数框，在工作表中选择要引用的 A2 单元格；❷ 单击"确定"按钮。

步骤 06 进行上述操作后，即可在工作表中计算出不同"借款金额"和不同"还款期数"下的"等额还款额"，然后将这些计算结果的数字格式设置为"货币"。

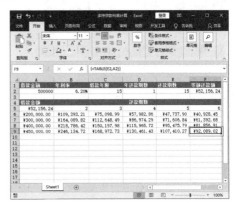

9.3 使用方案管理器

在分析计算模型中一到两个关键因素的变化对结果的影响时，使用模拟运算表非常方便。如果要同时考虑更多的因素，则使用方案管理器更容易处理。

9.3.1 创建方案

扫一扫，看视频

如果要解决包括较多可变因素的问题，或者要在几种假设分析中找到最佳方案，可以用方案管理器来实现。

例如，在"房屋贷款方式分析"工作簿中，以 80 万元的公积金贷款为例，5 年期以下的年利率假定为 4.9%，5 年期以上的年利率假定为 5.6%，现在分别以 5 年还款、20 年还款及等本、等额还款 4 种方式进行分析比较，具体操作方法如下。

步骤 01 打开"素材文件\第 9 章\房屋贷款方式分析.xlsx"，在 A5 单元格中输入公式"=IF(D2=" 等 额 ",PMT (A2/12, C2*12, −B2,,)*C2*12−B2,(B2*C2*12+B2) /2*A2/12)"，在 B5 单元格中输入公式"=A5/B2"，在 C5 单元格中输入公式"=A5/C2"。

步骤 02 分别为工作表中的单元格定义名称，如下图所示。

步骤 03 ❶ 单击"数据"选项卡"预测"组中的"模拟分析"下拉按钮；❷ 在弹出的下拉列表中选择"方案管理器"选项。

步骤 04 打开"方案管理器"对话框，单击"添加"按钮。

步骤 05 弹出"添加方案"对话框，❶ 在"方案名"文本框中输入"等额 5 年期"，设置"可变单元格"参数框为"$A$2,$C$2: $D$2"；❷ 单击"确定"按钮。

步骤 06 弹出"方案变量值"对话框，❶ 分别设置相应的参数；❷ 单击"确定"按钮。

步骤 07 返回"方案管理器"对话框，可以看见添加了"等额 5 年期"方案，单击"添加"按钮。

步骤 08 打开"添加方案"对话框，然后依次添加其他方案，❶ 输入方案名称，设置"可变单元格"参数框为"A2,C2:D2"；❷ 单击"确定"按钮。

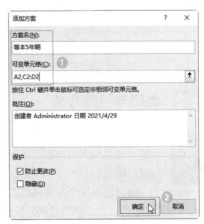

步骤 09 在打开的"方案变量值"对话框中设置相应的参数。

请输入每个可变单元格的值
1: 贷款年率 0.049
2: 贷款时间 5
3: 等本 等本

步骤 10 使用相同的方法设置其他方案。

请输入每个可变单元格的值
1: 贷款年率 0.056
2: 贷款时间 20
3: 等本 等额

步骤 11 操作完成后，即可看到所有方案已经添加到方案管理器中。要查看某个方案，单击"方案管理器"对话框的"显示"按钮，在表格中即可显示该方案的结果。

9.3.2 编辑与删除方案

扫一扫，看视频

方案都是在不断更改中渐渐完善的，如果觉得数据不合适，则可以及时更改。

如果觉得某个方案已经不再需要，也需要立即删除，以免影响数据分析过程。

要更改和删除方案，具体操作方法如下。

步骤 01 接上一例操作，打开"方案管理器"对话框，❶ 在"方案"列表框中选择需要修改的方案；❷ 单击"编辑"按钮。

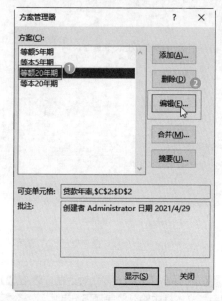

步骤 02 打开"编辑方案"对话框，❶ 更改方案名（本例保持方案名不变）；❷ 单击"确定"按钮。

步骤 03 打开"方案变量值"对话框，❶ 更改"贷款年率"文本框的值为 0.065；❷ 单击"确定"按钮即可修改方案。

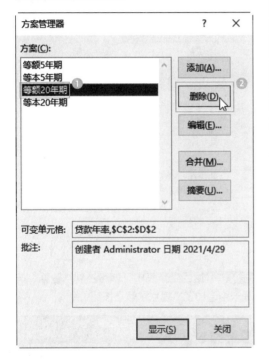

步骤 04 如果要删除方案，① 在"方案管理器"对话框中选中需要删除的方案；② 单击"删除"按钮即可删除该方案。

9.3.3 生成方案摘要

在查看方案时，每次只能查看一个方案所生成的结果，不利于对比分析。可以在方案管理器中生成方案摘要来查看，操作方法如下。

扫一扫，看视频

步骤 01 接上一例操作，打开"方案管理器"对话框，单击"摘要"按钮。

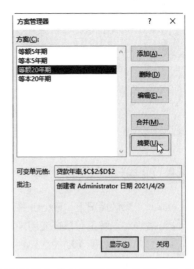

步骤 02 弹出"方案摘要"对话框，① 在"报表类型"栏中选择"方案摘要"单选按钮；② 在"结果单元格"参数框中设置参数为 A5:C5 单元格区域；③ 单击"确定"按钮。

步骤 03 返回工作表，可以看到自动创建了一个名为"方案摘要"的工作表。

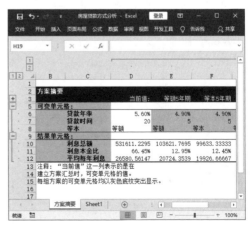

9.4 使用规划求解

为了合理地利用资源，经常会计算如何调配资源，利用有限的人力、物力、财力等资源，得到最佳的经济效果，达到产量最高、利润最大、成本最小、资源消耗最少的目标。此时，可以使用规划求解工具。

9.4.1 加载规划求解工具

扫一扫，看视频

默认情况下，Excel 并没有加载规划求解工具。在使用规划求解之前，首先要手动加载规划求解工具，操作方法如下。

步骤 01 打开"素材文件 \ 第 9 章 \ 规划求解 . xlsx"，单击"文件"选项卡中的"选项"按钮。

步骤 02 打开"Excel 选项"对话框，❶ 切换到"加载项"选项卡；❷ 在"Excel 加载项"右侧单击"转到"按钮。

步骤 03 打开"加载项"对话框，❶ 勾选"规划求解加载项"复选框；❷ 单击"确定"按钮。

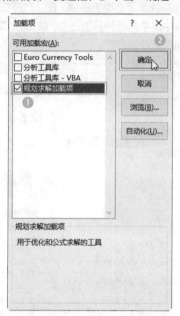

步骤 04 返回工作表中，即可看到"数据"选项卡中增加了"规划求解"按钮。

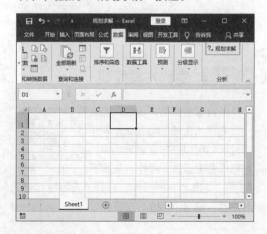

9.4.2 建立规划求解模型

规划问题的种类很多，大致可以分为两类：第一类是确定任务，如何完成；第二类是拥有物资，如何取得最大利润。下面以解决第二类问题为例，介绍建立规划求解模型的方法。

扫一扫，看视频

例如，企业需要生产甲和乙两种产品，其中，一件产品甲对应的成本1为2，成本2为3，成本3为3，一件产品乙对应的成本1为1，成本2为7，成本3为5。已知每天成本的使用限额是成本1为208，成本2为318，成本3为318。根据预测，产品甲可以获利1.3万元，产品乙可以获利1.6万元。

下面规划如何生产才能在有限的成本下获得最大的利润。

1. 建立工作表

规划求解的第一步，是将规划求解模型有关的数据及用公式表示的关联关系输入工作表中。例如，要在"规划求解"工作簿中建立工作表，具体操作方法如下。

步骤 01 打开"素材文件\第9章\规划求解.xlsx"，在工作表中输入相关数据，生产数量暂时设置产品甲为50和产品乙为20，B5单元格为成本1的消耗合计，其计算公式为"=B3*$E3+B4*$E4"。

步骤 02 ❶ 将公式填充到C5:D5单元格区域；❷ 在G2单元格中输入计算利润额的目标函数，其计算公式为"=E3*1.3+E4*1.6"。

2. 规划求解

工作表制作完成后，就可以开始使用规划求解工具了，具体操作方法如下。

步骤 01 单击"数据"选项卡"分析"组中的"规划求解"按钮。

步骤 02 打开"规划求解参数"对话框，❶ 将"设置目标"指定为目标函数所在的G2单元格；❷ 选中"最大值"单选按钮；❸ 在"通过更改可变单元格"文本框中选择E3:E4单元格区域；❹ 单击"添加"按钮。

步骤 03 打开"添加约束"对话框，❶ 在"单元格引用"文本框中设置"成本1"所在的 B5 单元格，在"约束"文本框中选择"成本1"的限额所在的 B2 单元格；❷ 单击"添加"按钮。

步骤 04 使用相同的方法分别添加成本2和成本3的约束条件，完成后单击"确定"按钮。

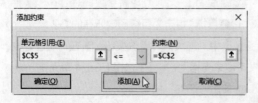

步骤 05 返回"规划求解参数"对话框，❶ 在"选择求解方法"下拉列表中选择"单纯线性规划"选项；❷ 单击"求解"按钮。

步骤 06 Excel 开始计算，求解完成后弹出"规划求解结果"对话框，可以看到规划求解工具已经找到一个可满足所有约束条件的最优解。❶ 选中"保留规划求解的解"单选按钮；❷ 在"报告"列表框中选择"运算结果报告""敏感性报告""极限值报告"选项；❸ 单击"确定"按钮。

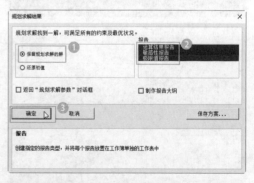

步骤 07 返回工作表中，即可看到最佳生产方案为每天生产 103 个产品甲，生产 1 个产品乙，

可以比随机给定的原计划多获利 39.2 万元。

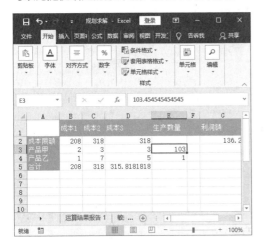

小技巧

得到的规划求解结果可能会有小数，为了阅读方便，可以根据实际情况更改小数位数。

步骤 08 在运算结果报告中，列出了目标单元格和可变单元格及它们的初始值、最终结果、约束条件和有关约束条件等相关信息。

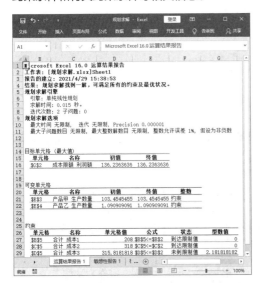

步骤 09 在敏感性报告中，"规划求解参数"对话框的目标单元格中公式的微小变化，以及约束条件的微小变化，对求解结果都会有一定影响。这个报告提供对这些微小变化的敏感性信息。

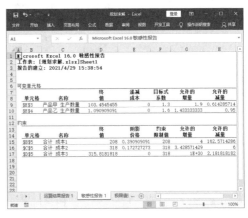

步骤 10 在极限值报告中，列出目标单元格和可变单元格及它们的数值、上下限和目标值。下限是在满足约束条件和保持其他可变单元格的数值不变的情况下，某个可变单元格可以取到的最小值。上限是在这种情况下可以取到的最大值。

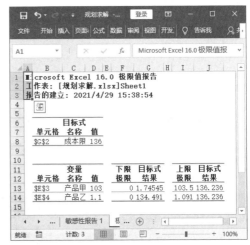

9.4.3　修改规划求解参数

扫一扫，看视频

如果要修改规划求解参数，则直接修改约束条件就可以了，操作方法如下。

步骤 01 ❶ 修改工作表中成本 3 的限额，将 D2 单元格的 318 改为 280；❷ 单击"数据"选项卡"分析"组中的"规划求解"按钮。

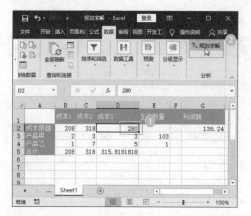

步骤 02 打开"规划求解参数"对话框，直接单击"求解"按钮。

步骤 03 在打开的"规划求解结果"对话框中，直接单击"确定"按钮。

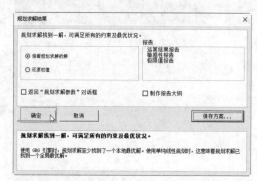

步骤 04 返回工作表，即可看到新的生产方案。

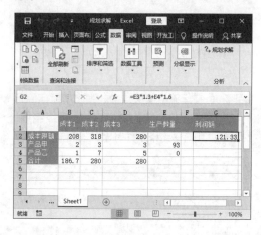

9.5 巧用 Excel 数据分析工具库

很多人经常使用 Excel 表格记录数据，却不知道使用 Excel 数据分析工具库可以深入地分析数据，找出数据中的规律。本节将介绍如何使用 Excel 数据分析工具库分析数据，让隐藏在数据表中的数据一目了然地展示出来。

9.5.1 加载分析工具库

Excel 的"分析工具库"一开始并没有默认显示在选项卡中，需要从"Excel 选项"对

扫一扫，看视频

话框中加载，操作方法如下。

步骤 01 打开任意的 Excel 工作簿，在"文件"选项卡中单击"选项"按钮。

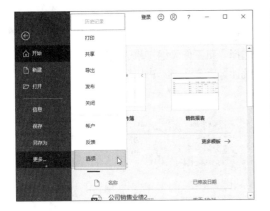

步骤 02 打开"Excel 选项"对话框；❶ 切换到"加载项"选项卡；❷ 在"Excel 加载项"右侧单击"转到"按钮。

步骤 03 打开"加载项"对话框，❶ 勾选"分析工具库"复选框；❷ 单击"确定"按钮。

步骤 04 返回工作表，即可看到"数据"选项卡中增加了"数据分析"按钮。

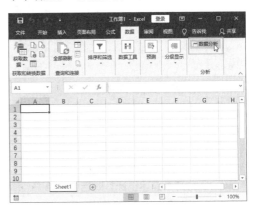

9.5.2 描述统计分析工具

扫一扫，看视频

描述统计分析的作用是描述随机变量的统计规律，如某新产品的评价、某培训机构的成绩等。

随机变量的常用统计量有平均值、标准误差、标准偏差、方差、最大值、最小值、中值、峰值、众数等。其中，平均值说明了随机变量的集中程度；方差说明了随机变量相对于平均值的离散程度，这是最常用的两个统计量。

例如，要在"员工成绩表"工作簿中使用描述统计分析工具计算出平均值、方差和标准差等统计量，操作方法如下。

步骤 01 打开"素材文件\第 9 章\员工成绩表.xlsx"，单击"数据"选项卡"分析"组中的"数据分析"按钮。

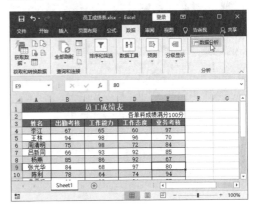

步骤 02 打开"数据分析"对话框，❶选择"描述统计"选项；❷单击"确定"按钮。

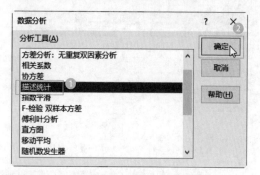

步骤 03 打开"描述统计"对话框，单击"输入区域"文本框右侧的折叠按钮 ⬆。

步骤 04 ❶ 在工作表中选择需要分析的成绩所在的单元格区域，如选择 B3:E14 单元格区域；❷单击折叠按钮 ⬇。

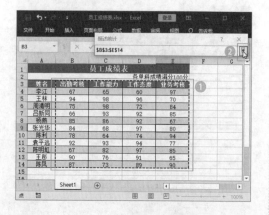

步骤 05 返回"描述统计"对话框，❶勾选"标志位于第一行"复选框；❷在"输出选项"栏选择"新工作表组"单选按钮；❸勾选"汇总统计"复选框；❹单击"确定"按钮。

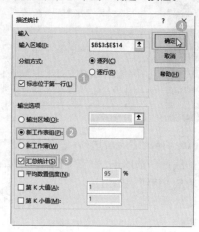

步骤 06 返回工作表，即可看到描述统计的结果已经存放在新工作表中。从分析结果中可以看出，工作能力的平均值约为81.5，中位数为82，平均值与中位数相差较小，说明该项成绩分布比较正常。工作态度的成绩中，平均值与中位数相差较大，众数与中位数均为92，偏度达到 −1.34，说明该项成绩偏高，可能是考核标准较低，后续可以相对提高考核难度。

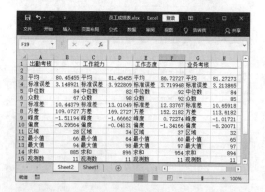

9.5.3 直方图分析工具

扫一扫，看视频

直方图是一种统计报告图，由一系列高度不等的纵向条纹或线段表示数据的分布情况。虽然通过函数和图表向导可以完成直方图的创建，但是使用"直方图"分析工具会更加简单方便。

例如，要在"员工成绩表1"工作簿中将员工考核成绩中的"工作能力"分为5组来创建直方图，操作方法如下。

步骤 01 打开"素材文件\第9章\员工成绩表1.xlsx"，❶ 在工作表中设置组距，按成绩的优、良、中、差和不及格分类；❷ 单击"数据"选项卡"分析"组中的"数据分析"按钮。

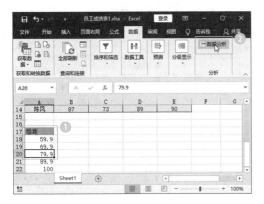

🔔 小技巧

如果将成绩的组距设为60、70、…，会将刚刚及格的60分统计到不及格区域，把原本"中"等级的70分统计到及格区域。在设置组距时，可以将分数降低0.1来设置。

步骤 02 打开"数据分析"对话框；❶ 选择"直方图"选项；❷ 单击"确定"按钮。

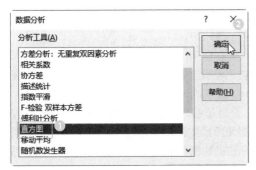

步骤 03 打开"直方图"对话框，❶ 在"输入"栏设置输入区域（创建直方图的成绩所在区域，如C4:C14单元格区域）和接收区域（如A18:A22单元格区域）；❷ 在"输出选项"栏选择"新工作表组"单选按钮；❸ 勾选"图表输出"复选框；❹ 单击"确定"按钮。

步骤 04 返回工作表，即可看到已经创建了直方图。在直方图的分析结果中，"频率"代表的数据为"频数"，59.9分的频率是0，说明成绩在60分以下的人数为0个，100的频率是4，说明90~100分的人数为4。

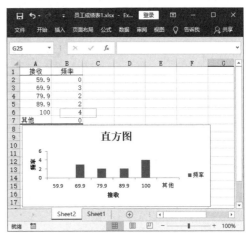

9.5.4 方差分析工具

扫一扫，看视频

使用方差分析工具，可以分析一个或多个因素在不同水平时对总体的影响。

例如，在"促销成绩分析"工作簿中，使用方差分析工具，分析各种促销方式对销量的影响，操作方法如下。

步骤 01 打开"素材文件\第9章\促销成绩分析.xlsx"，单击"数据"选项卡"分析"组中的"数据分析"按钮。

步骤 02 打开"数据分析"对话框，❶ 选择"方差分析：单因素方差分析"选项；❷ 单击"确定"按钮。

步骤 03 打开"方差分析：单因素方差分析"对话框，❶ 在"输入区域"文本框中选择 A3:F6 单元格区域；❷ 在"分组方式"栏中选择"行"单选按钮；❸ 勾选"标志位于第一列"复选框；❹ 设置"输出区域"为 A8 单元格；❺ 单击"确定"按钮。

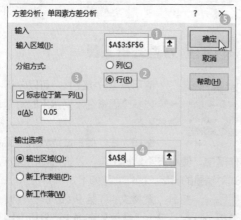

步骤 04 返回工作表，即可看到方差分析结果，如下图所示。方差分析结果分为两部分，第一部分为总括，只需关注方差值的大小，值越小越稳定。❶ 从结果可以看出，"促销方式 B"的方差值为 58.3，值最小，促销成绩最稳定。第二部分是方差分析结果，需要关注 P 值的大小，值越小代表区域越大。P 值小于 0.05，则需要继续进行深入分析；P 值大于 0.05，则说明所有组别没有差别，不用再进行深入比较和分析。❷ 本例的 P 值约为 0.516，大于 0.05，说明促销成绩比较客观。

	A	B	C	D	E	F	G
1			促销成绩				
2		超市	商场	专卖店	网商	批发	
3	促销方式A	96	79	86	91	78	
4	促销方式B	89	76	68	79	75	
5	促销方式C	68	98	64	88	76	
6	促销方式D	87	59	68	92	74	
7							
8	方差分析：单因素方差分析						
9							
10	SUMMARY						
11	组	观测数	求和	平均	方差		
12	促销方式A	5	430	86	59.5		❶
13	促销方式B	5	387	77.4	58.3		
14	促销方式C	5	394	78.8	199.2		
15	促销方式D	5	380	76	183.5		
16							
17							
18	方差分析						
19	差异源	SS	df	MS	F	P-value	F crit
20	组间	296.95	3	98.98333	0.791076	0.516459	3.238872
21	组内	2002	16	125.125		❷	
22							
23	总计	2298.95	19				

9.5.5 指数平滑分析工具

扫一扫，看视频

使用指数平滑分析工具，通过加权平均的方法，可以对未来的数据进行预测。对于初学者来说，使用指数平滑分析工具需要具备一些统计学知识。

在使用指数平滑分析工具预测未来值时，首先要确定阻尼系数，这个系数通常用 a 来表示。如何确定 a 值呢？

a 值的大小规定了在新的预测值中，新数据和原预测值所占的比例。a 值越大，新数据所占的比例就越大，原预测值所占的比例就越小。在确定 a 值时，可以通过已知数据的规律来确定 a 值的范围。

- 数据波动不大，比较平稳时，应将 a 值取小些，如 0.05~0.2。

● 数据有波动，但整体波动不明显时，a
　值可以取 0.1~0.4。

● 数据波动较大，有明显的上升和下降趋
　势时，a 值可以取 0.5~0.8。

在实际应用中，并不需要完全按照上述
方法来设定 a 值。可以选择几个 a 值进行计
算，然后选择预测误差较小的结果确定最终的
a 值。

在使用指数平滑分析工具预测未来值时，
还要根据数据的趋势线选择平滑次数。

● 一次平滑：适用于无明显变化趋势的
　数列，其计算公式为 $S_t^1 = aX_1 + (1-a)S_t - 1^1$。

● 二次平滑：建立在一次平滑的基础上，适
　用于直线变化趋势的数列，其计算公式
　为 $S_t^2 = aS_t^1 + 1 - aS_t - 1^2$。

● 三次平滑：建立在二次平滑的基础上，适
　用于二次曲线变化趋势的数列，其计算
　公式为 $S_3^t = aS_t^2 + 1 - aS_t - 1^3$。

例如，在"产品生产量预测"工作簿中，
通过"指数平滑"分析工具预测 2021 年的产量，
操作方法如下。

步骤 01 打开"素材文件\第 9 章\产品生产
量预测 .xlsx"，单击"数据"选项卡"分析"
组中的"数据分析"按钮。

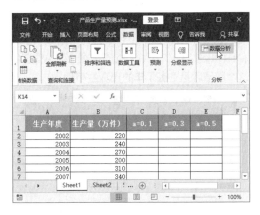

步骤 02 打开"数据分析"对话框，❶ 选择"指
数平滑"选项；❷ 单击"确定"按钮。

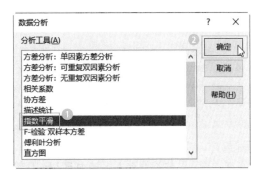

步骤 03 打开"指数平滑"对话框，❶ 在"输入"
栏设置输入区域为 B2:B20 单元格区域；❷ 设
置"阻尼系数"为 0.1；❸ 在"输出选项"栏
设置输出区域为 C2 单元格；❹ 勾选"图表输出"
复选框；❺ 单击"确定"按钮。

步骤 04 此时，可以看到阻尼系数为 0.1 时数
据的趋势情况。

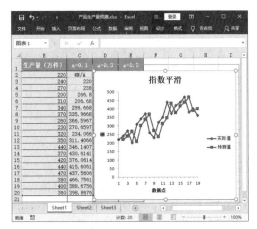

小技巧

　　如果进行一次平滑计算之后，得到的趋势线是直线，就需要进行二次平滑。二次平滑的方法与一次平滑相同，但是在设置输入区域时，应该注意输入区域为一次平滑后的结果区域。如果要进行三次平滑，则三次平滑的输入区域为二次平滑的结果区域。

步骤 05 再次打开"指数平滑"对话框，❶在"输入"栏设置输入区域为 B2:B20 单元格区域；❷设置"阻尼系数"为 0.3；❸在"输出选项"栏设置输出区域为 D2 单元格；❹勾选"图表输出"复选框；❺单击"确定"按钮。

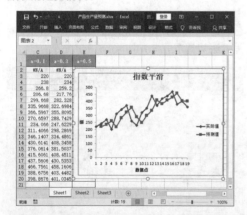

步骤 06 此时，可以看到阻尼系数为 0.3 时数据表的趋势情况。

步骤 07 再次打开"指数平滑"对话框，❶在"输入"栏设置输入区域为 B2:B20 单元格区域；❷设置"阻尼系数"为"0.5"；❸在"输出选项"栏设置输出区域为 E2 单元格；❹勾选"图表输出"复选框；❺单击"确定"按钮。

步骤 08 此时，可以看到阻尼系数为 0.5 时数据的趋势情况。

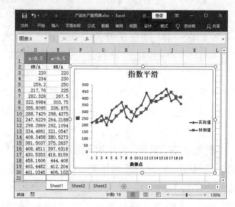

步骤 09 对比三次指数平滑的趋势线，发现阻尼系数为 0.1 时，预测值和实际值最接近，所以确定阻尼系数为 0.1 时，预测值的误差最小。所以，将阻尼系数 0.1 代入公式"$S_t^1 = aX_1 + (1-a)S_t - 1^1$，"计算公式为"=0.1*360 +(1-0.1)*398.8676"，得出计算结果 394.98084，这个数值就是 2021 年的预测生产量。

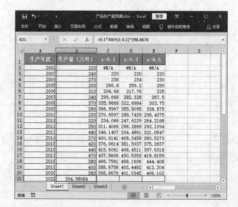

9.5.6 移动平均分析工具

扫一扫，看视频

移动平均是通过分析变量的时间发展趋势进行预测，通过时间的推进，依次计算出一定期数内的平均值，形成平均值时间序列，从而反映对象的发展趋势，实现未来值的预测。

例如，在"产品销售额预测"工作簿中使用"移动平均"分析工具预测 2021 年的销售额，操作方法如下。

步骤 01 打开"素材文件\第9章\产品销售额预测.xlsx"，单击"数据"选项卡"分析"组中的"数据分析"按钮。

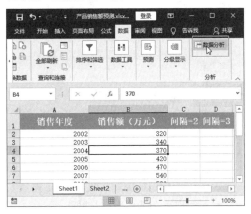

步骤 02 打开"数据分析"对话框，❶ 选择"移动平均"选项；❷ 单击"确定"按钮。

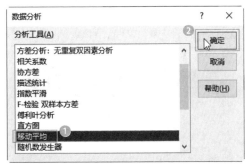

步骤 03 打开"移动平均"对话框，❶ 在"输入"栏设置输入区域为 B1:B20 单元格区域，勾选"标志位于第一行"复选框，并设置"间隔"为 2；❷ 在"输出选项"栏设置输出区域为 C2 单元格；❸ 勾选"图表输出"复选框；❹ 单击"确定"按钮。

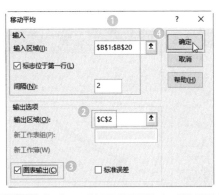

步骤 04 此时，可以看到间隔为 2 时数据的趋势情况。

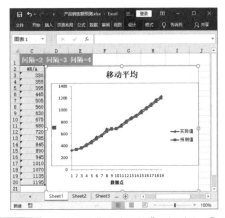

步骤 05 再次打开"移动平均"对话框，❶ 在"输入"栏设置输入区域为 B1:B20 单元格区域，勾选"标志位于第一行"复选框，并设置"间隔"为 3；❷ 在"输出选项"栏设置输出区域为 D2 单元格；❸ 勾选"图表输出"复选框；❹ 单击"确定"按钮。

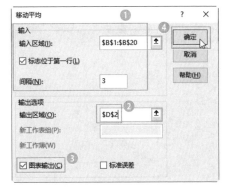

步骤 06 此时，可以看到间隔为 3 时数据的趋

势情况。

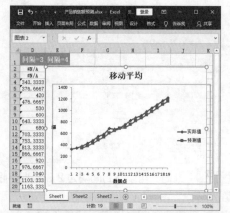

步骤 07 再次打开"移动平均"对话框，❶ 在"输入"栏设置输入区域为 B1:B20 单元格区域，勾选"标志位于第一行"复选框，并设置"间隔"为 4；❷ 在"输出选项"栏设置输出区域为 E2 单元格；❸ 勾选"图表输出"复选框；❹ 单击"确定"按钮。

步骤 08 此时，可以看到间隔为 4 时数据的趋势情况。

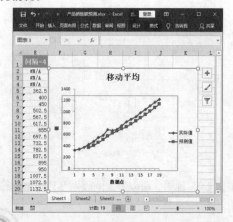

步骤 09 对比三次移动平均的趋势线，发现间隔为 2 时，预测值的误差最小。所以，使用 2019 年和 2020 年的移动平均值除以 2（如果间隔为 3,则取前 3 年数值的平均值，以此类推），即公式为"=(C19+C20)/2,"得出计算结果为 1165，这个数值就是 2021 年的预测销售额。

9.5.7 抽样分析工具

扫一扫，看视频

使用抽样分析工具可以从众多数据中创建一个样本数据组。在抽样时，如果数据呈周期性分布，则可以选择周期抽取；如果数据量太多，也没有规律，则可以随机抽取。

例如，商场要在众多购物小票中抽取 10 位顾客作为幸运顾客，给予奖励。在"抽奖"工作簿中随机抽取 10 个小票编号，操作方法如下。

步骤 01 打开"素材文件\第 9 章\抽奖 .xlsx"，单击"数据"选项卡"分析"组中的"数据分析"按钮。

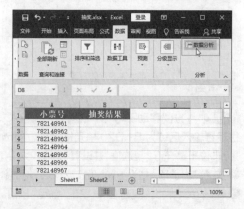

步骤 02 打开"数据分析"对话框，❶ 选择"抽样"选项；❷ 单击"确定"按钮。

步骤 03 打开"抽样"对话框，❶ 在"输入"栏设置输入区域为 A2:A50 单元格区域；❷ 在"抽样方法"栏选择"随机"单选按钮，在"样本数"文本框中输入 10；❸ 在"输出选项"栏设置输出区域为 B2 单元格；❹ 单击"确定"按钮。

步骤 04 返回工作表，即可看到已经随机抽取了 10 个小票编号。

	A	B
1	小票号	抽奖结果
2	782148961	782149008
3	782148962	782149004
4	782148963	782148996
5	782148964	782148988
6	782148965	782148993
7	782148966	782148977
8	782148967	782148966
9	782148968	782148979
10	782148969	782149006
11	782148970	782148999

本章小结

　　本章的重点在于掌握在 Excel 中合并计算数据，使用模拟运算表，使用方案管理器，使用规划求解和数据分析工具库的方法，主要包括一个工作表与多个工作表的合并计算，单变量模拟运算表和双变量模拟运算表的使用方法，使用方案管理器的方法，使用规划模型求解，以及使用 Excel 数据工具库分析数据的方法。通过本章的学习，能够熟练地使用多种数据分析工具，快速地分析和预测数据。

✏ 读书笔记

第10章

数据安全与输出：数据的保护、链接及打印

本章导读

在分析数据时，除了在当前工作表中进行分析外，也可以链接外部数据作为参考。电子表格制作完成后，需要保护好电子表格，避免被他人误操作而更改数据。如果有需要，还可以将其打印出来。在打印之前，可以为表格设置页面、页眉和页脚，让打印的表格看起来更美观。

本章要点

- 共享与保护工作簿
- 链接工作簿中的数据
- 工作表的页面设置
- 工作表的打印设置

10.1　共享与保护工作簿

有时为了防止他人在查看工作表的数据时，因为误操作而更改数据，或者不想让工作表中的数据被他人查阅时，可以对工作表和工作簿设置保护措施。

10.1.1　为工作簿设置密码

为了防止他人修改或浏览自己的工作簿，可以为工作簿设置打开密码，操作方法如下。

扫一扫，看视频

步骤 01 打开"素材文件 \ 第 10 章 \ 销售数据分析表 .xlsx"，❶ 在"文件"选项卡的"信息"页面单击"保护工作簿"下拉按钮；❷ 在弹出的下拉列表中选择"用密码进行加密"选项。

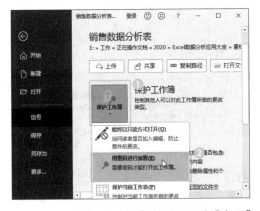

步骤 02 弹出"加密文档"对话框，❶ 在"密码"文本框中输入密码"123"；❷ 单击"确定"按钮。

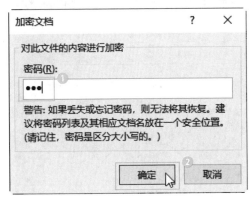

步骤 03 弹出"确认密码"对话框，❶ 在"重新输入密码"文本框中再次输入设置的密码"123"；❷ 单击"确定"按钮。

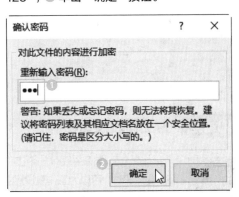

步骤 04 为工作簿设置密码后，"保护工作簿"下拉按钮右侧将显示"需要密码才能打开此工作簿"。

🔔 **小技巧**

如果要取消设置的工作簿密码，可以再次选择"用密码进行加密"选项，在弹出的"加密文档"对话框中删除设置的密码，然后单击"确定"按钮。

步骤 05 返回工作簿，进行保存操作即可。对工作簿设置打开密码后，再次打开该工作簿，会弹出"密码"对话框，❶ 在"密码"文本框中输入密码；❷ 单击"确定"按钮即可打开工作簿。

10.1.2 为工作表设置密码

扫一扫，看视频

当一个工作簿中只有一个工作表需要保护时，可以为工作表设置密码，让其他人不能随意更改，以保护该工作表中的数据，操作方法如下。

步骤 01 打开"素材文件 \ 第 10 章 \ 销售数据分析表 .xlsx"，单击"审阅"选项卡"保护"组中的"保护工作表"按钮。

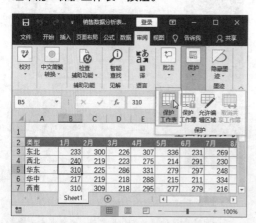

步骤 02 弹出"保护工作表"对话框，❶ 在"允许此工作表的所有用户进行"列表框中，设置允许其他用户进行的操作；❷ 在"取消工作表保护时使用的密码"文本框中输入密码"123"；

❸ 单击"确定"按钮。

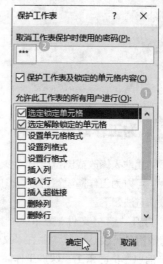

步骤 03 弹出"确认密码"对话框，❶ 在"重新输入密码"文本框中再次输入设置的密码"123"；❷ 单击"确定"按钮。

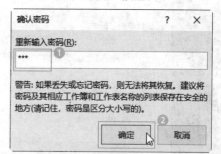

步骤 04 返回工作表，如果试图对单元格进行编辑，会弹出提示对话框，提示该工作表已经受到保护。

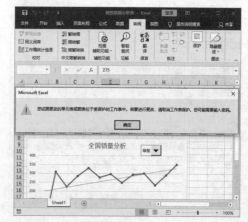

小技巧

　　如果要编辑工作表，则需要撤销对工作表设置的密码保护，操作方法是：切换到"审阅"选择卡，单击"保护"组中的"撤销工作表保护"按钮，在弹出的"撤销工作表保护"对话框中输入设置的密码，然后单击"确定"按钮。

10.1.3　保护工作簿的结构

　　创建工作簿后，如果不希望他人更改工作簿的结构，则可以设置保护工作簿的结构，操作方法如下。

扫一扫，看视频

步骤 01 打开"素材文件 \ 第10章 \ 销售数据分析表 .xlsx"，单击"审阅"选项卡"保护"组中的"保护工作簿"按钮。

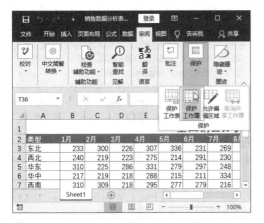

步骤 02 弹出"保护结构和窗口"对话框，❶ 在"密码（可选）"文本框中输入密码 123；❷ 单击"确定"按钮。

步骤 03 弹出"确认密码"对话框，❶ 在"重新输入密码"文本框中再次输入设置的密码"123"；❷ 单击"确定"按钮。

步骤 04 返回工作表，右击工作表标签，可以看到在弹出的快捷菜单中"插入""删除""重命名"等命令已经呈灰色的不可用状态。

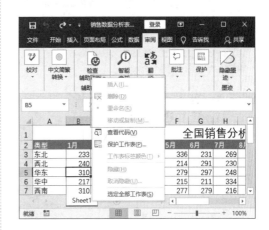

小技巧

　　再次单击"审阅"选项卡"保护"组中的"保护工作簿"按钮，打开"撤销工作簿保护"对话框，在"密码"文本框中输入密码，单击"确定"按钮，即可取消工作簿的保护。

10.1.4　为不同的单元区域设置不同的密码

　　如果想要保护工作表中的其他数据，让工

扫一扫，看视频

作表中的部分单元格区域可以被编辑，则可以设置一个允许用户编辑的区域。在需要编辑时，必须凭借密码才能修改，操作方法如下。

步骤 01 打开"素材文件\第 10 章\销售数据分析表 .xlsx"，❶ 选择需要凭密码编辑的单元格区域；❷ 单击"审阅"选项卡"保护"组中的"允许编辑区域"按钮。

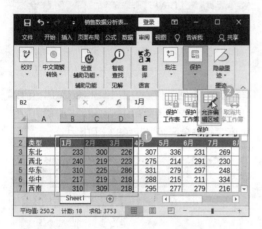

步骤 02 弹出"允许用户编辑区域"对话框，单击"新建"按钮。

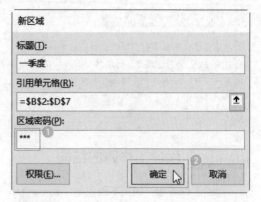

步骤 03 弹出"新区域"对话框，❶ 在"区域密码"文本框中输入密码"123"；❷ 单击"确定"按钮。

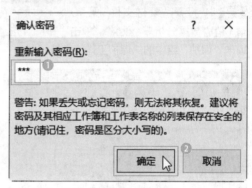

步骤 04 弹出"确认密码"对话框，❶ 再次输入密码"123"；❷ 单击"确定"按钮。

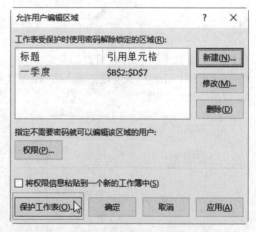

步骤 05 返回"允许用户编辑区域"对话框，单击"保护工作表"按钮。

步骤 06 弹出"保护工作表"对话框，单击"确定"按钮，即可保护选择的单元格区域。

步骤 07 ❶ 在设置了密码的单元格区域修改单元格中的数据；❷ 弹出"取消锁定区域"对话框，输入密码"123"；❸ 单击"确定"按钮即可修改该区域的数据。

10.2 链接工作簿中的数据

在制作表格时，有时需要用到其他工作表、工作簿或其他格式的文件的数据。如果直接复制数据，会造成数据杂乱不堪。此时使用链接功能，将数据链接到工作表中，单击该链接就可以跳转到需要的位置。

10.2.1 创建工作表之间的链接

当工作簿中的工作表太多时，为了方便查找，可以建立一个汇总工作表，再给工作表之间创建超链接。创建完成之后，只要单击超链接，就可以跳转到想要的工作表中。

扫一扫，看视频

例如，要为"公司产品销售情况"工作簿中的工作表设置超链接，操作方法如下。

步骤 01 打开"素材文件 \ 第 10 章 \ 公司产品销售情况 .xlsx"，❶ 在包含了各工作表名称的"工作表汇总"工作表中，选中要创建超链接的 A2 单元格；❷ 在"插入"选项卡的"链接"组中单击"链接"按钮。

🔔 小技巧

如果要删除超链接，右击需要删除的超链接，在弹出的快捷菜单中选择"取消超链接"命令，即可删除超链接。

步骤 02 弹出"插入超链接"对话框，❶ 在"链接到"列表框中选择链接位置，这里选择"本文档中的位置"；❷ 在右侧的列表框中选择要链接的工作表，这里选择"智能手机"；❸ 单击"确定"按钮。

步骤 03 返回工作表，参照上述操作步骤，为其他单元格设置相应的超链接。设置超链接后，单元格中的文本呈蓝色显示并带有下画线。单击设置了超链接的文本，即可跳转到相应的工作表。

10.2.2 创建指向文件的链接

扫一扫，看视频

超链接是指为了快速访问而创建的指向一个目标的连接关系。例如，在浏览网页时，单击某些文字或图片就会打开另一个网页，这个就是超链接。

在 Excel 中，也可以创建这种具有跳转功能的超链接，如创建指向文件的超链接、创建

指向网页的超链接等。

例如，要为"员工成绩表"工作簿创建指向"员工成绩核定标准"工作簿的超链接，具体操作方法如下。

步骤 01 打开"素材文件 \ 第 10 章 \ 员工成绩表 .xlsx"，❶ 选中要创建超链接的单元格，这里选择 A2；❷ 单击"插入"选项卡"链接"组中的"链接"按钮。

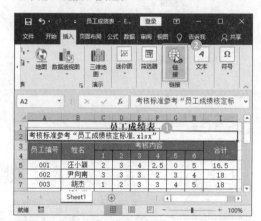

步骤 02 弹出"插入超链接"对话框，❶ 在"链接到"列表框中选择"现有文件或网页"选项；❷ 在"当前文件夹"列表框中选择要引用的工作簿，这里选择"员工成绩核定标准 .xlsx"；❸ 单击"确定"按钮。

小技巧

如果要创建指向网页的超链接，打开"插入超链接"对话框，在"链接到"列表框中选择"现有文件或网页"选项，在"地址"文本框中输入要链接到的网页地址，然后单击"确定"按钮。

步骤 03 返回工作表，将鼠标指向超链接处，鼠标指针会变成手形，单击超链接，Excel 会自动打开所引用的工作簿。

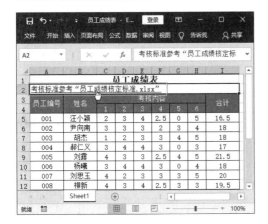

10.2.3 阻止 Excel 自动创建超链接

默认情况下，在单元格中输入电子邮箱、网址等内容时，会自动生成超链接。当不小心单击到超链接时，就会激活相应的程序。如果不需要这个功能，则可以在输入邮件、网页等数据时，阻止 Excel 自动创建超链接，操作方法如下。

扫一扫，看视频

步骤 01 打开"Excel 选项"对话框，单击"校对"选项卡"自动更正选项"栏中的"自动更正选项"按钮。

步骤 02 弹出"自动更正"对话框，❶ 在"键入时自动套用格式"选项卡的"键入时替换"栏中，取消勾选"Internet 及网络路径替换为超链接"复选框；❷ 单击"确定"按钮，返回"Excel 选项"对话框，再次单击"确定"按钮。

10.3 工作表的页面设置

工作表制作完成后，通常需要将其打印出来。在打印之前，还需要对页面版式进行设置，如设置页面大小和方向，以及页眉和页脚等，这样不仅能完善工作表的细节，还能使工作表更加美观。

扫一扫，看视频

10.3.1 为工作表添加页眉和页脚

页眉用来显示每一页顶部的信息，一般来说，会添加表格名称等内容。页脚用来显示每一页底部的信息，一般来说，会添加页数、打印日期和时间等内容。

例如，在"销售数据分析表"工作簿的页眉位置添加公司名称，在页脚位置添加制表日期，具体操作方法如下。

步骤 01 打开"素材文件 \ 第 10 章 \ 销售数据分析表 .xlsx"，单击"插入"选项卡"文本"组中的"页眉和页脚"按钮。

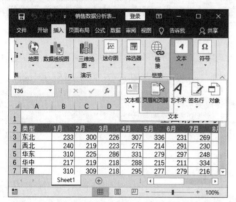

步骤 02 进入页眉和页脚编辑状态，同时功能区中会出现"页眉和页脚工具 / 设计"选项卡，❶ 在页眉框中输入页眉内容；❷ 在"开始"选项卡的"字体"组中设置页眉的字体样式。

步骤 03 ❶ 单击"导航"组中的"转至页脚"按钮（单击后变为灰色），切换到页脚编辑区；

❷ 单击"页眉和页脚工具 / 设计"选项卡"页眉和页脚"组中的"页脚"下拉按钮；❸ 在弹出的下拉列表中选择一种页脚样式。

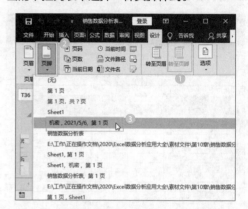

步骤 04 完成页眉和页脚信息的编辑后，单击工作表中的任意单元格，退出页眉和页脚的编辑状态。切换到"视图"选项卡，单击"工作簿视图"组中的"页面布局"按钮，即可查看添加的页眉和页脚信息。

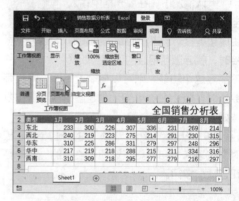

🔔 小技巧

如果要设置奇偶页不同的页眉和页脚，可以在"页面设置"对话框的"页眉 / 页脚"选项卡中勾选"奇偶页不同"复选框，然后分别自定义设置页眉和页脚。

10.3.2 设置页面大小和方向

设置页面大小是指设置打印纸张的大小，是打印工作表的常规设置。在 Excel 中，默认的页面方向为纵向。在实际工作中，有些工作表中的数据列过多而行较少，此时可以将页面方向设置为横向，以减少打印页数。

扫一扫，看视频

如果要设置页面大小和方向，则操作方法如下。

步骤 01 打开"素材文件\第 10 章\销售数据分析表 .xlsx"，❶ 单击"页面布局"选项卡"页面设置"组中的"纸张大小"下拉按钮；❷ 在弹出的下拉列表中选择需要的纸张大小。

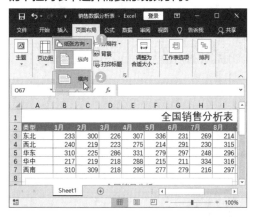

步骤 02 ❶ 单击"页面布局"选项卡"页面设置"组中的"纸张方向"下拉按钮；❷ 在弹出的下拉列表中选择需要的纸张方向。

小技巧

打开"页面设置"对话框，单击"页面"选项卡中的"纸张大小"下拉按钮，在打开的下拉列表中选择需要的纸张大小；在"页面"选项卡中选择"纵向"或"横向"单选按钮，可以设置页面方向。

10.3.3 设置页边距

扫一扫，看视频

设置页边距的方法比较简单，在"页面布局"选项卡的"页边距"下拉列表中，有多种页边距可供选择。如果不想使用系统提供的页边距，还可以自己随心调整页边距，操作方法如下。

步骤 01 打开"素材文件\第 10 章\销售数据分析表 .xlsx"，单击"页面布局"选项卡"页面设置"组右下角的功能扩展按钮 。

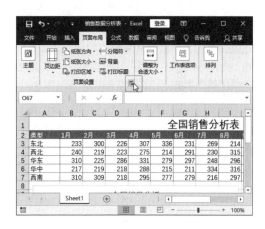

步骤 02 ❶ 在弹出的"页面设置"对话框中，切换到"页边距"选项卡，在其中调整上、下、左、右的边距；❷ 单击"确定"按钮。

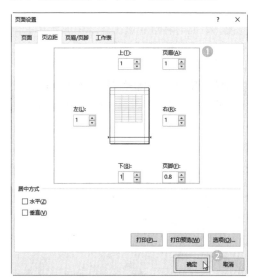

🔔 **小技巧**

单击"页面布局"选项卡"页面设置"组中的"页边距"下拉按钮，在弹出的下拉列表中选择需要的选项可以快速设置页边距。

10.3.4 将页面设置复制到其他工作表

扫一扫，看视频

在为工作表设计了页面效果后，如果其他工作表也想使用相同的页面效果，则可以将其复制过来，操作方法如下。

步骤 01 打开"素材文件\第10章\员工工资表.xlsx"，右击"4月"工作表标签，在弹出的快捷菜单中选择"选定全部工作表"命令。

步骤 02 此时将选中该工作簿中的所有工作表，单击"页面布局"选项卡"页面设置"组中的功能扩展按钮 。

步骤 03 弹出"页面设置"对话框，不做任何操作，直接单击"确定"按钮。

步骤 04 通过上述操作后，工作簿中的其余工作表将应用相同的页面设置。如下图所示为"6月"工作表的打印预览效果。

✏️ 读书笔记

10.4 ┃ 工作表的打印设置

通过 10.3 节的设置，打印的工作表已经可以满足基本的工作需求。但是当遇到需要打印行号和列标、打印选定单元格、打印公式、重复打印标题行等特殊情况时，还需要对工作表进行其他设置才能符合要求。

10.4.1 打印纸张中出现的行号和列标

如果没有行号和列标，在查找和指定数据时很不方便。此时，可以设置在打印时把行号和列标也打印出来。

扫一扫，看视频

例如，在打印"销售数据分析表"工作簿时，需要将行号和列标打印出来，具体操作方法如下。

步骤 01 打开"素材文件 \ 第 10 章 \ 销售数据分析表 .xlsx"，单击"页面布局"选项卡"页面设置"组右下角的功能扩展按钮 。

步骤 02 打开"页面设置"对话框，❶ 在"工作表"选项卡的"打印"栏中勾选"行和列标题"复选框；❷ 单击"确定"按钮。

步骤 03 返回工作表，切换到打印预览界面，即可看到设置打印行号和列标后的效果。

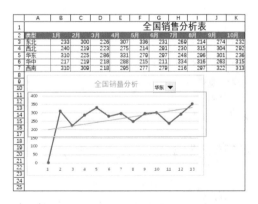

10.4.2 一次打印多个工作表

如果一个工作簿中有多个工作表需要打

199

扫一扫，看视频

印，则可以设置一次性打印多个工作表，操作方法如下。

步骤 01 打开"素材文件\第 10 章\员工工资表.xlsx"，按住 Ctrl 键，在工作簿中选择要打印的多个工作表。

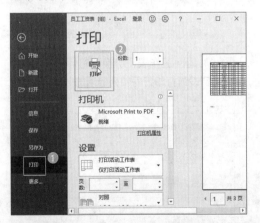

步骤 02 ❶ 在"文件"选项卡的左侧窗格中单击"打印"按钮；❷ 可以看到"设置"栏下方默认显示"打印活动工作表"，单击"打印"按钮即可打印选中的多个工作表。

10.4.3 打印工作表中的公式

打印工作表时，默认只显示表格中的数据。如果需要将工作表中的公式打印出来，就需要设置在单元格中显示公式，操作方法如下。

步骤 01 打开"素材文件\第 10 章\工资汇

总表.xlsx"，❶ 在工作表中选择任意单元格；❷ 单击"公式"选项卡"公式审核"组中的"显示公式"按钮。

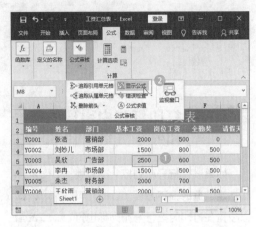

步骤 02 操作完成后所有含有公式的单元格将显示公式，然后执行打印操作即可。

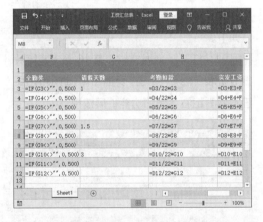

小提示

设置了显示公式的工作表，就只能打印公式，而不能显示公式的计算结果。

10.4.4 打印选定的单元格区域

扫一扫，看视频

在打印工作表时，如果只需要打印工作表的某一部分，则可以在选中某一区域后再执行打印操作，操作方法如下。

步骤 01 打开"素材文件\第10章\销售数据分析表 .xlsx"，❶ 在工作表中选中要打印的 A1:D7 单元格区域；❷ 单击"页面布局"选项卡"页面设置"组中的"打印区域"下拉按钮；❸ 在弹出的下拉列表中选择"设置打印区域"选项。

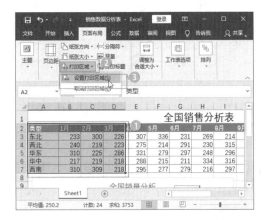

步骤 02 ❶ 在"文件"选项卡的左侧窗格中单击"打印"按钮；❷ 在中间窗格的"设置"栏下方的下拉列表中选择"打印选定区域"选项；❸ 单击"打印"按钮。

10.4.5 强制在某个单元格处分页打印

在打印工作表时，有时需要将一个工作表中的内容分为多页打印，此时可以插入分页符，操作方法如下。

扫一扫，看视频

法如下。

步骤 01 打开"素材文件\第10章\简历表 .xlsx"，❶ 选中要分页的单元格位置，这里选择 E5；❷ 在"页面布局"选项卡的"页面设置"组中单击"分隔符"下拉按钮；❸ 在弹出的下拉列表中选择"插入分页符"选项。

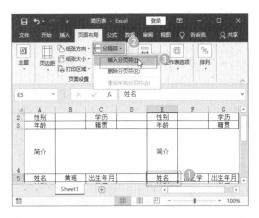

步骤 02 操作完成后，在页面布局视图中可以看到每个人的简历各占一页。

10.4.6 打印工作表中的图表

扫一扫，看视频

如果一个工作表中既有数据信息，又有图表，但是只想打印其中的图表，则可以通过以下方法操作。

步骤 01 打开"素材文件\第10章\销售数据分析表 .xlsx"，❶ 在工作表中选中需要打印的图表；❷ 单击"文件"选项卡。

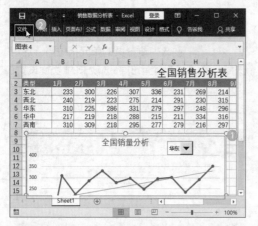

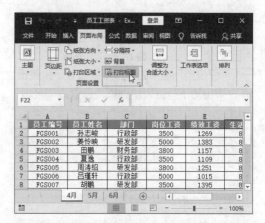

步骤 02 ❶ 在"文件"选项卡的左侧窗格中单击"打印"按钮；❷ 在中间窗格的"设置"栏下方的下拉列表中，默认显示"打印选定图表"选项，无须进行选择；❸ 单击"打印"按钮。

步骤 02 弹出"页面设置"对话框，❶ 将光标插入点定位到"顶端标题行"文本框内，在工作表中单击标题行的行号，"顶端标题行"文本框中将自动显示标题行的信息；❷ 单击"确定"按钮。

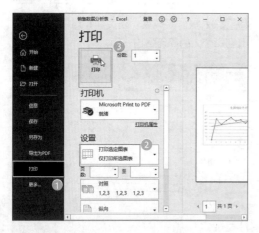

10.4.7 重复打印标题行

扫一扫，看视频

对于较长的表格，每次打印时，从第二页开始就没有标题行了，阅读起来很不方便。此时，可以为工作表设置重复打印标题行。设置完成后，打印出的每一页都会显示标题行，操作方法如下。

步骤 01 打开"素材文件\第 10 章\员工工资表 .xlsx"，单击"页面布局"选项卡"页面设置"组中的"打印标题"按钮。

10.4.8 居中打印表格数据

扫一扫，看视频

默认情况下，打印表格时，表格数据会以左上角对齐。如果要将表格数据居中打印，则可以在"页边距"选项卡中设置居中方式来调整工作表的位置，操作方法如下。

步骤 01 打开"素材文件\第 10 章\员工工资表 .xlsx"，打开"页面设置"对话框，❶ 在"页边距"选项卡的"居中方式"栏勾选"水平"和"垂直"复选框；❷ 单击"确定"按钮。

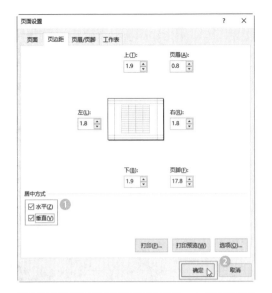

步骤 02 再次进行打印预览操作，可以发现表格内容已经居中显示。

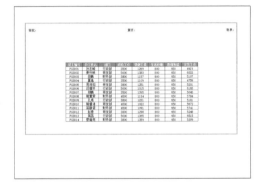

10.4.9　缩放打印

当最后一页只有一两行时，如果直接打印出来，既不美观又浪费纸张。可以通过设置缩放比例的方法，让最后一页的内容显示到前一页中，操作方法如下。

扫一扫，看视频

步骤 01 打开"素材文件 \ 第 10 章 \6.18 大促销售清单 .xlsx"，❶ 进入"打印"界面，单击中间窗格的"无缩放"下拉按钮；❷ 在弹出的下拉列表中选择"将工作表调整为一页"选项。

步骤 02 操作完成后，即可看到表格数据已经缩放为一页。

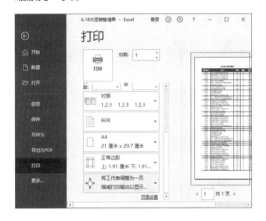

> **小提示**
>
> 在"页面布局"选项卡的"调整为合适大小"组中，也可以通过设置缩放比例来实现缩放打印。

本章小结

本章的重点在于掌握 Excel 工作表的保护、链接数据、页面设置及打印工作表的基本操作，主要包括加密工作簿、保护工作簿的结构、设置数据链接、设置页眉和页脚、调整页面大小和方向，以及打印工作表的技巧等。通过本章的学习，能够熟练掌握保护工作表和打印工作表的方法，快速地把需要的工作表呈现出来。

✎ 读书笔记

第二篇

技巧速查篇

第11章

Excel 数据的录入与编辑技巧

本章
导读

　　要想提高 Excel 表格制作和数据分析的效率，首先就要掌握一些数据的录入与编辑技巧。本章讲解在 Excel 表格中录入数据，设置数据验证，使用复制／粘贴，以及查找／替换的相关技巧。

知识
技能

本章相关技巧及内容安排如下图所示。

```
                                    ┌─────────────────────────┐
                                    │  7个数据录入技巧          │
                                    └─────────────────────────┘
┌─────────────────┐                 ┌─────────────────────────┐
│ Excel数据的录    │─────────────────│  8个数据验证技巧          │
│ 入与编辑技巧     │                 └─────────────────────────┘
└─────────────────┘                 ┌─────────────────────────┐
                                    │  5个复制/粘贴与查找/替换技巧│
                                    └─────────────────────────┘
```

11.1 数据录入技巧

使用 Excel 编辑各类工作表时，需要先在工作表中输入各种数据。在录入数据时，掌握录入技巧，可以快速、准确地完成数据的准备工作。

001 快速输入系统日期和系统时间

在编辑销售订单类的工作表时，通常需要输入当时的系统日期和系统时间，除了常规的手动输入外，还可以通过快捷键快速输入。

扫一扫，看视频

例如，要使用快捷键快速输入系统日期和系统时间，具体操作方法如下。

步骤 01 打开"素材文件 \ 第 11 章 \ 销售订单 .xlsx"，选中要输入系统日期的单元格，按 Ctrl+; 组合键，如下图所示。

步骤 02 选中要输入系统时间的单元格，按 Ctrl+Shift+; 组合键，如下图所示。

002 快速输入中文大写数字

扫一扫，看视频

在编辑工作表时，有时还会输入中文大写数字。对于少量的中文大写数字，按照常规方法直接输入即可；对于大量的中文大写数字，为了提高输入速度，可以先进行格式设置再输入，或者输入后再设置格式进行转换。

例如，在"6.18 大促销售清单"工作表中，要将输入好的数字转换为中文大写数字，具体操作方法如下。

步骤 01 打开"素材文件 \ 第 11 章 \6.18 大促销售清单 .xlsx"，❶ 选择要转换成中文大写数字的 F3:F25 单元格区域，右击；❷ 在弹出的快捷菜单中选择"设置单元格格式"命令，如下图所示。

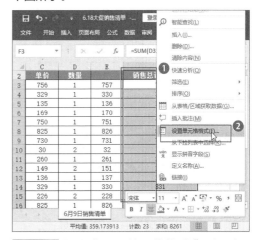

步骤 02 打开"设置单元格格式"对话框，❶ 在"数字"选项卡的"分类"列表框中选择"特殊"选项；❷ 在右侧"类型"列表框中选择"中文大写数字"选项；❸ 单击"确定"按钮，如下图所示。

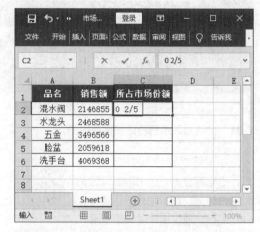

如下图所示。

步骤 03 返回工作表，即可看到所选数字已经转换为中文大写数字，如下图所示。

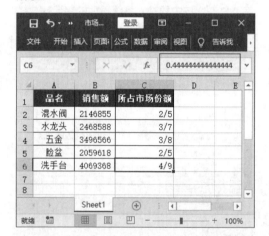

步骤 02 完成输入后，按 Enter 键确认，然后使用相同的方法输入其他分数，如下图所示。

003 输入分数

扫一扫，看视频

默认情况下，在 Excel 中输入分数后会自动变成日期格式。例如，在单元格中输入分数 2/5，确认后会自动变成"2 月 5 日"。要在单元格中输入分数，具体操作方法如下。

步骤 01 打开"素材文件 \ 第 11 章 \ 市场分析 .xlsx"，选中要输入分数的单元格，依次输入"0+ 空格 + 分数"，本例中输入"0 2/5"，

004 巧妙输入位数较多的员工编号

扫一扫，看视频

在编辑工作表时，经常会输入位数较多的员工编号、学号、证书编号，如 RGB2021001、RGB2021002 等。可以发现编号的部分字符是相同的，若重复录入会非常烦琐，且易出错。此时，可以通过自定义数据格式快速输入，具体操作方法如下。

步骤 01 打开"素材文件 \ 第 11 章 \ 员工信息登记表 .xlsx"，❶选中要输入员工编号的单元

格区域；❷ 单击"开始"选项卡"数字"组中的功能扩展按钮 ⤵，如下图所示。

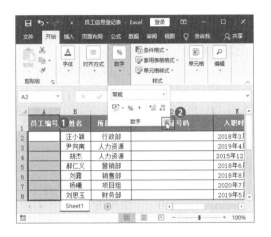

步骤 02 打开"设置单元格格式"对话框，❶ 在"数字"选项卡的"分类"列表框中选择"自定义"选项；❷ 在右侧"类型"文本框中输入""RGB2021"000"（"RGB2021"是固定不变的内容）；❸ 单击"确定"按钮，如下图所示。

步骤 03 返回工作表，在单元格区域中输入编号后的序号，如 1，如下图所示。

步骤 04 按 Enter 键确认，即可显示完整的编号，如下图所示。使用相同的方法输入其他编号即可。

005　使输入的负数自动以红色字体显示

在 Excel 中编辑和处理表格时，经常会遇到输入负数的情况。为了让输入的负数突出显示，可以设置数据格式，让其自动以红色字体显示，操作方法如下。

扫一扫，看视频

步骤 01 打开"素材文件 \ 第 11 章 \ 6 月工资表 .xlsx"，选中需要设置数据格式的单元格区域，右击，在弹出的快捷菜单中选择"设置单元格格式"命令，如下图所示。

006　对手机号码进行分段显示

扫一扫，看视频

手机号码由11位数字组成。为了增强手机号码的易读性，可以将其设置为分段显示。

例如，将手机号码按照3、4、4 的位数分段显示，具体操作方法如下。

步骤 01 打开"素材文件＼第11章＼员工信息登记表1.xlsx"，选中需要设置分段显示的单元格区域，打开"设置单元格格式"对话框，❶ 在"数字"选项卡的"分类"列表框中选择"自定义"选项；❷ 在右侧"类型"文本框中输入"000-0000-0000"；❸ 单击"确定"按钮，如下图所示。

步骤 02 打开"设置单元格格式"对话框，❶ 在"分类"列表框中选择"数值"选项；❷ 在右侧"负数"列表框中选择一种以红色字体显示的负数样式；❸ 在"小数位数"微调框中设置小数位数为0；❹ 单击"确定"按钮，如下图所示。

步骤 02 返回工作表，即可看到手机号码已自动分段显示，如下图所示。

步骤 03 返回工作表，即可看到设置后的效果，如下图所示。

007　快速隐藏单元格中的零值

单元格中的零值默认显示 0。如果有需要，也可以隐藏单元格中的零值，具体操作方法如下。

扫一扫，看视频

步骤 01 打开"素材文件 \ 第 11 章 \6 月工资表 .xlsx"，打开"Excel 选项"对话框，❶ 在"高级"选项卡中取消勾选"在具有零值的单元格中显示零"复选框（默认为选中状态）；❷ 单击"确定"按钮，如下图所示。

步骤 02 返回工作表，即可看到包含零值的单元格已经隐藏了零值，如下图所示。

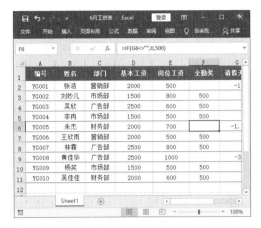

📝 读书笔记

_____

_____

_____

11.2　数据验证技巧

数据验证功能用来验证用户输入单元格中的数据是否有效，以及限制输入数据的类型或范围等，从而减少输入错误，提高工作效率。本节将讲解数据验证的相关操作技巧，如限定小数位数、圈释无效数据等。

008　限定单元格中输入的小数位数不超过 2 位

在单元格中输入含有小数的数字时，通过设置有效性，可以限制输入的小数位数不超过 2 位，操作方法如下。

扫一扫，看视频

步骤 01 打开"素材文件 \ 第 11 章 \ 商品定价表 .xlsx"，❶ 选中要设置数值输入范围的单元格区域 B2:B7；❷ 单击"数据"选项卡"数据工具"组中的"数据验证"按钮，如下图所示。

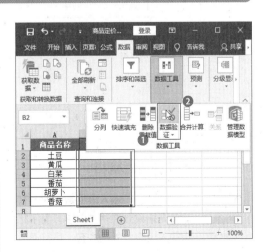

步骤 02 打开"数据验证"对话框，❶ 在"允许"下拉列表中选择"自定义"选项；❷ 在"公式"文本框中输入公式"=TRUNC(B2,2)=B2"；❸ 单击"确定"按钮，如下图所示。

步骤 03 返回工作表，在 B2:B7 单元格区域输入的小数位数超过 2 位时，便会出现错误提示，如下图所示。

数据验证功能设置限制条件，操作方法如下。

步骤 01 打开"素材文件 \ 第 11 章 \ 采购发票 .xlsx"，❶ 选中要设置数值输入范围的 B8 单元格，打开"数据验证"对话框，在"允许"下拉列表中选择"自定义"选项；❷ 在"公式"文本框中输入公式"=ISTEXT(B8)"；❸ 单击"确定"按钮，如下图所示。

步骤 02 返回工作表，在 B8 单元格输入阿拉伯数字时，便会出现错误提示，如下图所示。

009　设置单元格只能输入汉字

扫一扫，看视频

　　在创建与输入表格数据时，有的单元格只允许输入汉字。为了防止输入汉字以外的内容，可以通过

010　圈释表格中无效的数据

扫一扫，看视频

　　在编辑工作表时，可以通过 Excel 的"圈释无效数据"功能，快速找出错误或不符合条件的数

据，操作方法如下。

步骤 01 打开"素材文件 \ 第 11 章 \ 员工信息登记表 1.xlsx"，选中要进行操作的单元格区域，打开"数据验证"对话框。❶ 在"允许"下拉列表中选择数据类型，如"日期"；❷ 在"数据"下拉列表中选择数据条件，如"介于"；❸ 分别在"开始日期"和"结束日期"文本框中输入时间；❹ 单击"确定"按钮，如下图所示。

步骤 02 返回工作表，保持当前单元格区域的选中状态，❶ 在"数据"选项卡"数据工具"组中单击"数据验证"下拉按钮；❷ 在弹出的下拉列表中选择"圈释无效数据"选项，如下图所示。

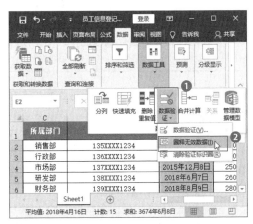

步骤 03 操作完成后，即可将无效数据标示出来，如下图所示。

011　设置数据输入前的提示信息

扫一扫，看视频

在编辑工作表时，可以为单元格设置输入提示信息，以便提醒用户应该在单元格中输入的内容，操作方法如下。

步骤 01 打开"素材文件 \ 第 11 章 \ 身份证号码采集表 .xlsx"，选中要设置文本长度的 B3:B15 单元格区域，打开"数据验证"对话框，❶ 在"输入信息"选项卡中勾选"选定单元格时显示输入信息"复选框；❷ 在"标题"和"输入信息"文本框中输入提示内容；❸ 单击"确定"按钮，如下图所示。

步骤 02 返回工作表，在 B3:B15 单元格区域中选中任意单元格，都将出现提示信息，如下图所示。

012　设置数据输入错误时的警告信息

扫一扫，看视频

　　在单元格中设置了数据有效性后，当输入错误的数据时，系统会自动弹出警告信息。除了系统默认的警告信息之外，还可以自定义警告信息，操作方法如下。

步骤 01 打开"素材文件 \ 第 11 章 \ 身份证号码采集表 .xlsx"，选中要设置数据有效性的单元格区域，打开"数据验证"对话框，在"设置"选项卡中设置允许输入的内容信息，如下图所示。

步骤 02 ❶ 在"出错警告"选项卡的"样式"下拉列表中选择警告样式，如"停止"；❷ 在"标题"文本框中输入提示标题；❸ 在"错误信息"

文本框中输入信息内容；❹ 单击"确定"按钮，如下图所示。

步骤 03 返回工作表，在设置了数据验证的单元格中输入不符合条件的数据时，会出现自定义样式的警告信息，如下图所示。

013　设置在具有数据有效性的单元格中输入非法值

扫一扫，看视频

　　在设置了数据有效性的单元格中，如果输入的数据不在有效范围内，则会弹出出错的警告信息，并拒绝输入。如果需要输入的数据不在有效范围内，又希望输入该数据，则可以通过设置出错警告解决这一问题。

　　例如，在"身份证号码采集表"工作簿中，为 B3:B15 单元格区域设置了只能输入 18 位的数值。现在要设置允许输入 18 位之外的非法数值，操作方法如下。

步骤 01 打开"素材文件\第 11 章\身份证号码采集表 1.xlsx"，❶ 选中 B3:B15 单元格区域，打开"数据验证"对话框，在"出错警告"选项卡的"样式"下拉列表中选择"警告"或"信息"选项；❷ 单击"确定"按钮，如下图所示。

步骤 02 通过上述设置后，在 B3 单元格中输入 18 位数之外的数据时，如 123456，会弹出出错的警告信息。若依然坚持输入 123456，则单击"是"按钮即可，如下图所示。

🔔 小提示

在设置出错警告样式时，一定不能设置"停止"样式，"停止"样式禁止非法数据的输入，"警告"样式允许选择是否输入非法数据，"信息"样式仅对输入非法数据进行提示。

014 复制单元格中的数据验证条件

扫一扫，看视频

对单元格设置了数据验证条件，并在其中输入了相应的内容，若其他单元格需要使用相同的数据验证条件，但不需要该单元格中的内容，则可以通过选择性粘贴快速实现。

例如，在"员工信息登记表 2.xlsx"工作簿中，C2 单元格设置了数据有效性下拉列表，现在仅需要将 C2 单元格中的验证条件复制到 C3:C16 单元格区域中，操作方法如下。

步骤 01 打开"素材文件\第 11 章\员工信息登记表 2.xlsx"，❶ 选中 C2 单元格，按 Ctrl+C 组合键进行复制；❷ 选中 C3:C16 单元格区域，在"开始"选项卡的"剪贴板"组中单击"粘贴"下拉按钮；❸ 在弹出的下拉列表中选择"选择性粘贴"选项，如下图所示。

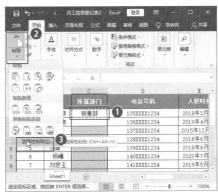

步骤 02 弹出"选择性粘贴"对话框，❶ 在"粘贴"栏中选中"验证"单选按钮；❷ 单击"确定"按钮，如下图所示。

步骤 03 返回工作表，可以发现在 C3:C16 单元格区域中选中任意单元格，其右侧均会出现一个下拉按钮，单击将打开一个下拉列表，如下图所示。

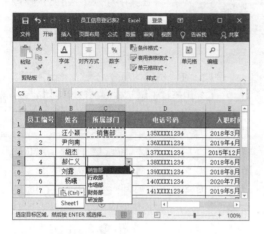

015　快速清除数据验证

扫一扫，看视频

　　在编辑工作表时，在不同的单元格区域设置了不同的数据有效性。现在希望将所有的数据有效性清除掉，如果逐一清除，会非常烦琐。可以使用下面的方法一次性清除，操作方法如下。

步骤 01 打开"素材文件＼第 11 章＼员工信息登记表 3.xlsx"，❶ 在工作表中选中整个数据区域；❷ 单击"数据"选项卡"数据工具"组中的"数据验证"按钮，如下图所示。

步骤 02 弹出提示对话框，提示选定区域含有多种类型的数据验证，询问是否清除当前设置并继续，单击"确定"按钮，如下图所示。

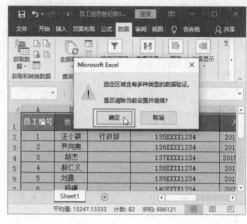

步骤 03 弹出"数据验证"对话框，此时默认在"设置"选项卡中，验证条件为"任何值"，直接单击"确定"按钮，便可清除所选单元格区域的数据验证，如下图所示。

🔔 小提示

　　如果工作表中只设置了一种数据验证，在弹出的提示对话框中将提示"选定区域中某些单元格尚未设置'数据验证'。是否对其施用当前的'数据验证'设置？"，可以根据情况单击"是"或"否"按钮进行设置。

11.3 复制 / 粘贴和查找 / 替换技巧

在录入与编辑表格数据时，会经常用到数据的复制 / 粘贴、查找 / 替换等操作。本节将讲解内容的复制 / 粘贴、查找 / 替换的相关技巧。

016　在查找时区分大小写

扫一扫，看视频

在对工作表中的英文内容进行查找和替换时，如果英文内容中既有大写字母又有小写字母，在查找和替换时，若不进行区分，则会对大小写字母一起进行查找和替换。如果希望按照大写或小写查找完全一致的内容，则需要区分大小写。

具体操作方法如下。

步骤 01 打开"素材文件 \ 第 11 章 \6.18 大促销售清单 .xlsx"，❶ 单击"开始"选项卡"编辑"组中的"查找和选择"下拉按钮；❷ 在弹出的下拉列表中选择"查找"选项，如下图所示。

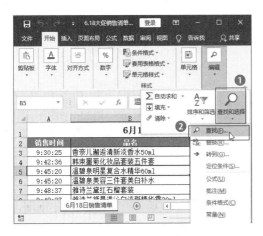

步骤 02 打开"查找和替换"对话框，❶ 单击"选项"按钮，❷ 输入要查找的字母，如输入 Z；❸ 勾选"区分大小写"复选框；❹ 单击"查找

全部"按钮，如下图所示。

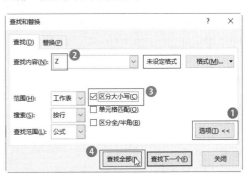

步骤 03 操作完成后，在下方的列表框中显示查找到的信息，如下图所示。

017　使用通配符查找数据

扫一扫，看视频

在工作表中查找内容时，有时不能准确地确定要查找的内容，此时便可以使用通配符进行模糊

查找。

通配符主要有"？"与"*"，并且要在英文输入状态下输入。其中，"？"代表一个字符；"*"代表多个字符。

例如，要使用通配符"*"进行模糊查找，具体操作方法如下。

打开"素材文件\第11章\6.18大促销售清单.xlsx"，❶ 按下 Ctrl+F 组合键，打开"查找和替换"对话框，单击"选项"按钮，❷ 输入要查找的关键字，如"雅*"；❸ 单击"查找全部"按钮，即可查找出当前工作表中所有含"雅"字的单元格，如下图所示。

018　选中所有数据类型相同的单元格

扫一扫，看视频

在编辑工作表的过程中，若要对数据类型相同的多个单元格进行操作，需要先选中这些单元格。除了通过常规的操作方法逐个选中单元格外，还可以通过定位功能快速选择。

例如，要在工作表中选择所有包含公式的单元格，具体操作方法如下。

步骤 01 打开"素材文件\第11章\6.18大促销售清单.xlsx"，❶ 在"开始"选项卡中，单击"编辑"组中的"查找和选择"按钮；❷ 在弹出的下拉列表中选择"定位条件"选项，如下图所示。

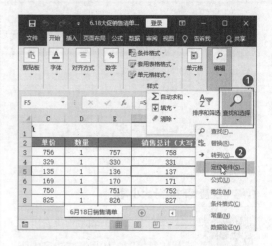

步骤 02 弹出"定位条件"对话框，❶ 设置要选择的数据类型，本例中选择"公式"单选按钮；❷ 单击"确定"按钮。

步骤 03 操作完成后，返回工作表，即可看到包含公式的单元格已经呈选中状态，如下图所示。

019　设置查找范围提高搜索效率

扫一扫，看视频

在对数据进行查找和替换时，搜索范围默认为当前工作表。如果要搜索的是整个工作簿，则可以在搜索内容时设置查找范围和方式，以便提高搜索效率，具体方法如下。

步骤 01 打开"素材文件 \ 第 11 章 \ 年度利润表 .xlsx"，❶ 按 Ctrl+F 组合键，打开"查找和替换"对话框，单击"选项"按钮；❷ 在"查找内容"文本框中输入要查找的内容，本例中输入"主营业务收入"；❸ 在"范围"下拉列表中选择搜索范围，本例中选择"工作簿"；❹ 单击"查找全部"按钮，如下图所示。

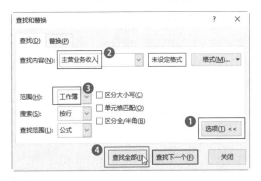

步骤 02 系统即可按照设置的搜索范围进行查找，完成查找后，在列表框中显示查找到的单元格地址、数值等信息。单击某条搜索结果，会在工作簿中自动定位，如下图所示。

020　将数据复制为关联图片

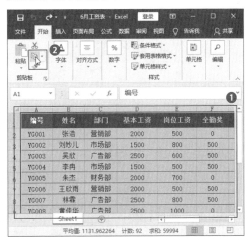

扫一扫，看视频

将数据复制为关联图片，当对源数据进行更改后，关联的图片会自动更新，从而保持数据间的同步，具体方法如下。

步骤 01 打开"素材文件 \ 第 11 章 \6 月工资表 .xlsx"，❶ 选中要复制为图片的单元格区域；❷ 在"开始"选项卡"剪贴板"组中单击"复制"按钮，如下图所示。

步骤 02 ❶ 选中要粘贴的目标单元格，在"剪贴板"组中单击"粘贴"下拉按钮；❷ 在弹出的下拉列表中单击"链接的图片"按钮，如下图所示。

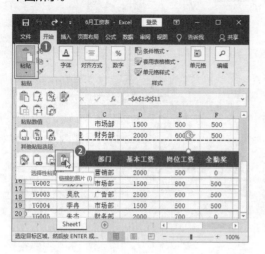

步骤 03 复制完成后，更改源数据，图片中的数据也会随之更改，如下图所示。

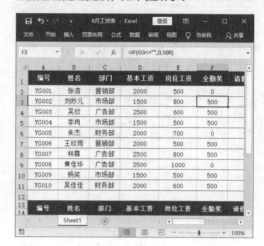

✎ 读书笔记

第12章

Excel 公式与函数的使用技巧

本章导读

在 Excel 中，公式与函数是数据分析与计算的有力工具。通过使用公式和函数，可以大大简化计算过程。熟练掌握公式和函数的使用技巧，有助于增强数据计算能力，并进一步提高数据分析的效率。

知识技能

本章相关技巧及内容安排如下图所示。

```
                              ┌─── 8个公式使用技巧
                              │
                              ├─── 16个财务函数使用技巧
                              │
                              ├─── 5个逻辑函数使用技巧
                              │
  Excel公式与函 ──────────────┼─── 12个文本函数使用技巧
  数的使用技巧                 │
                              ├─── 6个查找与引用函数使用技巧
                              │
                              ├─── 11个统计函数使用技巧
                              │
                              └─── 8个日期与时间函数使用技巧
```

12.1 公式使用技巧

Excel 中的公式用于对工作表的数据进行计算，它总是以 "=" 开始，其后是公式的表达式。在使用公式时，掌握一定的操作技巧，可以提高工作效率。

021 保护公式不被修改

扫一扫，看视频

将工作表中的数据计算好后，为了防止其他用户对公式进行更改，可以设置密码，具体操作方法如下。

步骤 01 打开 "素材文件 \ 第 12 章 \6 月工资表 .xlsx"，右击包含公式的单元格区域，在弹出的快捷菜单中选择 "设置单元格格式" 命令，如下图所示。

步骤 02 打开 "设置单元格格式" 对话框，❶ 在 "保护" 选项卡中勾选 "锁定" 复选框；❷ 单击 "确定" 按钮，如下图所示。

步骤 03 返回工作表，单击 "审阅" 选项卡 "保护" 组中的 "保护工作表" 按钮，如下图所示。

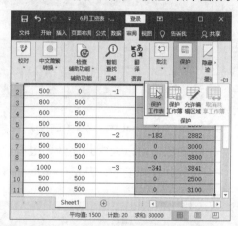

步骤 04 打开 "保护工作表" 对话框，❶ 在 "取消工作表保护时使用的密码" 文本框中输入密码 123；❷ 单击 "确定" 按钮，如下图所示。

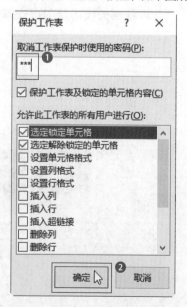

步骤 05 ❶ 弹出"确认密码"对话框,再次输入密码 123,❷ 单击"确定"按钮,如下图所示。

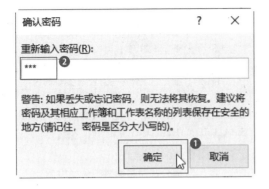

022 将公式隐藏起来

为了不让其他用户看到正在使用的公式,可以将其隐藏起来。公式被隐藏后,当选中单元格时,仅仅在单元格中显示计算结果,而编辑栏中不会显示任何内容,具体操作方法如下。

扫一扫,看视频

步骤 01 打开"素材文件\第 12 章\6月工资表.xlsx",选中包含公式的单元格区域,打开"设置单元格格式"对话框,❶ 在"保护"选项卡中勾选"锁定"和"隐藏"复选框;❷ 单击"确定"按钮,如下图所示。

步骤 02 返回工作表,执行保护公式的操作(见上一例步骤 03 至 05)。操作完成后,选中含有公式的单元格,即可看到编辑栏不再显示公式,如下图所示。

023 使用"&"合并单元格内容

在编辑单元格的内容时,如果希望将一个或多个单元格的内容合并起来,则可以通过运算符"&"实现。

扫一扫,看视频

例如,要在"员工分类信息"工作簿中合并单元格的内容,具体操作方法如下。

步骤 01 打开"素材文件\第 12 章\员工分类信息.xlsx",选择要存放结果的单元格,输入公式"=B3&C3&D3",如下图所示。

步骤 02 按 Enter 键确认，得出计算结果，将公式复制到其他单元格，即可得出其他计算结果，如下图所示。

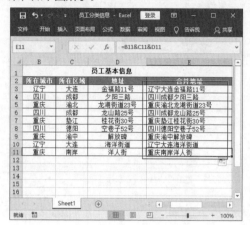

024 对数组中 N 个最大值进行求和

当有多列数据时，在不排序的情况下，若需要将这些数据中最大或最小的 N 个数据求和，则可以使用数组公式实现。

扫一扫，看视频

例如，在多列数据中，要对最大的 5 个数据进行求和运算，具体操作方法如下。

打开"素材文件\第12章\销量情况.xlsx"，选中要显示计算结果的 C12 单元格，输入公式"=SUM(LARGE(B2:C11,ROW(INDIRECT("1:5"))))"，然后按 Ctrl+Shift+Enter 组合键，即可得出最大的 5 个数据的求和结果，如下图所示。

小提示

在本操作的公式中，其函数的意义如下。

- INDIRECT("1:5")：取 1 至 5 行。
- ROW：得 1，2，3，4，5 数组。
- LARGE：求最大的 5 个数据并组成数组。
- SUM：将 LARGE 求得的数组进行求和运算。

为了便于理解，还可以将公式简化成"=SUM(LARGE(B2:C11,{1,2,3,4,5}))"。若要对最小的 5 个数据进行求和运算，则可以输入公式"=SUM(SMALL(B2:C11, ROW(INDIRECT("1:5"))))"或"=SUM(SMALL(B2:C11,{1,2,3,4,5}))"。

025 使用数组公式对数值进行分类排序

使用数组公式，可以对单列中的数值进行分类，并按照从高到低或从低到高的顺序排列。

扫一扫，看视频

如果要按照从高到低或从低到高的顺序排列，需要使用 LARGE 函数、INDIRECT 函数和 ROW 函数，具体操作方法如下。

步骤 01 打开"素材文件\第12章\数据分类.xlsx"，❶ 选择存放分类结果的 B2:B10 单元格区域；❷ 在编辑栏中输入公式"=LARGE(A2:A10,ROW(INDIRECT("1:"&ROWS(A2:A10))))"，如下图所示。

步骤 02 按 Ctrl+Shift+Enter 组合键，得出数组公式的计算结果，如下图所示。

域，即可得到该员工的奖励金额，如下图所示。

026 使用数组按编号创建交叉数据分析表

交叉数据分析表是将两个不同的数据列表按照指定的方法重新组合。

例如，在"奖励明细表"工作簿中，使用交叉数据分析表计算员工编号为 202101 的员工每天的提成金额，具体操作方法如下。

步骤 01 打开"素材文件 \ 第 12 章 \ 奖励明细表 .xlsx"，❶ 选中 H3 单元格；❷ 在编辑栏中输入公式"=SUM((DAY($C$3:$C$12)=H2)*($B$3:$B$12=$F$3)*($D$3:$D$12))"，按 Ctrl+Shift+Enter 组合键，得出数组公式的计算结果，如下图所示。

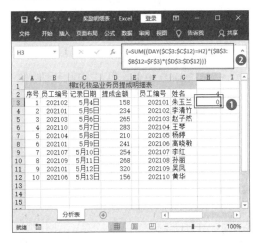

步骤 02 将数据公式填充至右侧的单元格区

027 使用数组为指定范围内的数值分类排序

在 Excel 中，可以使用系统提供的排序按钮对需要的单元格区域进行排序，结果会直接在数据区域内显示。如果需要按数据的大小进行排序，结果值返回姓名，则可以选择数组公式进行操作。

例如，使用数组公式，根据理论成绩按从高分到低分的条件进行排序，结果显示姓名，具体操作方法如下。

步骤 01 打开"素材文件 \ 第 12 章 \ 员工培训成绩表 .xlsx"，❶ 选择存放计算结果的 D2:D12 单元格区域；❷ 在编辑栏中输入公式"=INDEX($A$2:$A$12,MATCH(LARGE($B$2:$B$12,ROW()-1),$B$2:$B$12,0))"，如下图所示。

步骤 02 按 Ctrl+Shift+Enter 组合键，得出数组公式的计算结果，如下图所示。

028 设置公式的错误检查选项

扫一扫，看视频

默认情况下，对工作表中的数据进行计算时，若公式中出现了错误，Excel 会在单元格中出现一些提示符号，表明错误类型。另外，当在单元格中输入违反规则的内容时，如输入身份证号码，则单元格的左上角会出现一个绿色小三角。上述情况均是 Excel 后台的错误检查在起作用，根据操作需要，可以对公式的错误检查选项进行设置，以符合自己的使用习惯，操作方法如下。

❶ 打开"Excel 选项"对话框，切换到"公式"选项卡；❷ 在"错误检查规则"栏中设置需要的规则；❸ 设置完成后单击"确定"按钮，如下图所示。

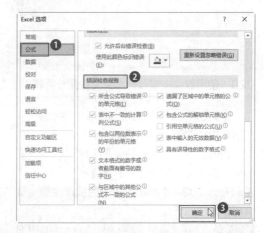

12.2 财务函数使用技巧

在办公应用中，财务函数是使用比较频繁的一类函数。使用财务函数，可以非常便捷地进行一般的财务计算，如计算贷款的每期付款额、计算贷款在给定期间内偿还的本金、计算给定时间内的折旧值、计算投资的未来值、计算投资的净现值等。

029 使用 CUMIPMT 函数计算两个付款期之间累计支付的利息

扫一扫，看视频

CUMIPMT 函数用于计算一笔贷款在指定期间累计需要偿还的利息。

函数语法：=CUMIPMT (rate, nper,pv, start_period, end_period, type)。

参数说明如下。

- rate（必选）：利率。
- nper（必选）：总付款期数。

- pv（必选）：现值。
- start_period（必选）：计算中的首期，付款期数从 1 开始计数。
- end_period（必选）：计算中的末期。
- type（必选）：付款时间类型。

例如，某人向银行贷款 80 万元，贷款期限为 12 年，年利率为 9%，现计算此项贷款第一个月支付的利息，以及第二年支付的总利息，具体操作方法如下。

步骤 01 打开"素材文件\第12章\CUMIPMT函数 .xlsx"，选择要存放第一个月支付利息结果的 B5 单元格，输入公式 "=CUMIPMT (B4/12,B3*12,B2,1,1,0)"，按 Enter 键即可得出计算结果，如下图所示。

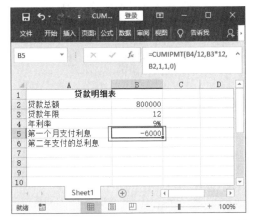

步骤 02 选择要存放第二年支付总利息结果的 B6 单元格，输入公式 "=CUMIPMT(B4/12, B3*12,B2,13,24,0)"，按 Enter 键即可得出计算结果，如下图所示。

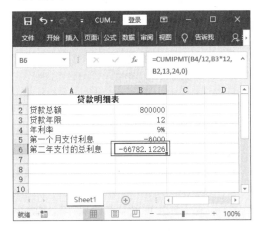

030　使用 CUMPRINC 函数计算两个付款期之间累计支付的本金

CUMPRINC 函数用于计算一笔贷款在给定期间需要累计偿还的本金。

扫一扫，看视频

函数语法：=CUMPRINC (rate, nper, pv, start_period, end_period,type)。

参数说明如下。

- rate（必选）：利率。
- nper（必选）：总付款期数。
- pv（必选）：现值。
- start_period（必选）：计算中的首期，付款期数从 1 开始计数。
- end_period（必选）：计算中的末期。
- type（必选）：付款时间类型。

例如，某人向银行贷款 80 万元，贷款期限为 12 年，年利率为 9%，现计算此项贷款第一个月偿还的本金，以及第二年偿还的总本金，具体操作方法如下。

步骤 01 打开"素材文件\第12章\CUMPRINC 函数 .xlsx"，选择要存放第一个月偿还本金结果的 B5 单元格,输入公式 "=CUMPRINC(B4 /12,B3*12,B2,1,1,0)"，按 Enter 键即可得出计算结果，如下图所示。

步骤 02 选择要存放第二年偿还本金结果的 B6 单元格,输入公式 "=CUMPRINC(B4/12, B3*12,B2,13,24,0)"，按 Enter 键即可得出计算结果，如下图所示。

小提示

在 CUMPRINC 函数中，当参数 rate≤0、nper≤0、pv≤0、start_period<1、end_period<1、start_period>end_period 或 type 为 0 或 1 之外的任何数时，会返回错误值 "#NUM!"。

031 使用 PMT 函数计算月还款额

扫一扫，看视频

PMT 函数可以基于固定利率及等额分期付款方式，计算贷款的每期付款额。

函数语法：=PMT(rate, nper, pv, fv, type)。

参数说明如下。

- rate（必选）：贷款利率。
- nper（必选）：该项贷款的付款总数。
- pv（必选）：现值或一系列未来付款的当前值的累计和，也称为本金。
- fv（可选）：未来值或在最后一次付款后希望得到的现金余额。如果省略 fv，则假设其值为 0（零），即一笔贷款的未来值为 0。
- type（可选）：数字 0（零）或 1，用以指示各期的付款时间是在期初还是期末。

例如，某公司因购买写字楼向银行贷款 80 万元，贷款年利率为 8%，贷款期限为 10 年（即 120 个月），现计算每月应偿还的金额，具体操作方法如下。

打开 "素材文件 \ 第 12 章 \PMT 函数 .xlsx"，选择要存放结果的 B5 单元格，输入公式 "=PMT(B4/12,B3,B2)"，按 Enter 键即可得出计算结果，如下图所示。

小提示

- PMT 返回的支付款项包括本金和利息，但不包括税款、保留支付或某些与贷款有关的费用。
- 应确认所指定的 rate 和 nper 的单位的一致性。例如，同样是 4 年期年利率为 12% 的贷款，如果按月支付，rate 应为 12%/12，nper 应为 4*12；如果按年支付，rate 应为 12%，nper 应为 4。

032 使用 PPMT 函数计算贷款在给定期间内偿还的本金

扫一扫，看视频

使用 PPMT 函数，可以基于固定利率及等额分期付款方式，返回投资在某一给定期间内的本金偿还额。

函数语法：=PPMT(rate,per,nper,pv,fv,type)。

参数说明如下。

- rate（必选）：各期利率。
- per（必选）：用于计算其本金数额的期次，且必须介于 1 和付款总期数 nper 之间。
- nper（必选）：总投资（或贷款）期，即该项投资（或贷款）的付款总期数。
- pv（必选）：现值或一系列未来付款的当前值的累计和，也称为本金。
- fv（可选）：未来值或在最后一次付款后可以获得的现金余额。如果省略 fv，则假设其值为 0（零），即一笔贷款的未来值为 0。
- type（可选）：数字 0 或 1，用以指定各期的付款时间是在期初还是期末。

例如，假设贷款额为 80 万元，贷款期限为 15 年，年利率为 10%，现分别计算贷款第一个月和第二个月需要偿还的本金，具体操作方法如下。

步骤 01 打开 "素材文件 \ 第 12 章 \PPMT 函数 .xlsx"，选择要存放第一个月偿还本金结果的 B5 单元格，输入公式 "=PPMT(B4/12, 1, B3*12, B2)"，按 Enter 键即可得出计算结果，如下图所示。

步骤 02 选择要存放第二个月偿还本金结果的 B6 单元格，输入公式"=PPMT (B4/12,2, B3*12,B2)"，按 Enter 键即可得出计算结果，如下图所示。

033　使用 ISPMT 函数计算特定投资期内支付的利息

ISPMT 函数用于计算特定投资期内支付的利息。

函数语法: =ISPMT(rate, per, nper,pv)。

扫一扫，看视频

参数说明如下。

● rate（必选）：投资的利率。

● per（必选）：计算利息的期数，此值必须在 1 到 nper 之间。

● nper（必选）：投资的总支付期数。

● pv（必选）：投资的现值。对于贷款，pv 为贷款数额。

例如，某公司需要投资某个项目，已知该投资的回报率为 20%，投资年限为 5 年，投资总额为 1000 万，现在分别计算投资期内第一个月与第一年支付的利息额，具体操作方法如下。

步骤 01 打开"素材文件 \ 第 12 章 \ISPMT 函数 .xlsx"，选择要存放第一个月支付利息结果的 B4 单元格，输入公式"=ISPMT(B3/12, 1, B2*12, B1)"，按 Enter 键即可得出计算结果，如下图所示。

步骤 02 选择要存放第一年支付利息结果的 B5 单元格，输入公式"=ISPMT (B3,1,B2,B1)"，按 Enter 键即可得出计算结果，如下图所示。

034 使用 RATE 函数计算年金的各期利率

扫一扫，看视频

RATE 函数用于计算年金的各期利率。

函数语法：=RATE(nper,pmt, pv,fv,type,guess)。

参数说明如下。

- nper（必选）：年金的付款总期数。
- pmt（必选）：各期应支付的金额，其数值在整个年金期间保持不变。通常 pmt 包括本金和利息，但不包括其他费用或税款。如果省略 pmt，则必须包含 fv 参数。
- pv（必选）：现值，即一系列未来付款当前值的总和。
- fv（可选）：未来值或在最后一次付款后希望得到的现金余额。如果省略 fv，则假设其值为 0（例如，一笔贷款的未来值为 0）。
- type（可选）：数字 0 或 1，用以指定各期的付款时间是在期初还是期末。
- guess（可选）：预期利率，它是一个百分比值，如果省略该参数，则假设该值为 10%。

例如，投资总额为 1000 万元，每月支付 100 万元，付款期限 5 年，要分别计算每月投资利率和年投资利率，具体操作方法如下。

步骤 01 打开"素材文件 \ 第 12 章 \RATE 函数 .xlsx"，选择要存放每月投资利率结果的 B5 单元格，输入公式"=RATE(B4*12,B3,B2)"，按 Enter 键即可得出计算结果，如下图所示。

步骤 02 选择要存放年投资利率结果的 B6 单元格，输入公式"=RATE(B4*12,B3,B2)*12"，按 Enter 键即可得出计算结果，根据需要将数字格式设置为百分比，如下图所示。

小技巧

RATE 函数是通过迭代计算得出结果，可能无解或有多个解。如果在进行 20 次迭代计算后，RATE 函数的相邻两次结果没有收敛于 0.0000001，就会返回错误值"#NUM!"。

035 使用 EFFECT 函数计算有效的年利率

扫一扫，看视频

如果需要利用给定的名义年利率和每年的复利期数，计算有效的年利率，可以通过 EFFECT 函数实现。

函数语法：=EFFECT(nominal_rate,npery)。

参数说明如下。

- nominal_rate（必选）：名义利率。
- npery（必选）：每年的复利期数。

例如，假设名义年利率为 10%，复利计算期数为 12，现要计算实际的年利率，具体操作方法如下。

打开"素材文件 \ 第 12 章 \EFFECT 函数 .xlsx"，选择要存放有效年利率结果的 B3 单元格，输入公式"=EFFECT(B1,B2)"，按 Enter 键即可得出计算结果，根据需要将数字格式设置为百分比，如下图所示。

036　使用 FV 函数计算投资的未来值

FV 函数可以基于固定利率和等额分期付款方式，计算某项投资的未来值。

扫一扫，看视频

函数语法：=FV(rate, nper, pmt, pv, type)。

参数说明如下。

- rate（必选）：各期利率。
- nper（必选）：年金的付款总期数。
- pmt（必选）：各期应支付的金额，其数值在整个年金期间保持不变。通常 pmt 包括本金和利息，但不包括其他费用或税款。如果省略 pmt，则必须包括 pv 参数。
- pv（可选）：现值或一系列未来付款的当前值的累计和。如果省略 pv，则假设其值为 0（零），并且必须包括 pmt 参数。
- type（可选）：数字 0 或 1，用以指定各期的付款时间是在期初还是期末。如果省略 type，则假设其值为 0。

例如，在银行办理零存整取业务，每月存款1万元，年利率3.5%，存款期限为3年（36个月），计算3年后的存款总额，具体操作方法如下。

打开"素材文件 \ 第 12 章 \FV 函数 .xlsx"，选择要存放结果的 B5 单元格，输入公式"=FV(B4/12,B3,B2,1)"，按 Enter 键即可得出计算结果，如下图所示。

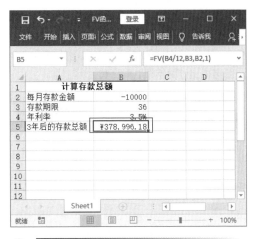

🔔 小提示

对于所有参数，支出的款项，如银行存款，表示为负数；收入的款项，如股息收入，表示为正数。

037　使用 PV 函数计算投资的现值

扫一扫，看视频

使用 PV 函数可以返回某项投资的现值，现值为一系列未来付款的当前值的累计和。

函数语法：=PV(rate, nper, pmt, fv, type)。

参数说明如下。

- rate（必选）：各期利率。例如，当年利率为 6% 时，使用 6%/4 计算一个季度的还款额。
- nper（必选）：总投资期，即该项投资的偿款期总数。
- pmt（必选）：各期应支付的金额，其数值在整个年金期间保持不变。
- fv（可选）：未来值或在最后一次支付后希望得到的现金余额。如果省略 fv，则假设其值为 0。
- type（可选）：数值 0 或 1，用以指定各期的付款时间是期初还是期末。

例如，某位顾客购买了一份保险，现在每月支付 1300 元，支付期限为 15 年，收益率为 7%，现计算其购买保险金的现值，具体操作方法如下。

打开"素材文件\第 12 章\PV 函数．xlsx"，选择要存放结果的 B4 单元格，输入公式"=PV(B3/12, B2*12, B1,, 0)"，按 Enter 键即可得出计算结果，如下图所示。

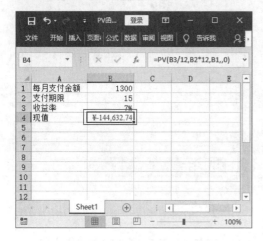

038 使用 NPV 函数计算投资的净现值

扫一扫，看视频

NPV 函数可以基于一系列将来的收入（正值）或支出（负值）的现金流和贴现率，计算一项投资的净现值。

函数语法：=NPV(rate, value1, value2,…)。参数说明如下。

- rate（必选）：某一期间的贴现率。
- value1（必选）：表示现金流的第一个参数。
- value2（可选）：这些是代表支出及收入的 1~254 个参数，该参数在时间上必须具有相等的间隔，并且都发生在期末。

NPV 函数用 value1,value2, … 的顺序来解释现金流的顺序，所以务必保证支出和收入的数额按正确的顺序输入。

例如，一年前初期投资金额为 10 万元，年贴现率为 12%，第一年收益为 20000 元，第二年收益为 55000 元，第三年收益为 72000 元，要计算净现值，具体操作方法如下。

打开"素材文件\第 12 章\NPV 函数．xlsx"，选择要存放结果的 B6 单元格，输入公式"=NPV(B5,B1,B2,B3,B4)"，按 Enter 键即可得出计算结果，如下图所示。

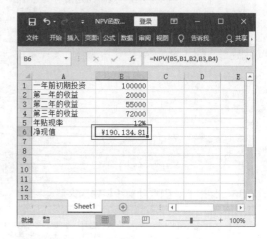

039 使用 MIRR 函数计算正负现金流在不同利率下支付的内部收益率

扫一扫，看视频

如果需要计算某一连续期间内现金流的修正内部收益率，可以通过 MIRR 函数实现。

函数语法：MIRR (values, finance_rate, reinvest_rate)。

参数说明如下。

- values（必选）：一个数组或对包含数字的单元格的引用。这些数值代表各期的一系列支出（负值）及收入（正值）。
- finance_rate（必选）：现金流中使用的资金支付的利率。
- reinvest_rate（必选）：将现金流再投资的收益率。

例如，根据某公司在一段时间内现金的流动情况、现金的投资利率、现金的再投资利率，计算出内部收益率，具体操作方法如下。

打开"素材文件\第 12 章\MIRR 函数．xlsx"，选择要存放结果的 B9 单元格，输入公式"=MIRR(B1:B6,B7,B8)"，按 Enter 键即可得出计算结果，如下图所示。

小提示

- 参数 values 中必须至少包含一个正值和一个负值，才能计算修正后的内部收益率，否则函数 MIRR 会返回错误误值 "#DIV/0!"。
- 如果数组或引用参数包含文本、逻辑值或空白单元格，这些值将被忽略；但包含零值的单元格将计算在内。
- MIRR 函数根据输入值的次序来解释现金流的次序，所以，务必按照实际的顺序输入支出和收入数额，并使用正确的正负号（现金流入用正值，现金流出用负值）。

040　使用 DB 函数计算给定时间内的折旧值

DB 函数使用固定余额递减法，计算指定期间内某项固定资产的折旧值。

扫一扫，看视频

函数语法：=DB(cost,salvage, life,period,month)。

参数说明如下。

- cost（必选）：资产原值。
- salvage（必选）：资产在折旧期末的价值（也称为资产残值）。
- life（必选）：资产的折旧期数（也称作资产的使用寿命）。
- period（必选）：需要计算折旧值的期间。period 必须使用与 life 相同的单位。
- month（可选）：第一年的月份数，若省略，则假设为 12。

例如，某打印机购买时的价格为 250000

元，使用了 10 年，最后处理价为 12000 元，现要分别计算该设备第一年 5 个月内的折旧值、第六年 7 个月内的折旧值及第九年 3 个月内的折旧值，具体操作方法如下。

步骤 01　打开"素材文件\第 12 章\DB 函数.xlsx"，选择要存放第一年 5 个月内折旧值结果的 B5 单元格，输入公式 "=DB(B2,B3,B4,1,5)"，按 Enter 键即可得出计算结果，如下图所示。

步骤 02　选择要存放第六年 7 个月内折旧值结果的 B6 单元格，输入公式 "=DB(B2,B3,B4,6,7)"，按 Enter 键即可得出计算结果，如下图所示。

步骤 03　选择要存放第九年 3 个月内折旧值结果的 B7 单元格，输入公式 "=DB(B2,B3,B4,9,3)"，按 Enter 键即可得出计算结果，如下图所示。

 小技巧

> 第一个周期和最后一个周期的折旧属于特例。对于第一个周期，DB 函数的计算公式为 cost×rate×month÷12；对于最后一个周期，DB 函数的计算公式为 ((cost－前期折旧总值)×rate×(12–month))÷12。

041 使用 DDB 函数按双倍余额递减法计算折旧值

如果要使用双倍余额递减法或其他指定方法，计算一笔资产在给定期间内的折旧值，则可以通过 DDB 函数实现。

函数语法：=DDB(cost,salvage,life,period,factor)。

参数说明如下。

- cost（必选）：固定资产原值。
- salvage（必选）：资产在折旧期末的价值，也称为资产残值，此值可以是 0。
- life（必选）：固定资产进行折旧计算的周期总数，也称为固定资产的生命周期。
- period（必选）：进行折旧计算的期次。period 必须使用与 life 相同的单位。
- factor（可选）：余额递减速率。如果 factor 被省略，则采用默认值 2（双倍余额递减法）。

例如，某打印机购买时价格为 250000 元，使用了 10 年，最后处理价为 12000 元，现分别计算第 1 年、第 2 年及第 5 年的折旧值，具体操作方法如下。

步骤 01 打开"素材文件 \ 第 12 章 \DDB 函数 .xlsx"，选择要存放第 1 年折旧值结果的 B5 单元格，输入公式"=DDB(B2,B3,B4,1)"，按 Enter 键即可得出计算结果，如下图所示。

步骤 02 选择要存放第 2 年折旧值结果的 B6 单元格，输入公式"=DDB(B2,B3,B4,2)"，按 Enter 键即可得出计算结果，如下图所示。

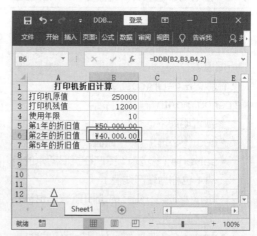

步骤 03 选择要存放第 5 年折旧值结果的 B7 单元格，输入公式"=DDB(B2,B3,B4,5)"，按 Enter 键即可得出计算结果，如下图所示。

小提示

在 DDB 函数中所有参数都必须大于 0。

042　使用 SLN 函数计算线性折旧值

SLN 函数用于计算某固定资产的每期线性折旧值。

扫一扫，看视频

函数语法: =SLN(cost, salvage, life)。

参数说明如下。

- cost（必选）: 资产原值。
- salvage（必选）: 资产在折旧期末的价值（也称为资产残值）。
- life（必选）: 资产的折旧期数（也称为资产的使用寿命）。

例如，某打印机购买时价格为 250000 元，使用了 10 年，最后处理价为 12000 元，现要分别计算该设备每天、每月和每年的折旧值，具体操作方法如下。

步骤 01 打开"素材文件\第 12 章\SLN 函数 .xlsx"，选择要存放每年折旧值结果的 B5 单元格，输入公式"=SLN(B2, B3, B4)"，按 Enter 键即可得出计算结果，如下图所示。

步骤 02 选择要存放每月折旧值结果的 B6 单元格，输入公式"=SLN(B2,B3,B4*12)"，按 Enter 键即可得出计算结果，如下图所示。

步骤 03 选择要存放每天折旧值结果的 B7 单元格，输入公式"=SLN(B2,B3,B4*365)"，按 Enter 键即可得出计算结果，如下图所示。

043　使用 COUPDAYS 函数计算包含成交日在内的债券付息期的天数

扫一扫，看视频

如果需要计算包含成交日在内的债券付息期的天数，则可以通过 COUPDAYS 函数实现。

函数语法：=COUPDAYS(settlement,maturity,frequency,basis)。

参数说明如下。

- settlement（必选）：证券的结算日，以一串日期表示。结算日是在发行日期之后，证券卖给购买者的日期。

- maturity（必选）：证券的到期日，以一串日期表示。到期日是证券有效期截止时的日期。

- frequency（必选）：每年付息次数。如果按年支付，则 frequency=1；如果按半年期支付，则 frequency=2；如果按季度支付，则 frequency=4。

- basis（可选）：要使用的日计数基准类型。若按照美国（NASD）30/360 为日计数基准，则 basis=0；若按照实际天数/实际天数为日计数基准，则 basis=1；若按照实际天数/360 为日计数基准，则 basis=2；若按照实际天数/365 为日计数基准，则 basis=3；若按照欧洲 30/360 为日计数基准，则 basis=4。

例如，某债券的成交日为 2021 年 6 月 30 日，到期日为 2021 年 12 月 31 日，按照季度付息，以实际天数/360 为日计数基准，现在需要计算出该债券成交日所在的付息天数，具体操作方法如下。

打开"素材文件\第 12 章\COUPDAYS 函数 .xlsx"，选择要存放结果的 B5 单元格，输入公式"=COUPDAYS (B1, B2, B3, B4)"，按 Enter 键即可得出计算结果，如下图所示。

🔔 小提示

- 如果参数 settlement 或参数 maturity 不是合法日期，COUPDAYS 函数返回错误值"#VALUE！"。

- 如果参数 frequency 不是数字 1、2 或 4，COUPDAYS 函数返回错误值"#NUM！"。

- 如果参数 basis＜0 或 basis＞4，COUPDAYS 函数返回错误值"#NUM！"。

- 如果参数 settlement≥maturity，COUPDAYS 函数返回错误值"#NUM！"。

044　使用 INTRATE 函数计算一次性付息证券的利率

扫一扫，看视频

INTRATE 函数用于返回一次性付息证券的利率。

函数语法：= INTRATE (settlement, maturity, investment, redemption, [basis])。

参数说明如下。

- settlement（必选）：有价证券的结算日。结算日是在发行日之后，有价证券卖给购买者的日期。

- maturity（必选）：有价证券的到期日。到期日是有价证券有效期截止时的日期。

- investment（必选）：有价证券的投资额。

- redemption（必选）：有价证券到期时的兑换值。
- basis（可选）：要使用的日计数基准类型。

例如，李先生购买某债券的日期为 2021 年 4 月 9 日，该债券到期日为 2022 年 7 月 20 日，债券投资金额为 150000 元，清偿价值为 180000 元，按实际天数 /360 为日计数基准，现在需要计算出该债券一次性付利息的利率，具体操作方法如下。

打开"素材文件 \ 第 12 章 \INTRATE 函数 .xlsx"，选择要存放结果的 B7 单元格，输入公式"=INTRATE(B1,B2,B3,B4,B5)"，按 Enter 键即可计算出该债券一次性付利息的

利率，如下图所示。

12.3　逻辑函数使用技巧

逻辑函数是根据不同条件进行不同处理的函数，条件式中使用比较运算符号（>、<、=）指定逻辑式，并用逻辑值表示结果。

045　使用 TRUE 函数计算选择题的分数

TRUE 函数用于返回逻辑值 TRUE，可以直接在单元格或公式中使用，一般配合其他函数使用。

扫一扫，看视频

函数语法：= TRUE（）。

该函数不需要参数。

例如，在一个学生提交的成绩表中自动计算选择题的成绩，当试卷答案与标准答案相同时，返回 TRUE，否则返回 FALSE。如果要返回答案的分值，则需要先判断答案是否正确，答案为 TRUE 时，返回标准答案的分值，否则结果为 0。在得分列返回学生的分值后，在 G2 单元格中计算选择题的总分是多少，具体操作方法如下。

步骤 01 打开"素材文件 \ 第 12 章 \TRUE 函数 .xlsx"，选择 E2 单元格，输入公式

"=IF(C2=D2,TRUE(),FALSE)"，按 Enter 键，然后利用填充功能向下复制公式，如下图所示。

步骤 02 选择 F2 单元格，输入公式"=IF (E2=TRUE, B2, 0)"，按 Enter 键，然后利用填充功能向下复制公式，如下图所示。

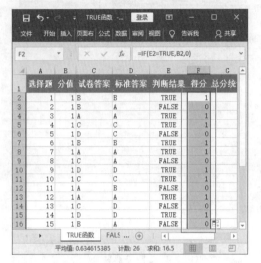

步骤 03 选择 G2 单元格，输入公式"=SUM (F2:F27)"，按 Enter 键，计算出选择题的总分为 16.5，然后利用填充功能向下复制公式，如下图所示。

046 使用 FALSE 函数判断产品密度是否正确

FALSE 函数用于返回逻辑值 FALSE，也可以直接在单元格或公式中使用，一般配合其他函数

使用。

函数语法：=FALSE()。

该函数不需要参数。

例如，在判断产品密度上，要求小于 0.1368 的数据为正确值，否则为错误值。如果将产品密度与标准密度进行比较，需要结合 IF 函数和 FALSE 函数进行计算，判断产品密度是否正确，具体操作方法如下。

步骤 01 打开"素材文件\第 12 章\FALSE 函数 .xlsx"，选择 C2 单元格，输入公式"=IF(A2>$B$2,FALSE(), TRUE)"，按 Enter 键，如下图所示。

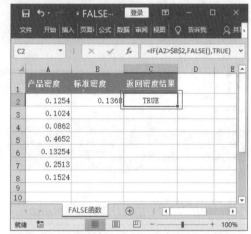

步骤 02 选择存放计算结果的 C2 单元格，按住鼠标左键向下拖动填充公式，如下图所示。

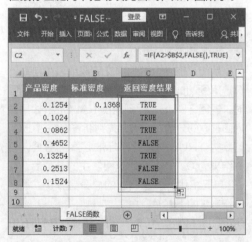

047　使用 AND 函数判断多个条件是否同时成立

　　AND 函数用于判断多个条件是否同时成立，如果所有条件成立，则返回 TRUE；如果其中任意一个条件不成立，则返回 FALSE。

扫一扫，看视频

　　函数语法：= AND(logical1, logical2, ...)。参数说明如下。

- logical1（必选）：表示待检测的第 1 个条件。
- logical2（可选）：表示待检测的第 2~255 个条件。

　　例如，使用 AND 函数判断居民是否能申请公租房，具体操作方法如下。

步骤 01 打开"素材文件 \ 第 12 章 \AND 函数 .xlsx"，选中要存放结果的 F3 单元格，输入公式"=AND(B3>1,C3>6,D3<3000, E3<13)"，按 Enter 键即可得出计算结果，如下图所示。

步骤 02 利用填充功能向下复制公式，即可计算出其他居民是否有资格申请公租房，如下图所示。

048　使用 NOT 函数对逻辑值求反

扫一扫，看视频

　　NOT 函数用于对参数的逻辑值求反，如果逻辑值为 FALSE，则返回 TRUE；如果逻辑值为 TRUE，则返回 FALSE。

　　函数语法：=NOT(logical)。

　　参数说明：logical（必选）表示计算结果可以为 TRUE 或 FALSE 的一个值或表达式。例如，在"应聘名单 .xlsx"工作簿中，使用 NOT 函数将学历为"大专"的人员淘汰掉（即返回 FALSE），具体操作方法如下。

步骤 01 打开"素材文件 \ 第 12 章 \NOT 函数 .xlsx"，选中要存放结果的 F3 单元格，输入公式"=NOT(D3=" 大专 ")"，按 Enter 键即可得出计算结果，如下图所示。

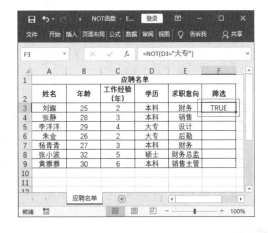

步骤 02 利用填充功能向下复制公式，即可计算出其他人员的筛选情况，如下图所示。

	A	B	C	D	E	F
1			应聘名单			
2	姓名	年龄	工作经验（年）	学历	求职意向	筛选
3	刘露	25	2	本科	财务	TRUE
4	张静	28	3	本科	销售	TRUE
5	李洋洋	29	4	大专	设计	FALSE
6	朱金	26	2	大专	后勤	FALSE
7	杨青青	27	3	本科	财务	TRUE
8	张小波	32	6	硕士	财务总监	TRUE
9	黄雅雅	30	6	本科	销售主管	TRUE

049 使用 OR 函数判断指定的任一条件是否为真

扫一扫，看视频

OR 函数用于判断多个条件中是否至少有一个条件成立。在其参数组中，若任何一个参数的逻辑值为 TRUE，则返回 TRUE；若所有参数的逻辑值为 FALSE，则返回 FALSE。

函数语法：=OR(logical1,logical2,...)。

参数说明如下。

- logical1（必选）：表示待检测的第 1 个条件。
- logical2（可选）：表示待检测的第 2~255 个条件。

例如，在进新员工考核表中，员工的各项考核大于 17 分，则成绩达标。使用 OR 函数检查哪些员工的考核成绩未达标，具体操作方法如下。

步骤 01 打开"素材文件 \ 第 12 章 \ OR 函数 .xlsx"，选中要存放结果的 F4 单元格，输入公式"=OR(B4>17,C4>17,D4>17, E4>17)"，按 Enter 键即可得出计算结果，如下图所示。

F4 fx =OR(B4>17,C4>17,D4>17, E4>17)

	A	B	C	D	E	F
1			新进员工考核表			
2					各单科成绩满分25分	
3	姓名	出勤考核	工作能力	工作态度	业务考核	达标情况
4	刘露	25	20	23	21	TRUE
5	张静	21	25	20	18	
6	李洋洋	16	20	15	19	
7	朱金	19	13	17	14	
8	杨青青	20	18	20	18	
9	张小波	17	15	14	13	
10	黄雅雅	25	19	25	19	
11	袁志远	18	19	18	20	
12	陈倩	16	15	17	17	
13	韩丹	19	17	17	15	
14	陈强	15	17	14	10	

步骤 02 利用填充功能向下复制公式，即可计算出其他员工的达标情况，如下图所示。

F4 fx =OR(B4>17,C4>17,D4>17, E4>17)

	A	B	C	D	E	F
1			新进员工考核表			
2					各单科成绩满分25分	
3	姓名	出勤考核	工作能力	工作态度	业务考核	达标情况
4	刘露	25	20	23	21	TRUE
5	张静	21	25	20	18	TRUE
6	李洋洋	16	20	15	19	TRUE
7	朱金	19	13	17	14	TRUE
8	杨青青	20	18	20	18	TRUE
9	张小波	17	15	14	13	FALSE
10	黄雅雅	25	19	25	19	TRUE
11	袁志远	18	19	18	20	TRUE
12	陈倩	16	15	17	17	FALSE
13	韩丹	19	17	17	15	TRUE
14	陈强	15	17	14	10	FALSE

12.4 文本函数使用技巧

Excel 在处理文本方面也有很强的功能。Excel 中包括一些专门用于处理文本的函数，包括截取、查找或搜索文本中的某个特殊字符，转换文本格式，以及获取关于文本的其他信息。

050　使用 MID 函数从文本指定位置开始提取指定个数的字符

MID 函数可以根据给出的开始位置和字符长度，从文本字符串的中间返回字符串。

扫一扫，看视频

函数语法：=MID（text, start_num, num_chars）。

参数说明如下。

- text（必选）：包含需要提取字符串的文本、字符串，或者是对含有提取字符串单元格的引用。
- start_num（必选）：需要提取的第一个字符的位置。
- num_chars（必选）：需要从第一个字符位置开始提取字符的个数。

例如，产品编号中包含产品的类别编码和序号，某员工需要将 A 列产品中的类别编码分离出来，可以使用 MID 函数，具体操作方法如下。

步骤 01 打开"素材文件 \ 第 12 章 \MID 函数 .xlsx"，选中要存放结果的 C2 单元格，输入公式"=MID(A2,1,3)"，按 Enter 键即可得到计算结果，如下图所示。

步骤 02 利用填充功能向下复制公式，即可得到单元格中的类别编码，如下图所示。

051　使用 MIDB 函数从文本指定位置开始提取指定字节数的字符

扫一扫，看视频

MIDB 函数用于返回文本字符串中从指定位置开始的特定数目的字符，只不过是以字节为单位计算的，即全角字符为 2，半角字符为 1，汉字为 2 个字节。

函数语法：=MIDB(text, start_num, num_bytes)。

参数说明如下。

- text（必选）：从中提取字符的文本字符串或包含文本的列，该参数可以是文本、数字、单元格引用及数组。
- start_num（必选）：表示要提取的第一个字符的位置，位置从 1 开始。
- num_bytes（必选）：表示要从第一个字符位置开始提取字符的个数，按字节计算。

例如，某行政人员在公司年会后得到一份各个部门的获奖人员名单，如下图所示，A 列单元格中同时包含部门名称和人员姓名，中间以冒号分隔，该行政人员需要将 A 列中获奖人员的姓名完整提取到相应的 B 列中，具体操作方法如下。

步骤 01 打开"素材文件 \ 第 12 章 \MIDB 函数 .xlsx"，选中要存放结果的 B2 单元格，输入公式"=MIDB(A2,FIND（"：",A2)*2,LEN

（A2))"，按 Enter 键即可得到计算结果，如下图所示。

步骤 02 利用填充功能向下复制函数，即可得出所有人员的完整姓名，如下图所示。

小提示

- 如果参数 start_num 是负数，则 MIDB 函数将返回错误值"#VALUE！"。
- 如果参数 start_num 小于 1，则 MIDB 函数将返回错误值"#VALUE！"。
- 如果参数 start_num 大于文本的总体长度，则 MIDB 函数将返回空文本。

052 使用 RIGHT 函数从文本右侧开始提取指定个数的字符

扫一扫，看视频

RIGHT 函数是从一个文本字符串的最后一个字符开始，返回指定个数的字符。

函数语法：=RIGHT(text, num_chars)。

参数说明如下。

- text（必选）：表示从中提取一个或多个字符的参数，该参数可以是文本、数字、单元格及数组。
- num_chars（可选）：表示需要提取字符的个数。

例如，利用 RIGHT 函数将员工的名字提取出来，具体操作方法如下。

步骤 01 打开"素材文件\第 12 章\员工档案表.xlsx"，姓名有 3 个字符时，选中要存放结果的 F2 单元格，输入公式"=RIGHT(A2,2)"，按 Enter 键即可得到计算结果，将公式复制到其他需要计算的单元格，如下图所示。

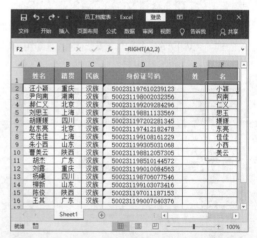

步骤 02 姓名有 2 个字符时，选中要存放结果的单元格 F11，输入公式"=RIGHT(A11,1)"，按 Enter 键即可得到计算结果，将公式复制到其他需要计算的单元格，如下图所示。

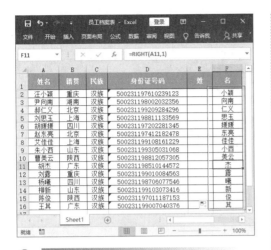

小提示

参数 num_chars 必须大于或等于 0，如果小于 0，将会返回错误值 "#VALUE！"。当参数 num_chars 大于或等于 0 时，返回值有以下几种情况。

- 如果参数 num_chars 大于 0，则 RIGHT 函数会根据其值提取指定个数的字符。
- 如果参数 num_chars 等于 0，则 RIGHT 函数将返回空文本。
- 如果参数 num_chars 省略，则按默认值提取指定个数的字符。
- 如果参数 num_chars 大于文本的总体长度，则 RIGHT 函数将返回全部文本。

053 使用 LEFT 函数从文本左侧开始提取指定个数的字符

LEFT 函数是从一个文本字符串的第一个字符开始，返回指定个数的字符。

扫一扫，看视频

函 数 语 法：=LEFT(text, num_chars)。

参数说明如下。

- text（必选）：需要提取字符的文本字符串。
- num_chars（可选）：指定需要提取的字符数，如果忽略，则为 1。

例如，利用 LEFT 函数将员工的姓氏提取出来，具体操作方法如下。

步骤 01 打开"素材文件 \ 第 12 章 \LEFT 函数 .xlsx"，选中要存放结果的 E2 单元格，输

入公式 "=LEFT(A2,1)"，按 Enter 键即可得到计算结果，如下图所示。

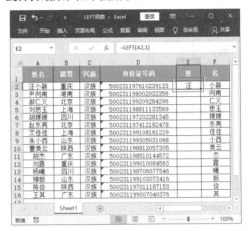

步骤 02 利用填充功能向下复制公式，即可将所有员工的姓氏提取出来，如下图所示。

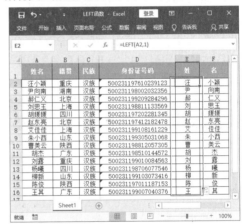

小提示

参数 num_chars 必须大于或等于 0，如果小于 0，则将会返回错误值 "#VALUE！"。当参数 num_chars 大于或等于 0 时，返回值有以下几种情况。

- 如果参数 num_chars 大于 0，则 LEFT 函数根据其值提取指定个数的字符。
- 如果参数 num_chars 等于 0，LEFT 函数将返回空文本。
- 如果参数 num_chars 省略，则按默认值提取指定个数的字符。
- 如果参数 num_chars 大于文本的总体长度，则 LEFT 函数将返回全部文本。

054 使用 REPT 函数评定销售量级别

扫一扫，看视频

REPT 函数可以按照给定次数重复显示文本。

函数语法：= REPT(text, number_times)。

参数说明如下。

- text（必选）：表示需要重复显示的文本。
- number_times（必选）：指定重复显示文本的次数，如果指定次数是小数，则该数将被截尾取整。

例如，某公司为了激励员工，将员工的销售业绩分为多个级别，并根据销售等级设置一定的奖励提成，现要准确判定员工的销售等级，具体操作方法如下。

步骤 01 打开"素材文件\第 12 章\REPT 函数 .xlsx"，选中要存放结果的 C2 单元格，输入公式"=IF(B2<5,REPT("A",3), IF(B2<10,REPT("A",5),REPT("A",8)))"，按 Enter 键即可得到计算结果，如下图所示。

小提示

如果参数 number_times 为 0，则 REPT 函数将返回空文本。

REPT 函数返回结果的字符个数只能是 0~32767，否则将返回错误值"#VALUE！"。

步骤 02 利用填充功能向下复制公式，如下图所示。

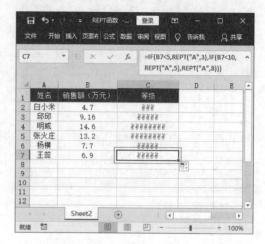

055 使用 CONCATENATE 函数将多个文本合并到一处

扫一扫，看视频

CONCATENATE 函数用于将两个或多个文本合并为一个整体。

函数语法：= CONCATENATE (text1, text2, ...)。

参数说明如下。

- text1（必选）：表示要合并的第一个文本项，该参数可以是数字或单元格引用。
- text2（可选）：表示其他文本项，最多为 255 项，项与项之间必须用逗号隔开，该参数可以是数字或单元格引用。

例如，要把电话区号与号码分开输入的电话号码合并，具体操作方法如下。

步骤 01 打开"素材文件\第 12 章\CONCATENATE 函数 .xlsx"，选中要存放结果的 C2 单元格，输入公式"=CONCATENATE (A2, "-", B2)"，按 Enter 键即可得到计算结果，如下图所示。

步骤 02 利用填充功能向下复制公式，即可合并其他电话号码，如下图所示。

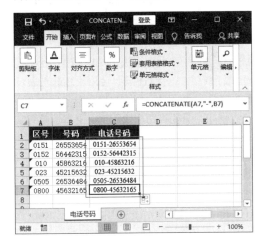

056　使用 DOLLAR 函数将数字转换为带美元符号 $ 的文本

DOLLAR 函数根据货币格式，将数字转换成指定文本格式，并应用货币符号，其中函数的名称及其应用的货币符号取决于操作系统中的语言设置。使用的格式是：($#,##0.00_) 或 ($#,##0.00)。

函数语法：= DOLLAR(number, decimals)。

参数说明如下。

● number（必选）：表示需要转换的数字，

该参数可以是数字，也可以是指定的单元格。

● decimals（可选）：表示以十进制数表示的小数位数。如果省略该参数，则表示保留两位小数。如果该参数为负数，则表示在小数点左侧进行四舍五入。

例如，要将商品价格转换成以美元标价的出口商品，具体操作方法如下。

步骤 01 打开"素材文件 \ 第 12 章 \DOLLAR 函数 .xlsx"，选中要存放结果的 C2 单元格，输入公式"=DOLLAR(B2/6.83,2)"，按 Enter 键即可得到计算结果，如下图所示。

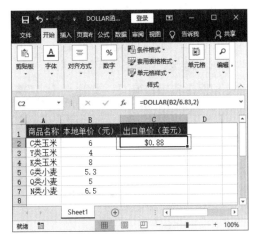

步骤 02 利用填充功能向下复制公式，即可对其他单元格进行计算，如下图所示。

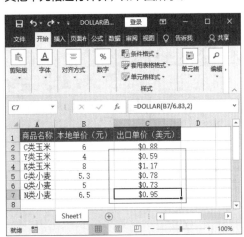

057　使用 LOWER 函数将英文大写字母转换为小写字母

扫一扫，看视频

　　LOWER 函数用于将文本字符串中的大写字母转换为小写字母。

　　函数语法：= LOWER(text)。

　　参数说明：text（必选）表示需要转换为小写字母的文本字符串。

　　例如，某企业的登录系统只能接收小写密码，对用户输入的所有密码都需要转换为小写，具体操作方法如下。

步骤 01　打开"素材文件 \ 第 12 章 \LOWER 函数 .xlsx"，选中要存放结果的 B2 单元格，输入公式"=LOWER(A2)"，按 Enter 键即可得到计算结果，如下图所示。

小提示

　　LOWER 函数只能转换一个单元格的文本字符串，而不能转换单元格区域。

　　LOWER 函数只能转换英文字符，而不能转换数字等非英文字符。

步骤 02　利用填充功能向下复制公式，即可对其他单元格进行计算，如下图所示。

058　使用 UPPER 函数将英文小写字母转换为大写字母

扫一扫，看视频

　　UPPER 函数用于将英文小写字母转换为大写字母。

　　函数语法：= UPPER(text)。

　　参数说明：text（必选）表示需要转换为大写字母的文本字符串。

　　例如，需要将每个单元格中文本的首写字母大写，其他保持不变，具体操作方法如下。

步骤 01　打开"素材文件 \ 第 12 章 \UPPER 函数 .xlsx"，选中要存放结果的 B1 单元格，输入公式"=UPPER(LEFT(A1,1))&LOWER(RIGHT(A1,LEN(A1)−1))"，按 Enter 键即可将文本的首字母转换为大写，如下图所示。

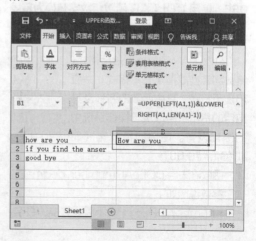

步骤 02 利用填充功能向下复制公式，即可转换其他单元格的数据，如下图所示。

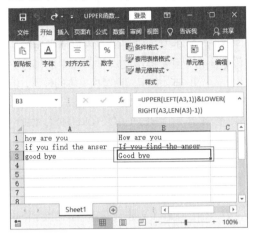

小提示

UPPER 函数只能转换一个单元格内的文本字符串，而不能转换单元格区域。该函数只能转换英文字符，不能转换数字及非英文字符。

059　使用 EXACT 函数比较两个文本是否相同

EXACT 函数用于比较两个字符串是否完全相同，如果完全相同，则返回 TRUE；如果不同，则返回 FALSE。

扫一扫，看视频

函数语法：= EXACT(text1, text2)。

参数说明如下。

- text1（必选）：表示需要比较的第一个文本字符串。使用 EXACT 函数时，该参数可以直接输入字符串，也可以输入指定单元格。
- text2（必选）：表示需要比较的第二个文本字符串。使用 EXACT 函数时，该参数可以直接输入字符串，也可以输入指定单元格。

例如，某公司需要采购一批商品，现有两个经销商报价，采购部门需要比较两个经销商的报价是否一致，具体操作方法如下。

步骤 01 打开"素材文件 \ 第 12 章 \EXACT 函数 .xlsx"，选中要存放结果的 D2 单元格，

输入公式"=EXACT(B2,C2)"，按 Enter 键即可得到计算结果，如下图所示。

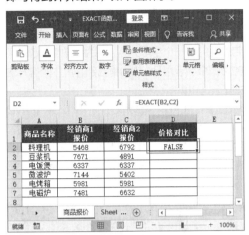

步骤 02 利用填充功能向下复制公式，即可对其他商品的报价进行对比，如下图所示。

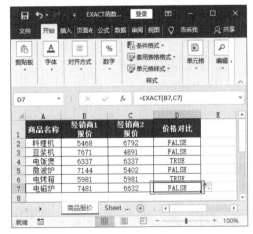

060　使用 FIND 函数判断员工所属部门

扫一扫，看视频

FIND 函数用于查找一个文本字符在文本字符串中第一次出现的位置。根据查找出的位置符号，可以对该字符进行修改、删除等。

函数语法：= FIND(find_ text，within_text，start_num)。

参数说明如下。

- find_text（必选）：表示要查找的文本。
- within_text（必选）：表示需要查找文本的文本字符串。

- start_num（可选）：表示文本第一次出现的起始位置。

例如，某公司统计员工的部门编号信息和销量信息，需要根据部门编号判断员工所属部门，若编号的第一个字母为 A，则为行政部；若编号的第一个字母为 B，则为销售部，具体操作方法如下。

步骤 01 打开"素材文件 \ 第 12 章 \FIND 函数 .xlsx"，选中要存放结果的 C2 单元格，输 入 公 式 "=IF(ISNUMBER(FIND ("A"，A2))，" 行政部 "，" 财务部 ")"，按 Enter 键，如下图所示。

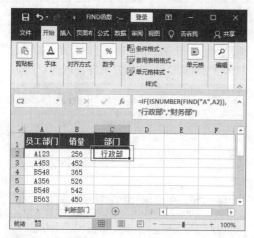

步骤 02 利用填充功能向下复制公式，即可查看所有员工所在部门，如下图所示。

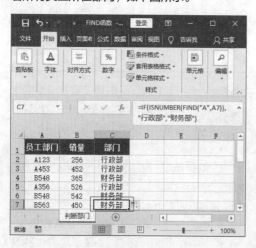

061 使用 REPLACE 函数以字符为单位根据指定位置进行替换

扫一扫，看视频

REPLACE 函数可以使用其他文本字符串并根据所指定的位置替换某文本字符串中的部分文本。如果知道替换文本的位置，但不知道该文本，就可以使用该函数。

函数语法：=REPLACE(old_text, start_num, num_chars, new_text)。

参数说明如下。

- old_text（必选）：表示要替换其部分字符的文本。
- start_num（必选）：表示需要替换字符的位置。
- num_chars（必选）：表示需要替换字符的个数。
- new_text（必选）：表示需要替换字符的文本。

例如，某企业在举行抽奖活动时，考虑到中奖者隐私，需要屏蔽中奖号码的后几位，具体操作方法如下。

步骤 01 打开"素材文件\第12章\REPLACE 函数 .xlsx"，选中要存放结果的 C2 单元格，输 入 公 式 "=REPLACE (B2,8,4,"****")"，按 Enter 键即可得到计算结果，如下图所示。

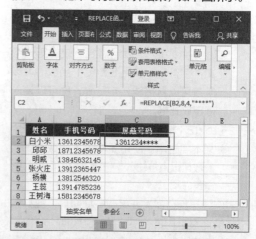

步骤 02 利用填充功能向下复制公式，即可将指定数字替换为特定符号，如下图所示。

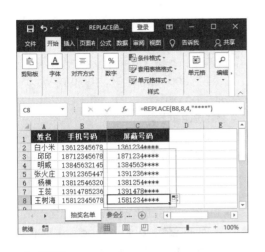

12.5　查找与引用函数使用技巧

查找和引用是 Excel 提供的一项重要功能，这类函数比较多，主要用于查找单元格区域内的数值，并进行相应的操作。掌握这些函数的应用技巧，可以在不知道数据具体位置的情况下，快速查找并进行引用，使程序的可操作性和灵活性更强。

062　使用 CHOOSE 函数根据序号从列表中选择对应的内容

CHOOSE 函数可以使用 index_num 返回参数列表中的数值，使用该函数最多可以根据索引号从 254 个数值中选择一个。使用 CHOOSE 函数可以直接返回 value 给定的单元格。如果需要在单元格区域中对返回的单元格数据进行求和，则需要同时使用 SUM 函数和 CHOOSE 函数。

扫一扫，看视频

函数语法: =CHOOSE(index_num, value1, value2,…)。

参数说明如下。

- index_num（必选）：指定所选定的值参数。必须为 1~254 之间的数字，或者为公式或对包含 1~254 中某个数字的单元格的引用。如果 index_num 为 1，则 CHOOSE 函数返回 value1；如果为 2，则 CHOOSE 函数返回 value2，

以此类推。

- value1（必选）：表示第一个数值参数。
- value2（可选）：这些数值参数的个数介于 2~254 之间，CHOOSE 函数基于 index_num 从这些数值参数中选择一个数值或一项要执行的操作。参数可以为数字、单元格引用、已定义名称、公式、函数或文本。

例如，某公司在年底根据员工全年的销售额考评销售员的等级，销售额大于 200000 元时，销售等级为 A 级，销售额在 130000 元到 200000 元之间为 B 级，销售额在 100000 元到 130000 元之间为 C 级，销售额小于 100000 元时为 D 级，具体操作方法如下。

步骤 01 打开"素材文件\第 12 章\CHOOSE 函数 .xlsx"，选择要存放结果的 E2 单元格，输入公式"=CHOOSE(IF(D2>200000,1,IF(D2>=130000,2,IF(D2>=100000,3,4))),"A

级 "","B 级 "","C 级 "","D 级 ")"，按 Enter 键，即可判定员工的销售等级，如下图所示。

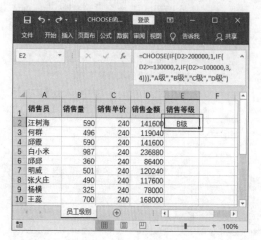

步骤 02 利用填充功能向下复制公式，计算出其他员工的销售等级，如下图所示。

![CHOOSE函数填充示意图]

小提示

- 如果 index_num 小于 1 或大于列表中最后一个值的序号，则 CHOOSE 函数返回错误值 "#VALUE!"。
- 如果参数 index_num 为小数，在使用前将被截尾取整。

063 使用 LOOKUP 函数在向量中查找值

使用 LOOKUP 函数在单行区域或单列区域（称为"向量"）中查找值，然后返回第二

扫一扫，看视频

个单行区域或单列区域中相同位置的值。

函 数 语 法：= LOOKUP (lookup_value, lookup_vector, [result_vector])。

参数说明如下。

- lookup_value（必选）：LOOKUP 函数在第一个向量中搜索的值。lookup_value 可以是数字、文本、逻辑值、名称或对值的引用。
- lookup_vector（必选）：只包含一行或一列的区域。lookup_vector 中的值可以是文本、数字或逻辑值。
- result_vector（可选）：只包含一行或一列的区域。result_vector 参数必须与 lookup_vector 参数的大小相同。

例如，某公司记录了员工年底销售情况，分别有员工编号、员工姓名、员工销售额及销售排名等信息，若通过肉眼一个一个查找相关信息需要耗费大量时间。为了方便查找各类数据，可以使用 LOOKUP 函数，具体操作方法如下。

步骤 01 打开"素材文件 \ 第 12 章 \LOOKUP 函数 .xlsx"，选择要存放结果的 G4 单元格，输入公式 "=LOOKUP($G$3,$A$2:$A$10, B$2:B$10)"，按 Enter 键即可得到编号为 AP106 的员工姓名，如下图所示。

步骤 02 选择 G5 单元格，输入公式 "=LOOKUP ($G$3,$A$2:$A$10,C$2:C$10)"，按 Enter 键，即可得到编号为 AP106 的员工的总销售

额，如下图所示。

步骤 03 选择 G6 单元格，输入公式 "=LOOKUP($G$3,$A$2:$A$10,D$2:D$10)"，按 Enter 键，即可得到编号为 AP106 的员工的名次，如下图所示。

064　使用 HLOOKUP 函数查找数组的首行，并返回指定单元格的值

扫一扫，看视频

HLOOKUP 函数用于在表格或数值数组的首行查找指定的数值，并在表格或数组中指定行的同一列中返回一个数值。HLOOKUP 中的 H 代表"行"。

函数语法：= HLOOKUP(lookup_value, table_array, row_index_num, [range_lookup])。

参数说明如下。

- lookup_value（必选）：需要在表的第一行中查找的数值。该参数可以为数值、单元格引用或文本字符串。
- table_array（必选）：需要在其中查找数据的信息表，是对区域或区域名称的引用。该参数第一行的数值可以为文本、数字或逻辑值。
- row_index_num（必选）：table_array 中待返回的匹配值的行序号。该参数为 1 时，返回第一行的某数值；该参数为 2 时，返回第二行的某数值，以此类推。
- range_lookup（可选）：逻辑值，指明查找时是精确匹配还是近似匹配。如果为 TRUE 或省略，则返回近似匹配值。也就是说，如果找不到精确匹配值，则返回小于 lookup_value 的最大数值。如 果 range_lookup 为 FALSE ；则 HLOOKUP 函数将查找精确匹配值，如果找不到，则返回错误值 "#N/A"。

例如，要在销量表中查看商品在某月的具体销量，具体操作方法如下。

打开"素材文件 \ 第 12 章 \HLOOKUP 函数 .xlsx"，在 B9、B10 单元格内输入查找商品的名称和具体时间，然后在 B11 单元格内输入公式 "=HLOOKUP(B10,A1:E7, MATCH(B9,A1:A7,0))"，完成后按 Enter 键即可查找出该商品在指定时间内的销量，如下图所示。

🔔 **小提示**

- 参数 lookup_vector 中的值必须以升序排列：…，-2，-1，0，1，2，…，A ~ Z，FALSE，TRUE。否则，LOOKUP 函数可能无法返回正确的值。大写文本和小写文本是相同的。
- 如果 LOOKUP 函数找不到 lookup_value，则它与 lookup_vector 中小于或等于 lookup_value 的最大值匹配。
- 如果参数 lookup_value 小于参数 lookup_vector 中的最小值，则 LOOKUP 函数会返回错误值 "#N/A"。

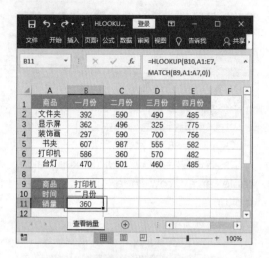

小提示

在工作表中查找数据时，数据源不能发生改变，如果对单元格、行或列进行更改，则查找出的值就会出现错误值。

065　使用 ADDRESS 函数返回指定行号和列号对应的单元格地址

扫一扫，看视频

ADDRESS 函数用于在给出指定行数和列数的情况下获取工作表中单元格的地址。

函数语法：= ADDRESS(row_num, column_num, [abs_num], [a1], [sheet_text])。

参数说明如下。

- row_num（必选）：数值，指定要在单元格引用中使用的行号。
- column_num（必选）：数值，指定要在单元格引用中使用的列号。
- abs_num（可选）：数值，指定要返回的引用类型。
- a1（可选）：逻辑值，指定 a1 或 R1C1 引用样式。在 a1 样式中，列和行将分别按字母和数字顺序添加标签；在 R1C1 样式中，列和行均按数字顺序添加标签。
- sheet_text（可选）：文本值，指定要用作外部引用的工作表的名称。

例如，某公司要在年底考核情况表中找到平均成绩最高的员工，给予特别奖励，具体操作方法如下。

打开"素材文件 \ 第 12 章 \ADDRESS 函数 .xlsx"，选择要存放结果的 E1 单元格，输入公式"=ADDRESS(MAX(IF(B2:B11=MAX(B2:B11),ROW(2:11))),2)"，按 Ctrl+Shift+Enter 键即可显示出成绩最高的单元格，如下图所示。

066　使用 INDIRECT 函数返回由文本值指定的引用

扫一扫，看视频

INDIRECT 函数用于返回由文本字符串指定的引用。此函数立即对引用进行计算，并显示其内容。

函数语法：= INDIRECT(ref_text, [a1])。

参数说明如下。

- ref_text（必选）：对单元格的引用，此单元格包含 a1 样式的引用、R1C1 样式的引用、定义为引用的名称或对作为文本字符串的单元格的引用。
- a1（可选）：逻辑值，用于指定包含在单元格 ref_text 中的引用的类型。

例如，在一个工作表中，已知店铺代码和门市位置，引用方式为 TRUE，要求返回 E7 单元格的内容，具体操作方法如下。

打开"素材文件 \ 第 12 章 \INDIRECT 函数 .xlsx",选择要存放结果的 B9 单元格,输入公式"=INDIRECT(B1,B2)",按 Enter 键即可得出返回 E7 单元格的内容,如下图所示。

067 使用 GETPIVOTDATA 函数提取数据透视表中的数据

GETPIVOTDATA 函数用于返回存储在数据透视表中的数据。

函数语法:= GETPIVOTDATA (data_field, pivot_table, [field1, item1, field2, item2], ...)。

扫一扫,看视频

参数说明如下。

- data_field(必选):包含要检索数据的数据字段的名称,用引号引起来。
- pivot_table(必选):在数据透视表中对任何单元格、单元格区域或命名的单

元格区域的引用。此信息用于决定哪个数据透视表包含要检索的数据。

- field1, item1, field2, item2(可选):1~126 对应用于描述要检索的数据的字段名和项名称,可以按任何顺序排列。字段名和项名称(而不是日期和数字)用引号引起来。

例如,某公司将一月份和二月份的销售数据整理成数据透视表,现在需要在该数据表内根据员工姓名和销售产品名称,查找与之相对应的销售额,具体操作方法如下。

打开"素材文件 \ 第 12 章 \GETPIVOTDATA 函数 .xlsx",选择要存放结果的 I5 单元格,输入公式"=GETPIVOTDATA(" 销售额 ", A1, H3, I3, H4, I4)",按 Enter 键即可得到结果,如下图所示。

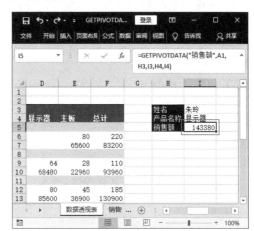

12.6 统计函数使用技巧

统计函数是 Excel 中使用频率最高的一类函数,从简单的计数与求和,到多区域中多个条件下的计数与求和,都要用到这类函数。

068 使用 AVERAGEA 函数计算参数中非空值的平均值

扫一扫，看视频

AVERAGEA 函数用于计算参数列表中数值的平均值（算术平均值）。

函 数 语 法：=AVERAGEA (value1, [value2],...)。

参数说明如下。

- value1（必选）：要计算平均值的第一个单元格、单元格区域或值。
- value2（可选）：要计算平均值的其他数字、单元格引用或单元格区域，最多可包含 255 个。

例如，某公司对部分员工的获奖情况进行记录，但是有些员工并没有获得奖金。现在需要统计该公司员工领取奖金的平均值，可以使用 AVERAGE 和 AVERAGEA 函数进行计算，具体操作方法如下。

步骤 01 打 开 " 素 材 文 件 \ 第 12 章 \AVERAGEA 函数 .xlsx"，选择要存放结果的 C18 单元格，输入公式 "=AVERAGE (D2:D16)"，按 Enter 键即可计算出所有数值单元格的平均奖金，如下图所示。

步骤 02 选择要存放结果的 C19 单元格，输入公式 "=AVERAGEA(D2:D16)"，按 Enter 键即可计算出所选区域内单元格的平均奖金，如下图所示。

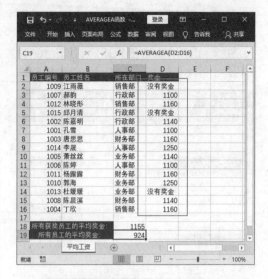

小提示

针对不是数值类型的单元格，AVERAGE 函数会将其忽略，不参与计算；而 AVERAGEA 函数则将其处理为数值 0，然后参与计算。

069 使用 AVERAGEIF 函数计算指定条件的平均值

扫一扫，看视频

AVERAGEIF 函数返回某个区域内满足给定条件的所有单元格的平均值（算术平均值）。

函数语法：=AVERAGEIF (range, criteria, [average_range])。

参数说明如下。

- range（必选）：要计算平均值的一个或多个单元格，其中包括数字或数字的名称、数组或引用。
- criteria（必选）：数字、表达式、单元格引用或文本形式的条件，用于定义要对哪些单元格计算平均值。例如，条件可以表示为 32、"32"、">32"、" 苹果 " 或 B4。
- average_range（可选）：要计算平均值的实际单元格集。如果忽略，则使用 range。

在日常工作中，如果需要对数据区域

按给定的条件计算平均值，则可以使用 AVERAGEIF 函数，具体操作方法如下。

打开"素材文件\第 12 章\AVERAGEIF 函数 .xlsx"，选择要存放结果的 B19 单元格，输入公式"=AVERAGEIF (C2:C16, A19, E2:E16)"，按 Enter 键即可计算出所有性别为"男"的平均奖金，如下图所示。

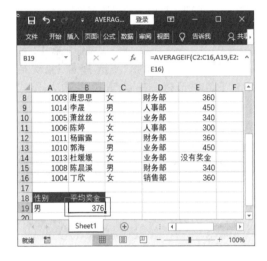

070　使用 AVERAGEIFS 函数计算多个条件的平均值

AVERAGEIFS 函数返回满足多个条件的所有单元格的平均值（算术平均值）。

扫一扫，看视频

函数语法：= AVERAGEIFS (average_range,criteria_range1, criteria1, [criteria_range2, criteria2], …)。

参数说明如下。

- average_range（必选）：要计算平均值的一个或多个单元格，其中包括数字或数字的名称、数组或引用。
- criteria_range1（必选）：在其中计算关联条件的一个区域。
- criteria_range2（可选）：在其中计算关联条件的 2~127 个区域。
- criteria1（必选）：数字、表达式、单元格引用或文本形式的 1~127 个条件，用于定义将对哪些单元格求平均值。例如，

条件可以表示为 32、"32"、">32"、" 苹果 " 或 B4。

- criteria2（可选）：数字、表达式、单元格引用或文本形式的 2~127 个条件，用于定义将对哪些单元格求平均值。

根据 AVERAGEIFS 函数的功能，在平均奖金表中，计算出符合多个条件的平均奖金，如性别为"男"，所在部门为"业务部"，具体操作方法如下。

打开"素材文件\第 12 章\AVERAGEIFS 函数 .xlsx"，选择要存放结果的 C19 单元格，输入公式"=AVERAGEIFS(E2:E16,C2:C16, A19,D2:D16,B19)"，按 Enter 键即可计算出符合条件的员工的平均奖金，如下图所示。

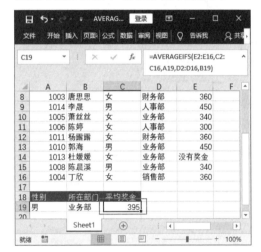

071　使用 COUNTA 函数计算参数列表中值的个数

扫一扫，看视频

COUNTA 函数用于计算区域中不为空的单元格的个数。

函数语法：= COUNTA (value1, [value2], …)。

参数说明如下。

- value1（必选）：表示要计数的值的第一个参数。
- value2（可选）：表示要计数的值的其他参数，最多可包含 255 个参数。

例如，公司管理人员在整理员工考勤表时，

需要统计当月迟到人数，可以使用 COUNTA 函数进行统计，具体操作方法如下。

打开"素材文件\第 12 章\COUNTA 函数 .xlsx"，选择要存放结果的 D2 单元格，输入公式"=COUNTA(B2:B10)"，按 Enter 键即可显示出迟到员工的人数，如下图所示。

小提示

单元格统计函数的功能是统计满足某些条件的单元格的个数。在 Excel 中单元格是存储数据和信息的基本单元，因此统计单元格的个数，实质上就是统计满足某些条件的单元格数量。COUNTA 函数可以对包含任何类型信息的单元格进行计数，包括错误值和空文本。如果只对包含数字的单元格进行计数，就需要使用 COUNT 函数。

072 使用 COUNTIF 函数计算参数列表中值的个数

扫一扫，看视频

COUNTIF 函数用于对区域中满足单个指定条件的单元格进行计数。

函数语法: =COUNTIF (range, criteria)。

参数说明如下。

- range（必选）：要对其进行计数的一个或多个单元格，其中包括数字或名称、数组或包含数字的引用。空值和文本值将被忽略。
- criteria（必选）：用于定义将对哪些单

元格进行计数的数字、表达式、单元格引用或文本字符串。例如，条件可以表示为 32、">32"、B4、" 苹果 " 或 "32"。

例如，某公司计划开发新产品，需要提前做一份市场调查，以便对顾客需求进行详细了解。为了统计受访者人数，现在需要对受访者编号进行整理，并检查编号是否有重复，以提高调查结果的准确率，具体操作方法如下。

步骤 01 打开"素材文件\第 12 章\COUNTIF 函数 .xlsx"，选择要存放结果的 B2 单元格，在编辑栏中输入公式"=IF((COUNTIF($A$3:$A$9,A2))>1," 重复","")"，按 Enter 键即可，如下图所示。

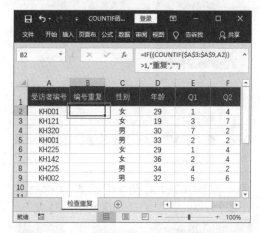

步骤 02 将公式向下填充，即可查看编号的重复情况，如下图所示。

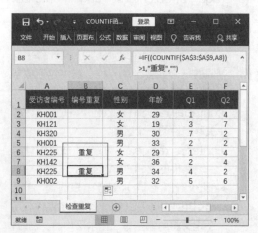

073　使用 COUNTIFS 函数进行多条件统计

COUNTIFS 函数用于将条件应用于跨多个区域的单元格，并计算符合所有条件的次数。

扫一扫，看视频

函数语法: =COUNTIFS (criteria_range1, criteria1,[criteria_range2, criteria2], ...)。

参数说明如下。

- criteria_range1（必选）：在其中计算关联条件的第一个区域。
- criteria1（必选）：表示要进行判断的第一个条件，条件的形式为数字、表达式、单元格引用或文本，用于定义将对哪些单元格进行计数。
- criteria_range2, criteria2,...（可选）：附加的区域及其关联条件，最多允许 127 个区域 / 条件对。

例如，使用 COUNTIFS 函数计算所在部门为行政部，且工龄在 6 年以上（含 6 年）的员工人数，具体操作方法如下。

打开"素材文件 \ 第 12 章 \COUNTIFS 函数 .xlsx"，选中要存放结果的 D18 单元格，输入公式"=COUNTIFS (C2:C16," 行 政 部 ", H2:H16,">=6")"，按 Enter 键即可得到计算结果，如下图所示。

小提示

COUNTIFS 函数的每个附加区域都必须与参数 criteria_range1 具有相同的行数和列数。这些区域无须彼此相邻。只有单元格区域中的每一单元格满足对应的条件时，COUNTIFS 函数才对其进行计算。在条件中还可以使用通配符。

074　使用 SMALL 函数在销售表中按条件返回第 k 个最小值

扫一扫，看视频

SMALL 函数用于返回数据集中第 k 个最小值。使用此函数可以返回数据集中特定位置的数值。

函数语法: = SMALL(array, k)。

参数说明如下。

- array（必选）：需要找到第 k 个最小值的数组或数字型数据区域。
- k（必选）：要返回的数据在数组或数据区域的位置（从小到大）。

例如，在销售表中，如果需要返回销售额最小的第 5 名时，可以使用 SMALL 函数，具体操作方法如下。

打开"素材文件 \ 第 12 章 \SMALL 函数 .xlsx"，选择要存放结果的 C13 单元格，输入公式"=SMALL(D2 : D11,5)"，按 Enter 键即可计算出销售额最小的第 5 名的金额，如下图所示。

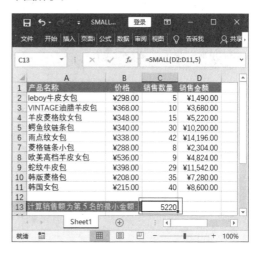

075　使用 RANK.EQ 函数对经营收入进行排序

扫一扫，看视频

　　RANK.EQ 函数用于返回一个数字在数字列表中的排位，数字的排位是其大小与列表中其他值的比较结果（如果列表已排过序，则数字的排位就是它当前的位置）。如果多个值具有相同的排位，则返回该组数值的最高排位。如果要对列表进行排序，则数字排位可以作为其位置。

　　函数语法：=RANK.EQ(number, ref, [order])。

　　参数说明如下。

- number（必选）：需要找到排位的数字。
- ref（必选）：数字列表数组或对数字列表的引用。ref 中的非数值型数据将被忽略。
- order（可选）：表示数字排位的方式。如果 order 为 0（零）或省略，对数字的排位是基于参数 ref 按照降序排列的列表；如果 order 不为 0（零），对数字的排位是基于参数 ref 按照升序排列的列表。

　　例如，年底时某大型娱乐场所统计了上一年的经营数据，为了能够预测明年的经营情况，需要对上一年的经营数据进行排位。此时，可以使用 RANK.EQ 函数进行排位，操作方法如下。

　　步骤 01 打开"素材文件 \ 第 12 章 \RANK. EQ 函数 .xlsx"，选择要存放结果的 C2 单元格，输入公式"=RANK.EQ(B2, $B$2:$B$13,)"，按 Enter 键即可得出计算结果，如下图所示。

　　步骤 02 利用填充功能向下复制公式，计算出所有月份的排位，如下图所示。

小提示

　　RANK.EQ 函数对重复数的排位相同，但重复数的存在将影响后续数值的排位。例如，在一列按升序排列的整数中，如果数字 10 出现两次，其排位为 5，则 11 的排位为 7（没有排位为 6 的数值）。

076　使用 MODE.SNGL 函数返回在数据集内出现次数最多的数值

扫一扫，看视频

　　MODE.SNGL 函数用于返回在某一数组或数据集中出现频率最多的数值。

　　函数语法：= MODE.SNGL (number1,[number2], ...)。

　　参数说明如下。

- number1（必选）：要计算其众数的第一个数字参数。
- number2（可选）：要计算其众数的第 2~254 个数字参数。也可以用单一数组或对某个数组的引用来代替用逗号分隔的参数。

　　例如，在学生成绩表中，使用 MODE. SNGL 函数可以统计出现频率最多的多个分数，具体操作方法如下。

打开"素材文件 \ 第 12 章 \MODE.SNGL 函数 .xlsx",选择要存放结果的 C13 单元格,输入公式"=MODE.SNGL (B2:E11)",按 Enter 键即可统计出频率最多的数值,如下图所示。

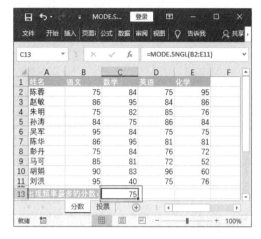

077　使用 COVARIANCE.P 函数计算上下两个半月销售量的总体方差

COVARIANCE.P 函数用于返回总体协方差,即两个数据集中每对数据点的偏差乘积的平均数。利用协方差可以确定两个数据集之间的关系。

扫一扫,看视频

函 数 语 法: =COVARIANCE.P(array1, array2)。

参数说明如下。

- array1(必选):第一个所含数据为整数的单元格区域。
- array2(必选):第二个所含数据为整数的单元格区域。

例如,工作表中记录了某商店在一月内各商品上下两个半月的销量对比情况,现在需要计算该月销售量的总体方差,具体操作方法如下。

打开"素材文件 \ 第 12 章 \COVARIANCE. P 函数 .xlsx",选择要存放结果的 C9 单元格,输入公式"=COVARIANCE.P(B2:B7, C2:C7)",按 Enter 键即可得出计算结果,如下图所示。

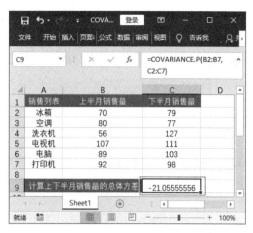

078　使用 CORREL 函数计算员工工龄与销售量之间的关系

扫一扫,看视频

CORREL 函数用于返回单元格区域 array1 和 array2 之间的相关系数。使用相关系数可以确定两种属性之间的关系。

函数语法:= CORREL(array1, array2)。

参数说明如下。

- array1(必选):第一组数值单元格区域。
- array2(必选):第二组数值单元格区域。

例如,工作表中记录了员工销售情况,现在需要根据员工工龄和销售量返回销售量与员工工龄之间的相关系数,具体操作方法如下。

打开"素材文件 \ 第 12 章 \CORREL 函数 .xlsx",选择要存放结果的 G1 单元格,输入公式"=CORREL(B2:B7, C2:C7)",按 Enter 键即可得出计算结果,如下图所示。

12.7 日期与时间函数使用技巧

在 Excel 中处理日期和时间时，初学者经常会遇到处理失败的情况。为了避免出现错误，除了需要掌握设置单元格格式为日期和时间格式外，还需要掌握日期和时间函数的使用技巧。

079 使用 NOW 函数返回当前日期和时间的序列号

扫一扫，看视频

NOW 函数用于返回当前日期和时间的序列号。序列号是 Excel 中进行日期和时间计算时使用的日期－时间代码。

函数语法：=NOW()。

该函数没有参数。

例如，需要在工作表中填写当前日期和时间，具体操作方法如下。

打开"素材文件 \ 第 12 章 \NOW 函数.xlsx"，选择存放结果的 B18 单元格，输入公式"=NOW()"，按 Enter 键，即可显示当前日期和时间，如下图所示。

	A	B	C	D	
7	0006	张光华	项目组	15843977219	50023
8	0007	陈利	财务部	13679010576	50023
9	0008	袁平远	财务部	13586245369	50023
10	0009	陈明虹	项目组	16945676952	50023
11	0010	王彤	行政部	13058695996	50023
12	0011	陈凤	人力资源	13182946695	50023
13	0012	刘明	项目组	15935952955	50023
14	0013	王一鸣	行政部	15666626966	50023
15	0014	周光华	财务部	13688595699	50023
16	0015	王定用	营销部	13946962932	50023
17					
18	制表时间	2021/5/11 14:49			

🔔 **小提示**

● NOW 函数的结果仅在计算工作表或运行含有该函数的宏时才改变，并不会持续更新。

● NOW 函数返回的是 Windows 系统中已经设置好的时间，所以只要是系统的日期和时间设置无误，也就相当于 NOW 函数返回的是当前日期和时间。

080 使用 TODAY 函数返回当前日期的序列号

扫一扫，看视频

TODAY 函数用于返回当前日期的序列号。

函数语法：= TODAY()。

该函数没有参数。

例如，在统计试用期员工的到期人数时，需要显示出当前日期，公司规定试用期为 3 个月，即 90 天。现在需要根据员工从入职至今的时间，计算出员工的试用期是否到期，具体操作方法如下。

步骤 01 打开"素材文件 \ 第 12 章 \TODAY 函数.xlsx"，选择要存放当前日期结果的 F4 单元格，输入公式"= TODAY()"，按 Enter 键即可得出计算结果，如下图所示。

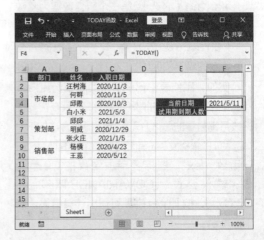

小提示

在"常规"格式的单元格内输入公式"=TODAY()"并按 Enter 键后，Excel 会以普通的日期格式显示当前日期，如果需要显示与日期相对应的序列号，则需要将单元格格式再次设置为"常规"。

步骤 02 选择要存放试用期到期人数结果的 F5 单元格，输入公式"=COUNTIF(C2:C10,"<"&TODAY()-90)"，按 Enter 键即可显示试用期到期人数，如下图所示。

小技巧

选中单元格，直接按 Ctrl+; 和 Ctrl+Shift+; 组合键可以快速输入当前日期和时间，但是在重新计算工作表时，该日期和时间并不会自动更新。

081 使用 DATE 函数将数值转换为日期格式

DATE 函数用于返回表示特定日期的连续序列号。

函数语法：= DATE(year, month,day)。

扫一扫，看视频

参数说明如下。

- year（必选）：表示年的数字，该参数的值可以包含 1~4 位数字。

- month（必选）：正整数或负整数，表示一年中从 1 月至 12 月（一月到十二月）的各个月。

- day（必选）：正整数或负整数，表示一月中从 1 日到 31 日的各天。

要使用 DATE 函数返回日期，具体操作方法如下。

步骤 01 打开"素材文件 \ 第 12 章 \ DATE 函数 .xlsx"，选中要存放结果的 B5 单元格，输入公式"=DATE($A$2,$A$3,A5)"，按 Enter 键即可得到计算结果。利用填充功能向下复制公式，即可在日期单元格内显示相应的日期，如下图所示。

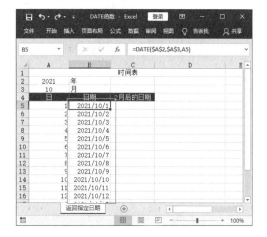

小提示

为避免出现意外结果，建议对 year 参数使用 4 位数字。例如，如果只使用"07"，则将返回"1907"作为年值。

步骤 02 若需要显示两个月后的日期，在 month 参数上加上 2 即可。选中要存放结果的 C5 单元格，输入公式"=DATE($A$2, $A$3+2,A5)"，按 Enter 键即可得到计算结果。利用填充功能向下复制公式，即可返回其他日期相应的结果，如下图所示。

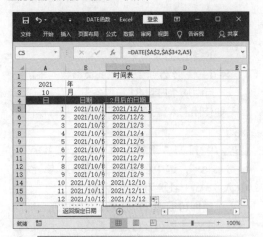

小提示

- 如果 year 介于 0（零）到 1899 之间（包含这两个值），Excel 会将该值与 1900 相加来计算年份。例如，DATE(108,1,2) 将返回 2008 年 1 月 2 日（1900+108）；如果 year 介于 1900 到 9999 之间（包含这两个值），Excel 将使用该数值作为年份。例如，DATE(2008,1,2) 将返回 2008 年 1 月 2 日。

- 如果 year 小于 0 或大于等于 10000，Excel 将返回错误值 "#NUM!"。

- 如果 month 大于 12，则 month 从指定年份的一月份开始累加该月份数；如果 month 小于 1，则 month 从指定年份的一月份开始递减该月份数，然后再加上 1 个月。例如，DATE(2008,–3,2) 返回表示 2007 年 9 月 2 日的序列号。

- 如果 day 大于指定月份的天数，则 day 从指定月份的第一天开始累加该天数。例如，DATE(2008,1,35) 返回表示 2008 年 2 月 4 日的序列号；如果 day 小于 1，则 day 从指定月份的第一天开始递减该天数，然后再加上 1 天。例如，DATE(2008,1,–15) 返回表示 2007 年 12 月 16 日的序列号。

082 使用 WEEKDAY 函数将序列号转换为星期几

扫一扫，看视频

WEEKDAY 函数可以返回某日期为星期几。默认情况下，返回值为 1 ~ 7 之间的整数。

函数语法：= WEEKDAY(serial_number, [return_type])。

参数说明如下。

- serial_number（必选）：序列号，代表尝试查找的那一天的日期。

- return_type（可选）：用于确定返回值类型的数字。
  - 若为 1 或忽略：返回数字 1（星期日）到数字 7（星期六）。
  - 若为 2 或 1：返回数字 1（星期一）到数字 7（星期日）。
  - 若为 3：返回数字 0（星期一）到数字 6（星期日）。
  - 若为 12：返回数字 1（星期二）到数字 7（星期一）。
  - 若为 13：返回数字 1（星期三）到数字 7（星期二）。
  - 若为 14：返回数字 1（星期四）到数字 7（星期三）。
  - 若为 15：返回数字 1（星期五）到数字 7（星期四）。
  - 若为 16：返回数字 1（星期六）到数字 7（星期五）；
  - 若为 17：返回数字 1（星期日）到数字 7（星期六）。

例如，某公司需要计算出星期一的产品销量，具体操作方法如下。

打开"素材文件 \ 第 12 章 \WEEKDAY 函数 .xlsx"，选择存放结果的 E3 单元格，输入公式"=SUM(IF(WEEKDAY(A2:A14,1)=1,B2:B14))"，按 Ctrl+Shift+Enter 键即可判断星期一的产品销量，如下图所示。

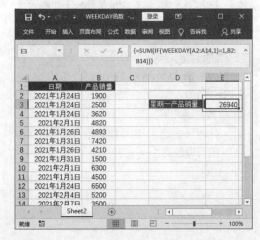

小提示

- 参数 serial_number 表示的日期应使用 DATE 函数输入，或者将日期作为其他公式或函数的结果输入。如果日期以文本形式输入，则将返回错误值 "#VALUE!"。
- 如果参数 serial_number 不在当前日期基数值的范围内，则返回错误值 "#NUM!"。
- 如果参数 return_type 不在上述表格中指定的范围内，则返回错误值 "#NUM!"。

083　使用 HOUR 函数返回小时数

HOUR 函数用于返回时间值的小时数。其返回值为 0(12:00A.M) ~ 23(11:00P.M) 之间的整数。

函数语法：= HOUR(serial_number)。

扫一扫，看视频

参数说明：serial_number（必选）表示一个时间值，其中包含要查找的时间。

例如，要计算各实验阶段所用的小时数，具体操作方法如下。

步骤 01　打开"素材文件 \ 第 12 章 \HOUR 函数 .xlsx"，选中要存放结果的 D4 单元格，输入公式"=HOUR(C4-B4)"，按 Enter 键即可计算出第 1 阶段所用的小时数，如下图所示。

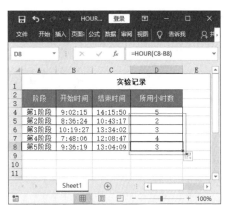

步骤 02　利用填充功能向下复制公式，即可计算出其他实验阶段所用的小时数，如下图所示。

084　使用 DATEVALUE 函数计算两月之间相差的天数

扫一扫，看视频

DATEVALUE 函数用于将存储为文本的日期转换为 Excel 识别日期的序列号。

函数语法：= DATEVALUE(date_text)。

参数说明：date_text（必选）表示 Excel 日期格式的日期文本，或者是对表示 Excel 日期格式的日期文本所在单元格的引用。

例如，某公司记录了 2020 年 1 月到 2021 年 1 月销售商品时签订订单的日期，现在需要计算出当月签订订单日期与上月签订订单日期之间的间隔天数，具体操作方法如下。

步骤 01　打开"素材文件\第12章\DATEVALUE 函数 .xlsx"，选中要存放结果的 D3 单元格，输入公式"=DATEVALUE (A3&B3&C3)-DATEVALUE (A2&B2&C2)"，按 Enter 键即可计算两月之间相差的天数，如下图所示。

步骤 02 利用填充功能向下复制公式，即可计算出其他订单签订日期之间相差的天数，如下图所示。

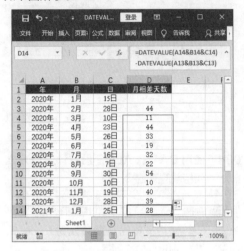

085 使用 DAYS360 函数计算某公司借款的总借款天数

扫一扫，看视频

DAYS360 函数用于按照一年360 天的算法（每个月以 30 天计，一年共计 12 个月），返回两个日期间相差的天数。

函数语法：= DAYS360(start_date, end_date, [method])。

参数说明如下。

- start_date（必选）：要计算期间天数的开始日期。
- end_date（必选）：要计算期间天数的结束日期。
- method（可选）：逻辑值，它指定在计算中是采用欧洲算法还是美国算法。

小提示

- 欧洲算法：如果起始日期或终止日期为某个月的 31 号，都将认为其等于本月的 30 号。
- 美国算法：如果起始日期是某个月的最后一天，则等于同月的 30 号。如果终止日期是某个月的最后一天，并且起始日期早于 30 号，则终止日期等于下个月的 1 号，否则，终止日期等于本月的 30 号。

例如，工作表中记录了过去多年的借贷情况，现在需要计算借款日期与还款日期之间的天数，具体操作方法如下。

步骤 01 打 开 " 素 材 文 件 \ 第 12 章 \ DAYS360 函数 .xlsx"，选中要存放结果的C2 单元格，输入公式 "=DAYS360(A2, B2, FALSE)"，按 Enter 键即可计算两个日期之间相差的天数，如下图所示。

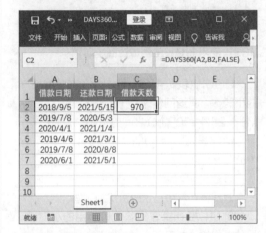

步骤 02 利用填充功能向下复制公式，即可得出所有结果，如下图所示。

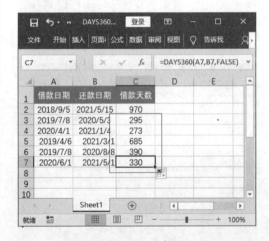

086 使用 NETWORKDAYS 函数返回两个日期间的工作日的天数

NETWORKDAYS 函数用于返回两个日期间工作日的天数。工作日不包括周末和国家的法定假期。

函数语法:= NETWORKDAYS (start_date, end_date, [holidays])。

参数说明如下。

扫一扫，看视频

- start_date（必选）：表示开始日期的日期。
- end_date（必选）：表示终止日期的日期。
- holidays（可选）：不在工作日历中的一个或多个日期所构成的可选区域。

例如，某公司开发某项目，预算了开始时间、结束时间和休假时间，现在要计算各个项目所用工作日的天数，具体操作方法如下。

步骤 01 打开"素材文件\第12章\NETWORKDAYS 函数.xlsx"，选中要存放结果的 E2 单元格，输入公式"=NETWORKDAYS(B3,C3,D3)"，按 Enter 键即可计算出项目 1 所用工作日的天数，然后利用填充功能向下复制公式，计算出项目 2 和项目 3 所用工作日的天数，如下图所示。

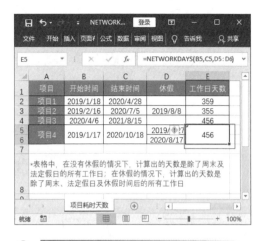

步骤 02 选中 E5 单元格，输入公式"=NETWORKDAYS(B5,C5,D5:D6)"，按 Enter 键，计算出项目 4 所用工作日的天数，如下图所示。

🔔 **小提示**

- 如果任何参数为无效的日期值，则 NETWORKDAYS 函数将返回错误值"#VALUE!"。
- 如果省略参数 holidays，则表示除固定双休日之外，没有其他任何节假日。

✏️ **读书笔记**

第**13**章

Excel 数据分析的操作技巧

本章导读

　　Excel 的数据分析功能十分强大，通过条件格式，可以查看符合条件的数据；通过排序和筛选，可以找出特殊要求的数据；通过图表，可以将分析的数据可视化；通过数据透视表，可以轻松汇总分析各种类型的数据。本章讲解 Excel 数据分析的操作技巧，以提高用户的数据分析能力。

知识技能

　　本章相关技巧及内容安排如下图所示。

```
                              ┌─ 7个条件格式操作技巧
                              │
                              ├─ 12个排序与筛选操作技巧
      Excel数据分析 ─────────┤
      的操作技巧              ├─ 10个图表操作技巧
                              │
                              └─ 11个数据透视表操作技巧
```

13.1 条件格式操作技巧

条件格式是指当单元格中的数据满足某个设定的条件时，系统会自动地将其以设定的格式显示出来，从而使数据更加直观。本节将讲解设置条件格式的一些操作技巧，如突出显示符合特定条件的单元格、突出显示高于或低于平均值的数据等。

087　复制条件格式产生的颜色

在工作表中设置了某种条件格式之后，会将符合条件的单元格以不同的颜色显示。如果查看效果之后不再需要条件格式，而只需要保留颜色，操作方法如下。

扫一扫，看视频

步骤 01 打开"素材文件 \ 第 13 章 \ 比赛评分 .xlsx"，❶ 选中 A3:H8 单元格区域，按 Ctrl+C 组合键进行复制操作；❷ 在"开始"选项卡"剪贴板"组中单击功能扩展按钮 ⌐，如下图所示。

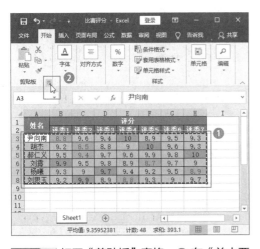

步骤 02 打开"剪贴板"窗格，❶ 在"单击要粘贴的项目"列表中，单击项目右侧的下拉按钮；❷ 在弹出的下拉列表中选择"粘贴"选项，如下图所示。

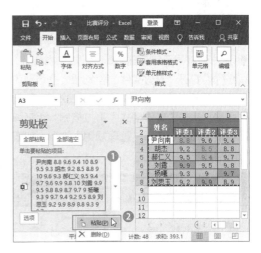

步骤 03 通过上述设置后，表格虽然看起来并没有发生变化，但实际上条件格式已经被删除，由条件格式产生的颜色得以保留，如下图所示。

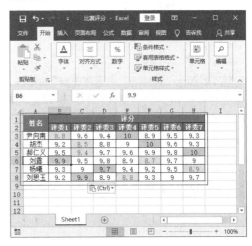

小技巧

通过上述操作后，如果需要验证是否删除了条件格式，使用清除规则进行验证即可。若执行清除操作后，颜色还在，则证明条件格式已经被删除。

088 数据条不显示单元格数值

在编辑工作表时，为了能一目了然地查看数据的大小，可以通过数据条功能实现。使用数据条显示单元格数值后，还可以根据操作需要，设置让数据条不显示单元格数值，操作方法如下。

扫一扫，看视频

步骤 01 打开"素材文件 \ 第 13 章 \ 各级别职员工资总额对比 .xlsx"，❶ 选中 C2:C8 单元格区域，单击"条件格式"下拉按钮；❷ 在弹出的下拉列表中选择"管理规则"选项，如下图所示。

步骤 02 弹出"条件格式规则管理器"对话框，❶ 在列表框中选中"数据条"选项；❷ 单击"编辑规则"按钮，如下图所示。

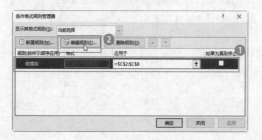

步骤 03 弹出"编辑格式规则"对话框，❶ 在"编辑规则说明"栏中勾选"仅显示数据条"复选框；❷ 单击"确定"按钮，如下图所示。

步骤 04 返回"条件格式规则管理器"对话框，单击"确定"按钮，在返回的工作表中可以查看效果，如下图所示。

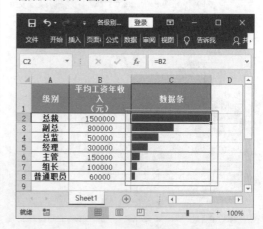

089 更改数据条边框的颜色

在工作表中使用数据条条件格式后，为了便于查看，可以将数据条边框设置为比较显眼的颜色，从

扫一扫，看视频

而使数据条的边界更加分明，操作方法如下。

步骤 01 打开"素材文件\第13章\各级别职员工资总额对比 1.xlsx"，选中 C2:C8 单元格区域，打开"编辑格式规则"对话框。❶ 在"条形图外观"栏的"边框"下拉列表中选择"实心边框"，在右侧的"颜色"下拉列表中选择需要的颜色；❷ 单击"确定"按钮，如下图所示。

步骤 02 返回工作表，可以看到数据条已经添加了边框，并且设置了显眼的颜色，如下图所示。

090　只在不合格的单元格上显示图标集

扫一扫，看视频

在使用图标集时，默认会为选择的单元格区域都添加图标集。如果想要在特定的某些单元格上添加图标集，则可以使用公式来实现。

例如，只在不合格的单元格上显示图标集，具体操作方法如下。

步骤 01 打开"素材文件\第13章\行业资格考试成绩表 .xlsx"，❶ 选中 B2:D15 单元格区域；❷ 单击"条件格式"下拉按钮；❸ 在弹出的下拉列表中选择"新建规则"选项，如下图所示。

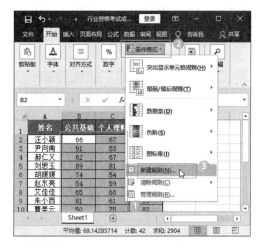

步骤 02 弹出"新建格式规则"对话框，❶ 在"选择规则类型"列表框中选择"基于各自值设置所有单元格的格式"选项；❷ 在"编辑规则说明"列表中"基于各自值设置所有单元格的格式"栏的"格式样式"下拉列表中选择"图标集"选项；❸ 在"图标样式"下拉列表中选择一种带叉号的样式；❹ 在"根据以下规则显示各个图标"栏中设置等级参数，其中第 1 个"值"参数框可以输入大于 60 的任意数字，第 2 个"值"参数框必须输入 60；❺ 相关参数设置完成后单击"确定"按钮，如下图所示。

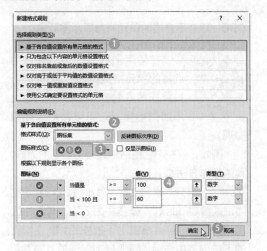

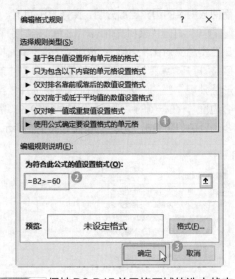

步骤 03 返回工作表，保持 B2:D15 单元格区域的选中状态，❶ 单击"条件格式"下拉按钮；❷ 在弹出的下拉列表中选择"管理规则"选项，如下图所示。

步骤 05 保持 B2:D15 单元格区域的选中状态，❶ 单击"条件格式"下拉按钮；❷ 在弹出的下拉列表中选择"管理规则"选项，如下图所示。

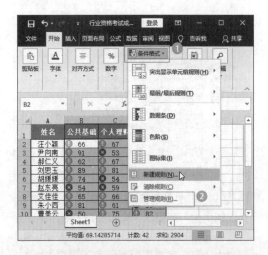

步骤 04 弹出"编辑格式规则"对话框，❶ 在"选择规则类型"列表框中选择"使用公式确定要设置格式的单元格"选项；❷ 在"为符合此公式的值设置格式"文本框中输入公式"=B2>=60"；❸ 单击"确定"按钮，如下图所示。

步骤 06 弹出"条件格式规则管理器"对话框，❶ 在列表框中选择"公式：=B2>=60"选项，保证其优先级最高，勾选右侧的"如果为真则停止"复选框；❷ 单击"确定"按钮，如下图所示。

步骤 07 返回工作表，可以看到只有不及格的成绩才有叉号的图标标记，而及格的成绩没有显示图标标注，也没有改变格式，如下图所示。

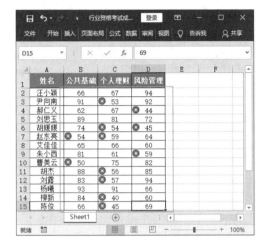

091　利用条件格式突出显示双休日

编辑工作表时，为了将双休日标注出来，可以通过条件格式突出显示双休日，操作方法如下。

扫一扫，看视频

步骤 01 打开"素材文件 \ 第 13 章 \ 工作记事备忘录 .xlsx"，❶ 选择要设置条件格式的 A3:A33 单元格区域；❷ 单击"条件格式"下拉按钮；❸ 在弹出的下拉列表中选择"新建规则"选项，如下图所示。

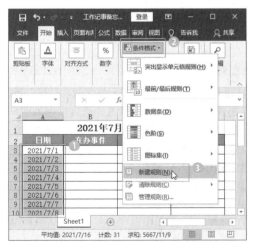

步骤 02 弹出"新建格式规则"对话框，❶ 在"选择规则类型"列表框中选择"使用公式确定要设置格式的单元格"选项；❷ 在"为符合此公式的值设置格式"文本框中输入公式"=WEEKDAY($A3,2) >5"；❸ 单击"格式"按钮，如下图所示。

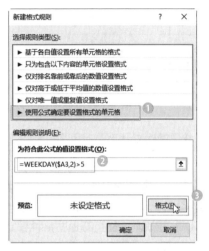

步骤 03 弹出"设置单元格格式"对话框，❶ 根据需要设置单元格的格式；❷ 单击"确定"按钮，如下图所示。

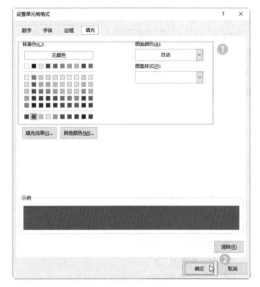

步骤 04 返回"新建格式规则"对话框，单击"确定"按钮，返回工作表，即可看到双休日的单元格以红色背景显示，如下图所示。

092　快速将奇数行和偶数行用两种颜色区分

扫一扫，看视频

有时为了美化表格，需要分别对奇数行和偶数行设置不同的填充颜色。若逐一选择再设置填充颜色会非常烦琐，此时可以通过条件格式进行设置，以快速获得需要的效果，操作方法如下。

步骤 01 打开"素材文件\第13章\行业资格考试成绩表.xlsx"，选中 A2:D15 单元格区域，打开"新建格式规则"对话框。❶ 在"选择规则类型"列表框中选择"使用公式确定要设置格式的单元格"选项；❷ 在"为符合此公式的值设置格式"文本框中输入公式"=MOD(ROW(),2)"；❸ 单击"格式"按钮，如下图所示。

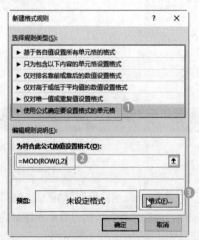

步骤 02 弹出"设置单元格格式"对话框，❶ 在"填充"选项卡的"背景色"栏中选择需要的颜色；❷ 单击"确定"按钮。

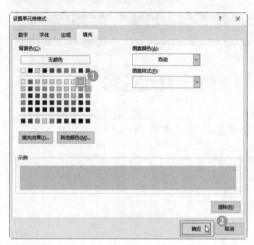

步骤 03 返回"新建格式规则"对话框，单击"确定"按钮，返回工作表，可以发现奇数行填充了所设置的颜色，如下图所示。

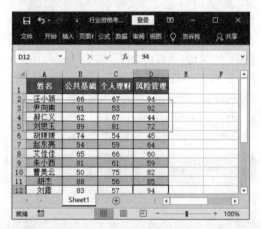

步骤 04 选中 A2:D15 单元格区域，打开"新建格式规则"对话框，❶ 在"选择规则类型"列表框中选择"使用公式确定要设置格式的单元格"选项；❷ 在"为符合此公式的值设置格式"文本框中输入公式"=MOD(ROW(),2)=0"；❸ 单击"格式"按钮，如下图所示。

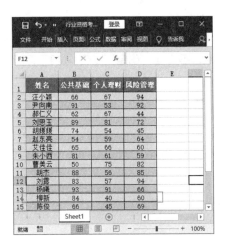

步骤 05 ① 弹出"设置单元格格式"对话框，在"填充"选项卡的"背景色"栏中选择需要的颜色；② 单击"确定"按钮，如下图所示。

步骤 06 返回"新建格式规则"对话框，单击"确定"按钮，返回工作表，可以发现偶数行填充了所设置的颜色，如下图所示。

093　标记特定年龄段的人员

在编辑工作表时，通过条件格式，可以将特定年龄段的人员标记出来。

例如，要将年龄在 25~32 岁的职员标记出来，操作方法如下。

步骤 01 打开"素材文件 \ 第 13 章 \ 员工信息登记表 .xlsx"，选中 A3:H17 单元格区域，打开"新建格式规则"对话框。① 在"选择规则类型"列表框中选择"使用公式确定要设置格式的单元格"选项；② 在"为符合此公式的值设置格式"文本框中输入公式"=AND($G3>=25,$G3<=32)"；③ 单击"格式"按钮，如下图所示。

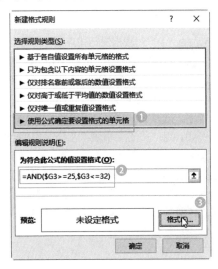

步骤 02 ❶ 弹出"设置单元格格式"对话框，在"填充"选项卡的"背景色"栏中选择需要的颜色；❷ 单击"确定"按钮，如下图所示。

步骤 03 返回"新建格式规则"对话框，单击"确定"按钮，返回工作表即可查看效果，如下图所示。

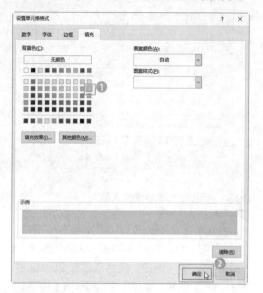

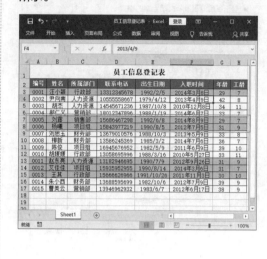

13.2 排序与筛选操作技巧

在前面章节中讲解了数据排序与筛选的基本操作，本节主要针对 Excel 的排序与筛选功能，讲解一些相关的操作技巧。

094 表格中的文本按字母顺序排序

扫一扫，看视频

对表格进行排序时，可以让文本数据按照字母顺序排序，即按照拼音的首字母进行降序（Z 到 A 的字母顺序）或升序（A 到 Z 的字母顺序）排序。

例如，将"员工工资表"工作簿中的数据按照关键字"姓名"升序排列，操作方法如下。

步骤 01 打开"素材文件\第 13 章\员工工资表 .xlsx"，❶ 选中"姓名"列的任意单元格；❷ 单击"数据"选项卡"排序和筛选"组中的"升序"按钮 ᵃ↓，如下图所示。

步骤 02 此时，工作表中的数据将以"姓名"为关键字，并按字母顺序升序排列，如下图所示。

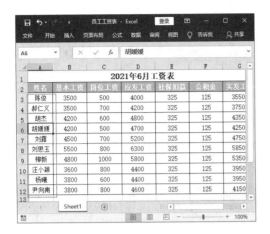

095　表格中的文本按笔画排序

在编辑工资表、员工信息表之类的表格时，若要以员工姓名为依据进行排序，人们通常会按字母顺序排序。除此之外，还可以按照文本的笔画排序。

扫一扫，看视频

例如，在"员工信息登记表"工作簿中，要以"姓名"为关键字，并按笔画排序，具体操作方法如下。

步骤 01 打开"素材文件\第13章\员工信息登记表.xlsx"，❶ 选中数据区域中的任意单元格；❷ 单击"数据"选项卡"排序和筛选"组中的"排序"按钮，如下图所示。

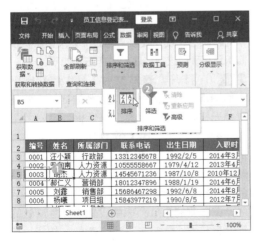

步骤 02 弹出"排序"对话框，❶ 在"主要关键字"下拉列表中选择"姓名"选项；❷ 在"次序"下拉列表中选择"升序"选项；❸ 单击"选项"按钮，如下图所示。

步骤 03 弹出"排序选项"对话框，❶ 在"方法"栏中选择"笔画排序"单选按钮；❷ 单击"确定"按钮，如下图所示。

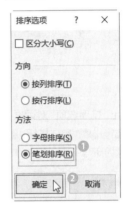

步骤 04 返回"排序"对话框，单击"确定"按钮。在返回的工作表中即可查看按笔画排序后的效果，如下图所示。

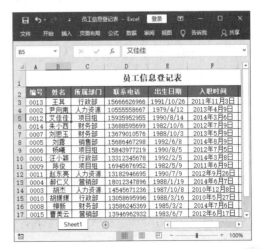

096 按行进行排序

扫一扫，看视频

默认情况下，对表格数据进行排序时，是按列进行排序的。但是当表格标题是以列的方式输入时，若按照默认的排序方向排序，则可能无法实现预期的效果，此时就需要按行进行排序，操作方法如下。

步骤 01 打开"素材文件\第 13 章\上半年销售统计 .xlsx"，选中要进行排序的单元格区域，本例中选择 B1:G4，打开"排序"对话框，单击"选项"按钮，如下图所示。

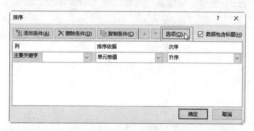

步骤 02 弹出"排序选项"对话框，❶ 在"方向"栏中选择"按行排序"单选按钮；❷ 单击"确定"按钮，如下图所示。

排序选项

□ 区分大小写(C)

方向
○ 按列排序(T)
◉ 按行排序(L) ❶

方法
◉ 字母排序(S)
○ 笔划排序(R)

[确定] ❷ [取消]

步骤 03 返回"排序"对话框，❶ 设置排序关键字、排序依据和次序；❷ 单击"确定"按钮，如下图所示。

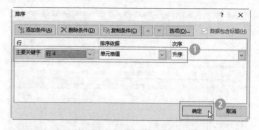

步骤 04 返回工作表，即可查看按行进行排序后的效果，如下图所示。

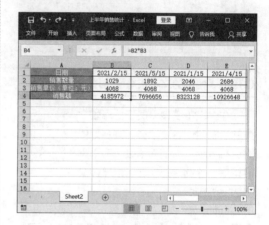

097 按照单元格颜色进行排序

扫一扫，看视频

在编辑表格时，若设置了单元格颜色，则可以按照设置的单元格颜色进行排序。

例如，在"6.18 大促销售清单"工作簿中，对"品名"列中的数据设置了多种单元格颜色，现在要以"品名"为关键字，按照单元格颜色进行排序，操作方法如下。

步骤 01 打开"素材文件\第 13 章\6.18 大促销售清单 .xlsx"，选中数据区域中的任意单元格，打开"排序"对话框。❶ 在"主要关键字"下拉列表中选择排序关键字，本例中选择"品名"；❷ 在"排序依据"下拉列表中选择排序依据，本例中选择"单元格颜色"；❸ 在"次序"下拉列表中选择单元格颜色，在右侧的下拉列表中设置该颜色所处的单元格位置；❹ 单击"添加条件"按钮，如下图所示。

步骤 02 ❶ 使用相同的方法，设置其他颜色的排序依据；❷ 单击"确定"按钮，如下图所示。

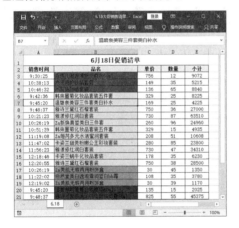

步骤 03 返回工作表，即可查看按照单元格颜色进行排序后的效果，如下图所示。

🔔 小技巧

　　使用相同的方法也可以按照字体颜色排序，方法与使用单元格颜色排序相似。

098　对表格数据随机排序

　　对工作表数据进行排序时，通常是按照一定的规则进行的，但在某些特殊情况下，还需要对数据随机排序，操作方法如下。

扫一扫，看视频

步骤 01 打开"素材文件\第 13 章\比赛上场

名单 .xlsx"，❶ 在工作表中创建一列辅助列，并输入标题"排序"，在下方第一个单元格中输入公式"=RAND()"，按 Enter 键计算结果；❷ 利用填充功能向下填充公式，如下图所示。

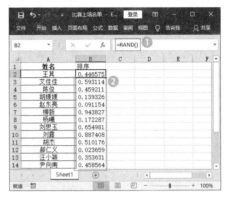

步骤 02 ❶ 选择"排序"列中的任意单元格；❷ 单击"数据"选项卡"排序和筛选"组中的"升序"按钮 🔼 或"降序"按钮 🔽，如下图所示。

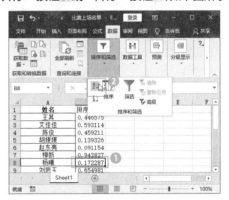

步骤 03 返回工作表，删除辅助列，即可查看排序后的效果，如下图所示。

099　利用排序法制作工资条

扫一扫，看视频

　　在 Excel 中，利用排序功能不仅能对工作表的数据进行排序，还能制作一些特殊表格，如工资条等，操作方法如下。

步骤 01 打开"素材文件＼第 13 章＼工资表 .xlsx"，选中 A2：I2 单元格区域，进行复制操作；选中 A13:I21 单元格区域，进行粘贴操作，如下图所示。

步骤 02 ❶ 在原始单元格区域右侧添加辅助列，并填充 1~10 的数字；❷ 在添加了重复标题的单元格区域右侧填充 1~9 的数字，如下图所示。

步骤 03 ❶ 在辅助列中选中任意单元格；❷ 单击"数据"选项卡"排序和筛选"组中的"升序"按钮，如下图所示。

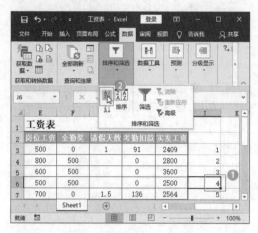

步骤 04 删除辅助列的数据，即可完成工资条的制作，如下图所示。

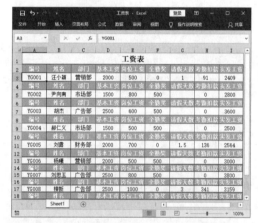

100　分类汇总后按照汇总值进行排序

扫一扫，看视频

　　对表格数据进行分类汇总后，有时会希望按照汇总值对表格数据进行排序。如果直接对其进行排序操作，则会弹出提示框，提示该操作会删除分类汇总并重新排序。如果希望在分类汇总后按照汇总值进行排序，就需要先进行分级显示，再进行排序，操作方法如下。

步骤 01 打开"素材文件＼第 13 章＼项目经费预算 .xlsx"，在工作表左侧的分级显示栏中，单击二级显示按钮 2，如下图所示。

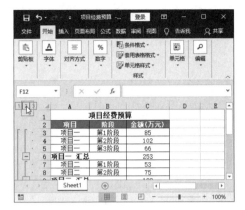

步骤 02 ❶ 此时，表格数据将只显示汇总金额，选中"金额（万元）"列中的任意单元格；❷ 单击"数据"选项卡"排序和筛选"组中的"升序"按钮↓，如下图所示。

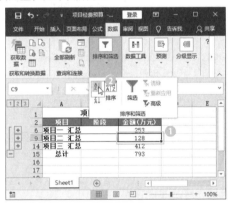

步骤 03 在工作表左侧的分级显示栏中，单击三级显示按钮③，将显示全部数据。此时可以发现表格数据已经按照汇总值完成了升序排列，如下图所示。

101　按目标单元格的值或特征快速筛选

在制作销售表、员工考核成绩表等工作表时，从庞大的数据中查找某类数据会比较困难。此时可以利用目标单元格的值或特征快速筛选，操作方法如下。

扫一扫，看视频

步骤 01 打开"素材文件\第 13 章\销售业绩表 .xlsx"，❶ 右击要作为筛选条件的单元格，❷ 在弹出的快捷菜单中选择"筛选"命令；❸ 在弹出的子菜单中选择"按所选单元格的值筛选"命令，如下图所示。

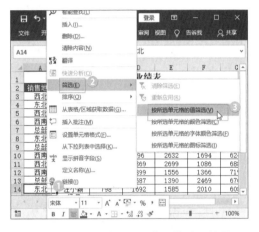

步骤 02 返回工作表，即可查看筛选后的效果，如下图所示。

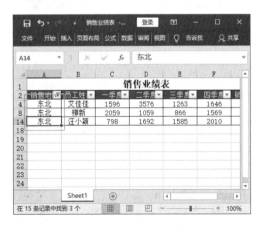

102　在自动筛选时日期不按年、月、日分组

扫一扫，看视频

默认情况下，对日期数据进行筛选时，日期是按年、月、日分组显示的。如果希望按天数对日期数据进行筛选，则要设置日期不按年、月、日分组，操作方法如下。

步骤 01 打开"素材文件＼第 13 章＼产品销售清单 .xlsx"，打开"Excel 选项"对话框。❶ 在"高级"选项卡"此工作簿的显示选项"栏中取消勾选"使用'自动筛选'菜单分组日期"复选框；❷ 单击"确定"按钮，如下图所示。

步骤 02 返回工作表，单击"数据"选项卡"排序和筛选"组中的"筛选"按钮，如下图所示。

步骤 03 ❶ 数据进入筛选状态，单击"收银日期"列右侧的下拉按钮，在弹出的下拉列表中日期按天显示，此时可以根据需要设置筛选条件；❷ 单击"确定"按钮，如下图所示。

步骤 04 返回工作表，即可查看筛选结果，如下图所示。

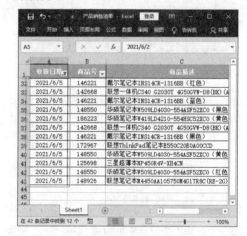

103　对日期按星期进行筛选

扫一扫，看视频

对日期数据进行筛选时，不仅可以按天进行筛选，还可以按星期进行筛选。

例如，在"考勤表 .xlsx"工作簿中，为了方便后期评定员工的绩效，现在需要将周六、周日的日期筛选出来，并设置填充颜色为红色，操作方法如下。

步骤 01 打开"素材文件＼第 13 章＼考勤表 .xlsx"，选中 B2:B23 单元格区域，打开"设置单元格格式"对话框。❶ 在"数字"选项卡的"分类"列表框中选择"日期"选项；❷ 在"类型"列表框中选择"星期三"选项；

❸ 单击"确定"按钮，如下图所示。

步骤 02 ❶ 返回工作表，进入筛选状态，单击"上班时间"列右侧的下拉按钮；❷ 在弹出的下拉列表中选择"日期筛选"选项；❸ 在弹出的二级列表中选择"等于"选项，如下图所示。

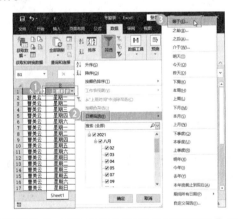

步骤 03 ❶ 弹出"自定义自动筛选方式"对话框，将第一个筛选条件设置为"等于"，值为"星期六"；❷ 选择"或"单选按钮；❸ 将第二个筛选条件设置为"等于"，值为"星期日"；❹ 单击"确定"按钮，如下图所示。

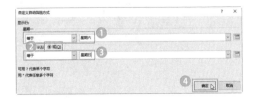

步骤 04 返回工作表，选中筛选出来的记录，将填充颜色设置为"红色"，如下图所示。

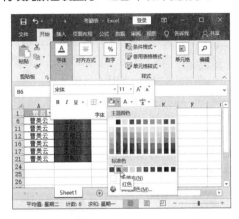

步骤 05 退出筛选状态，可以看到星期六和星期日的单元格已经填充为红色，如下图所示。

步骤 06 选中 B2：B23 单元格区域，将单元格格式设置为日期，如下图所示。

104 按单元格颜色进行筛选

扫一扫，看视频

编辑表格时，若设置了单元格背景颜色、字体颜色或条件格式等格式时，还可以按照颜色对数据进行筛选，操作方法如下。

步骤 01 打开"素材文件 \ 第 13 章 \6.18 大促销售清单 .xlsx"，打开筛选状态，单击"品名"列右侧的下拉按钮，❶ 在弹出的下拉列表中选择"筛选"选项；❷ 在弹出的二级列表中选择"按所选单元格的颜色筛选"选项，如下图所示。

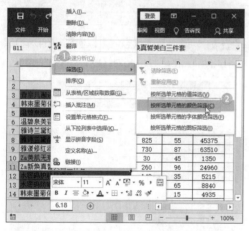

步骤 02 返回工作表，即可查看筛选结果，如下图所示。

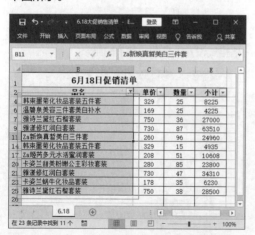

105 对双行标题的工作表进行筛选

扫一扫，看视频

当工作表中的标题由两行组成，且有的单元格进行了合并处理时，若选中数据区域中的任意单元格，再进入筛选状态，会发现无法正常筛选数据。对双行标题的工作表进行筛选，操作方法如下。

步骤 01 打开"素材文件 \ 第 13 章 \ 双行标题工资表 .xlsx"，❶ 通过单击行号，选中第 2 行标题；❷ 单击"筛选"按钮，如下图所示。

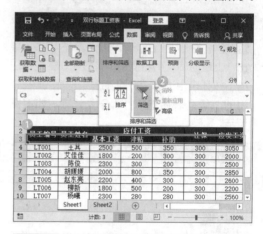

步骤 02 进入筛选状态，此时便可根据需要设置筛选条件了，如下图所示。

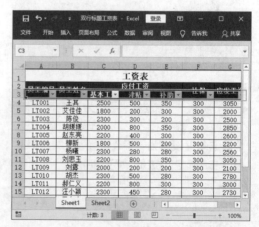

13.3　图表操作技巧

图表是重要的数据分析工具之一。通过图表，可以非常直观地诠释工作表的数据，并能清楚地显示数据间的细微差异及变化情况，从而能更好地分析数据。本节将讲解使用图表的相关操作技巧，帮助用户快速制作出数据清晰的图表。

106　精确选择图表中的元素

一个图表通常由图表区、图表标题、图例及各个数据系列等元素组成。当要对某个元素对象进行操作时，需要先将其选中。一般来说，通过单击某个对象便可将其选中。当图表内容过多时，通过单击的方式，可能会选择错误。要想精确选择某元素，可以通过功能区实现。

例如，要通过功能区选择绘图区，操作方法如下。

步骤 01 打开"素材文件 \ 第 13 章 \ 华东地区销量 .xlsx"，❶ 选中图表；❷ 在"图表工具 / 格式"选项卡"当前所选内容"组的"图表元素"下拉列表中，单击需要选择的元素选项，如"绘图区"，如下图所示。

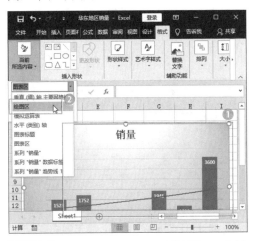

步骤 02 操作完成后，即可看到绘图区已经被选中，如下图所示。

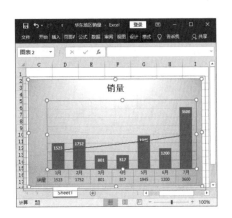

107　将隐藏的数据显示到图表中

若在编辑工作表时，将某部分数据隐藏了，则创建的图表中也不会显示该数据。此时，可以通过设置让隐藏的数据显示到图表中。

例如，在"华西美妆销售统计表"工作簿中有隐藏的数据，现在需要将该数据显示到图表中，操作方法如下。

步骤 01 打开"素材文件 \ 第 13 章 \ 华西美妆销售统计表 .xlsx"，选中表格中的数据，创建一个图表，如下图所示。

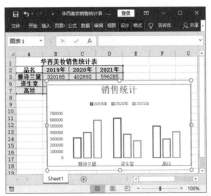

步骤 02 ❶ 选中图表；❷ 单击"图表工具/设计"选项卡"数据"组中的"选择数据"按钮，如下图所示。

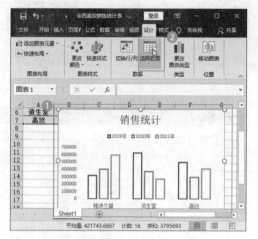

步骤 03 打开"选择数据源"对话框，单击"隐藏的单元格和空单元格"按钮，如下图所示。

步骤 04 弹出"隐藏和空单元格设置"对话框，❶ 勾选"显示隐藏行列中的数据"复选框；❷ 单击"确定"按钮，如下图所示。

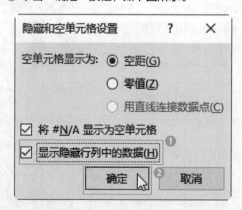

步骤 05 返回"选择数据源"对话框，单击"确定"按钮。返回工作表，即可看到图表中显示了隐藏的数据，如下图所示。

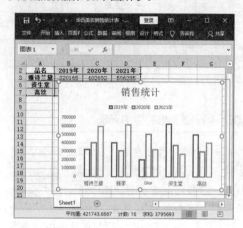

108 隐藏图表

扫一扫，看视频

创建图表后，有时可能会挡住工作表的数据内容。为了方便操作，可以将图表隐藏起来，操作方法如下。

步骤 01 打开"素材文件\第13章\华西美妆销售统计表.xlsx"，❶ 选中图表；❷ 单击"图表工具/格式"选项卡"排列"组中的"选择窗格"按钮，如下图所示。

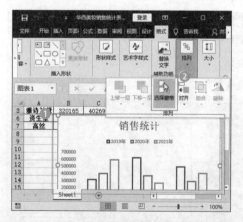

步骤 02 打开"选择"窗格，单击要隐藏的图表名称右侧的按钮 ▶，即可隐藏该图表，如下图所示。

小技巧

如果不再需要隐藏图表，则在"选择"窗格中单击 按钮，即可显示图表。

109 设置饼图的标签值为百分比形式

在饼图类型的图表中，将数据标签显示出来后，默认显示的是具体数值。为了让饼图更加形象直观，可以将数值设置成百分比形式，操作方法如下。

扫一扫，看视频

步骤 01 打开"素材文件\第 13 章\华西美妆销售统计表 1.xlsx"，❶ 选中图表；❷ 单击"图表元素"按钮；❷ 在"图表元素"窗口中，选择"数据标签"选项；❸ 在弹出的下拉列表中选择"更多选项"，如下图所示。

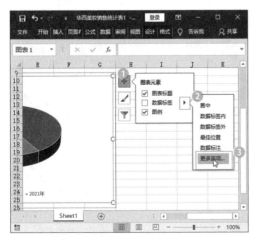

步骤 02 打开"设置数据标签格式"窗格，❶ 默认显示在"标签选项"界面，在"标签包括"栏中勾选"百分比"复选框，取消勾选"值"复选框；❷ 单击"关闭"按钮 ✕，关闭该窗格，如下图所示。

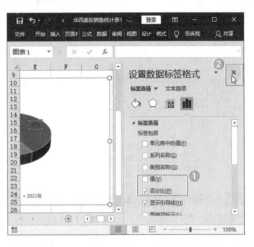

步骤 03 操作完成后，即可看到图表中的数据标签以百分比形式显示，如下图所示。

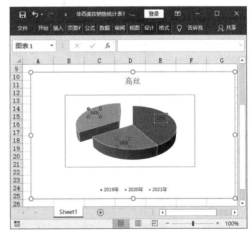

110 切换图表的行/列显示方式

扫一扫，看视频

创建图表后，还可以对图表统计的行/列方式进行随意切换，以便用户更好地查看和比较数据，操作方法如下。

步骤 01 打开"素材文件\第 13 章\华西美妆

销售统计表 .xlsx"，❶ 选中图表；❷ 单击"图表工具 / 设计"选项卡"数据"组中的"切换行 / 列"按钮，如下图所示。

步骤 02 操作完成后，即可看到图表中的行 / 列已经互换，如下图所示。

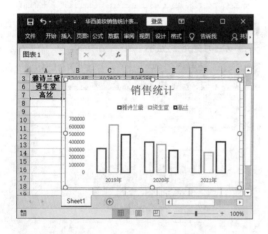

111 设置图表背景

创建图表后，还可以对其设置背景，让图表更加美观，操作方法如下。

扫一扫，看视频　步骤 01 打开"素材文件 \ 第 13 章 \ 华西美妆销售统计表 .xlsx"，右击图表，在弹出的快捷菜单中选择"设置图表区域格式"命令，如下图所示。

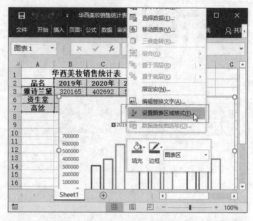

步骤 02 ❶ 打开"设置图表区格式"窗格，在"图表选项"的"填充"界面中，单击"填充"选项将其展开；❷ 选择背景填充方式，本例中选择"图片或纹理填充"单选按钮；❸ 单击"插入"按钮，如下图所示。

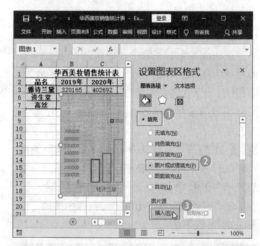

步骤 03 弹出"插入图片"对话框，选择"来自文件"选项，如下图所示。

步骤 04 ❶ 弹出"插入图片"对话框,选择"素材文件 \ 第 13 章 \ 图表背景 .jpg";❷ 单击"插入"按钮,如下图所示。

步骤 05 操作完成后,即可为图表添加图片背景,如下图所示。

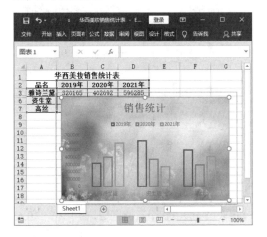

112　鼠标悬停时不显示数据点的值

默认情况下,将鼠标指针悬停在图表的数据点上时,会自动显示数据点的值。如果有需要,则可以设置鼠标悬停时不显示数据点的值,操作方法如下。

扫一扫,看视频

步骤 01 打开"素材文件 \ 第 13 章 \ 华西美妆销售统计表 .xlsx",❶ 打开"Excel 选项"对话框,在"高级"选项卡的"图表"栏中取消勾选"悬停时显示数据点的值"复选框;❷ 单击"确定"按钮,如下图所示。

步骤 02 返回工作表,将鼠标指针悬停在图表的数据点上时,仅仅显示图表元素的名称,不再显示数据点的值,如下图所示。

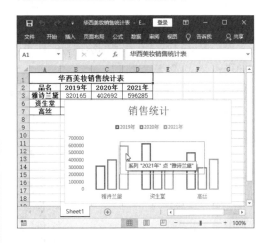

113　将图表保存为 PDF 文件

扫一扫,看视频

在工作表中插入图表后,还可以将其单独保存为 PDF 文件,以便管理与查看图表,操作方法如下。

步骤 01 打开"素材文件 \ 第 13 章 \ 华西美妆销售统计表 .xlsx",❶ 选中图表,打开"另存为"对话框,设置保存路径和文件名,然后在"保存类型"下拉列表中选择 PDF 选项;❷ 单击"保存"按钮,如下图所示。

小技巧

如果没有选中图表，则会将整个工作表都转换为 PDF 文件。

步骤 02 通过上述操作后，打开保存的 PDF 文件，可以看见其中只有图表内容，如下图所示。

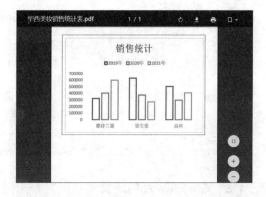

114 突出显示折线图中的最大值和最小值

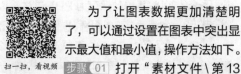

扫一扫，看视频

为了让图表数据更加清楚明了，可以通过设置在图表中突出显示最大值和最小值，操作方法如下。

步骤 01 打开"素材文件 \ 第 13 章 \ 员工培训成绩表 .xlsx"，❶ 在工作表中创建两个辅助列，并将标题命名为"最高分"和"最低分"。选择要存放结果的 C3 单元格，输入公式"=IF(B3=MAX($B$3:$B$11),B3, NA())"，按 Enter 键得出计算结果；❷ 利用填充功能向下复制公式，如下图所示。

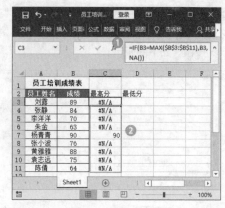

步骤 02 选中 D3 单元格，输入公式"=IF(B3 =MIN($B$3:$B$11),B3,NA())"，按 Enter 键得出计算结果，利用填充功能向下复制公式，如下图所示。

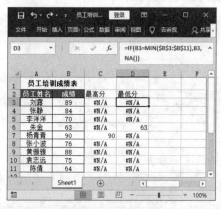

步骤 03 选中整个数据区域；❶ 单击"插入"选项卡"图表"组中的"插入折线图或面积图"下拉按钮 📈 ·；❷ 在弹出的下拉列表中选择"带数据标记的折线图"选项，如下图所示。

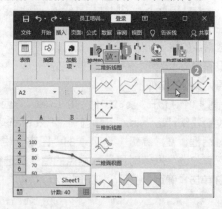

步骤 04 ❶ 在图表中选中最高数值点; ❷ 单击"图表元素"按钮 ➕; ❸ 在弹出的"图表元素"窗格中选择"数据标签"选项, 单击右侧的 ▶ 按钮; ❹ 在弹出的列表中选择"更多选项", 如下图所示。

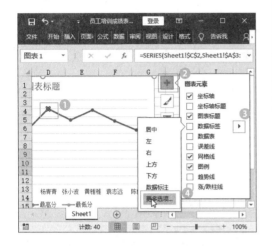

步骤 05 ❶ 打开"设置数据标签格式"窗格, 在"标签选项"界面的"标签包括"栏中勾选"系列名称"复选框; ❷ 单击"关闭"按钮 ✕, 如下图所示。

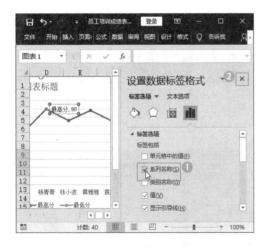

步骤 06 参照上述操作方法, 将最低数值点的数据标签在下方显示出来, 并显示系列名称, 如下图所示。

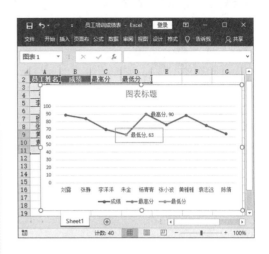

115　在图表中筛选数据

创建图表后, 还可以通过图表筛选器功能对图表数据进行筛选, 将需要查看的数据筛选出来, 从而帮助用户更好地查看与分析数据, 操作方法如下。

扫一扫, 看视频

步骤 01 打开"素材文件\第13章\华西美妆销售统计表 2.xlsx", ❶ 选中图表; ❷ 单击右侧的"图表筛选器"按钮 ▽, 如下图所示。

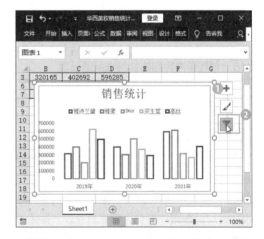

步骤 02 打开筛选窗格, ❶ 在"数值"界面的"系列"栏中勾选要显示的数据系列; ❷ 在"类别"栏中勾选要显示的数据类别; ❸ 单击"应用"按钮, 如下图所示。

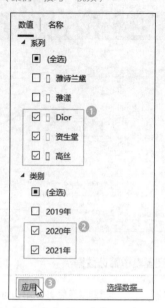

步骤 03 返回工作表，即可看到筛选数据后的
图表，如下图所示。

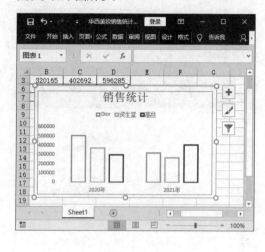

13.4 数据透视表操作技巧

在 Excel 中，数据透视表和数据透视图是具有强大分析功能的工具。当表格中有大量数据
时，利用数据透视表和数据透视图可以更加直观地查看数据，并且能够方便地对数据进行对比和
分析。

116 创建带内容和格式的数据透视表

扫一扫，看视频

在创建数据透视表时，可以直
接创建空白的数据透视表，也可以
创建带内容和格式的数据透视表。

例如，要创建带内容和格式的
数据透视表，操作方法如下。

步骤 01 打开"素材文件 \ 第 13 章 \ 销售业绩
表 .xlsx"，❶ 选中要作为数据透视表数据源的
单元格区域；❷ 单击"插入"选项卡"表格"
组中的"推荐的数据透视表"按钮，如下图
所示。

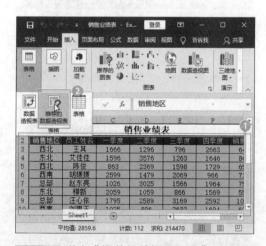

步骤 02 弹出"推荐的数据透视表"对话框，
❶ 在左侧窗格中选择某个透视表样式后，右侧
窗格中可以预览透视表效果；❷ 单击"确定"

按钮，如下图所示。

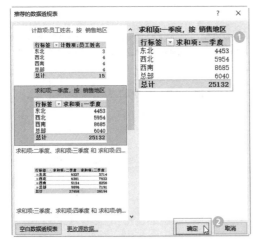

步骤 03 操作完成后，即可新建一个工作表并在该工作表中创建数据透视表，如下图所示。

117　让数据透视表中的空白单元格显示为 0

默认情况下，数据透视表的单元格中没有值时，显示为空白。如果希望空白单元格中显示为 0，则需要进行设置，操作方法如下。

扫一扫，看视频

步骤 01 打开"素材文件 \ 第 13 章 \ 家电销售情况 .xlsx"，❶ 右击任意数据透视表的单元格；❷ 在弹出的快捷菜单中选择"数据透视表选项"命令，如下图所示。

步骤 02 打开"数据透视表选项"对话框，❶ 在"布局和格式"选项卡的"格式"栏中勾选"对于空单元格，显示"复选框，在文本框中输入 0；❷ 单击"确定"按钮，如下图所示。

步骤 03 返回数据透视表，即可看到空白单元格显示为 0，如下图所示。

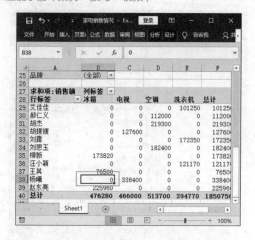

118 隐藏数据透视表中的计算错误

扫一扫，看视频

创建数据透视表时，如果数据源中有计算错误的值，数据透视表中也会显示错误值。为了不影响数据透视表的美观，可以设置隐藏错误值，操作方法如下。

步骤 01 打开"素材文件\第 13 章\货物加工成本 .xlsx"，选中数据透视表中的任意单元格，打开"数据透视表选项"对话框。❶ 在"布局和格式"选项卡的"格式"栏中，勾选"对于错误值，显示"复选框，在右侧输入需要显示的字符，如"/"；❷ 单击"确定"按钮，如下图所示。

步骤 02 返回数据透视表，可看到错误值显示为"/"，如下图所示。

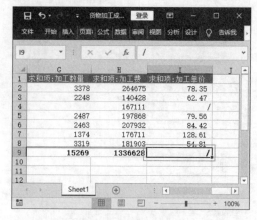

119 将二维表格转换为数据列表

扫一扫，看视频

在 Excel 中，通过"数据透视表和数据透视图向导"对话框，可以将二维表格转换为数据列表（一维表），以便更好地查看和分析数据，操作方法如下。

步骤 01 打开"素材文件\第 13 章\奶粉销量统计表 .xlsx"，按 Alt+D+P 组合键，❶ 弹出"数据透视表和数据透视图向导 -- 步骤 1（共 3 步）"对话框，选择"多重合并计算数据区域"和"数据透视表"单选按钮；❷ 单击"下一步"按钮，如下图所示。

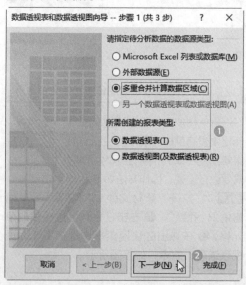

步骤 02 弹出"数据透视表和数据透视图向导 -- 步骤 2a（共 3 步）"对话框，❶ 选择"自定义页字段"单选按钮；❷ 单击"下一步"按钮，如下图所示。

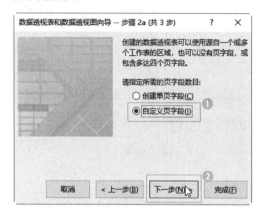

步骤 03 弹出"数据透视表和数据透视图向导 -- 第 2b 步，共 3 步"对话框，❶ 将数据源中的数据区域添加到"所有区域"列表框中；❷ 选择"0"单选按钮，表示指定要建立的页字段数目为 0；❸ 单击"下一步"按钮，如下图所示。

步骤 04 弹出"数据透视表和数据透视图向导 -- 步骤 3（共 3 步）"对话框，❶ 选择"新工作表"单选按钮；❷ 单击"完成"按钮，如

下图所示。

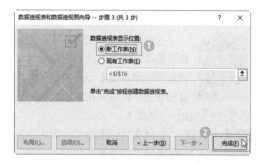

步骤 05 返回工作表，即可看到新建的工作表中创建了一个不含页字段的数据透视表，在数据透视表中双击行、列总计的交叉单元格，本例为 H17 单元格，如下图所示。

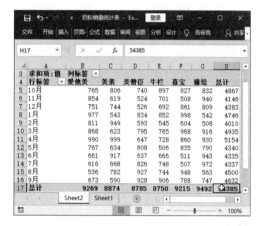

步骤 06 Excel 将新建一个 Sheet 3 工作表，并在其中显示明细数据。至此，完成了二维表格到数据列表的转换，如下图所示。

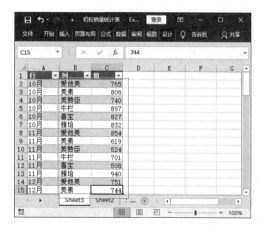

120 显示报表筛选页

扫一扫，看视频

在创建透视表时，如果在报表筛选器中设置有字段，则可以通过报表筛选页功能显示各数据子集的详细信息，以方便用户对数据的管理与分析，操作方法如下。

步骤 01 打开"素材文件\第13章\家电销售情况.xlsx"，❶ 选中数据透视表中的任意单元格；❷ 在"数据透视表工具/分析"选项卡"数据透视表"组中单击"选项"下拉按钮；❸ 在弹出的下拉列表中选择"显示报表筛选页"选项，如下图所示。

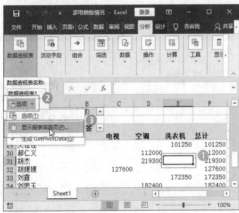

步骤 02 ❶ 弹出"显示报表筛选页"对话框，在"选定要显示的报表筛选页字段"列表框中选择筛选字段，本例选择"品牌"选项；❷ 单击"确定"按钮，如下图所示。

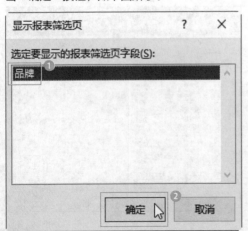

步骤 03 返回工作表，将自动以各品牌名称为工作表标签新建工作表，并显示相应的销售明细，如下图所示。

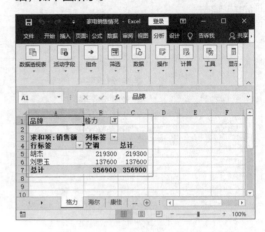

121 在每个项目之间添加空行

扫一扫，看视频

创建数据透视表之后，有时为了使层次更加清晰明了，可以在各个项目之间使用空行分隔，操作方法如下。

步骤 01 打开"素材文件\第13章\销售业绩透视表.xlsx"，❶ 选中数据透视表中的任意单元格；❷ 在"数据透视表工具/设计"选项卡"布局"组中单击"空行"按钮；❸ 在弹出的下拉列表中选择"在每个项目后插入空行"选项，如下图所示。

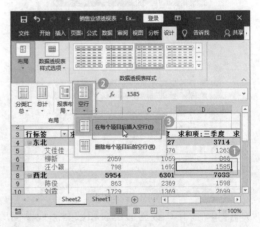

步骤 02 操作完成后，每个项目后都将插入一个空行，如下图所示。

小技巧

如果要删除空行，则在"数据透视表工具/设计"选项卡"布局"组中单击"空行"下拉按钮，在弹出的下拉列表中选择"删除每个项目后的空行"选项。

122　在多个数据透视表中共享切片器

在 Excel 中，如果根据同一数据源创建了多个数据透视表，则可以共享切片器。共享切片器后，在切片器中进行筛选时，多个数据透视表将同时刷新数据，实现多个数据透视表联动，以便进行多角度的数据分析，操作方法如下。

步骤 01 打开"素材文件\第 13 章\奶粉销售情况 .xlsx"，❶ 在任意数据透视表中选中任意单元格；❷ 在"数据透视表工具/分析"选项卡"筛选"组中单击"插入切片器"按钮，如下图所示。

步骤 02 弹出"插入切片器"对话框，❶ 勾选要创建切片器的字段复选框，本例勾选"分区"复选框；❷ 单击"确定"按钮，如下图所示。

步骤 03 返回工作表，❶ 选中插入的切片器；❷ 单击"切片器工具/选项"选项卡"切片器"组中的"报表连接"按钮，如下图所示。

步骤 04 弹出"数据透视表连接（分区）"对话框，❶ 勾选要共享切片器的多个数据透视表前的复选框；❷ 单击"确定"按钮，如下图所示。

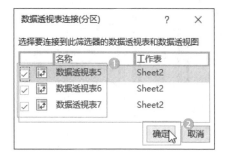

步骤 05 共享切片器后，在共享切片器中筛选字段时，被连接起来的多个数据透视表就会同时刷新。例如，在切片器中单击"沙坪坝"字段，如下图所示，该工作表中共享切片器的三个数据透视表都会同步刷新。

123 设置系列重叠并调整分类间距

扫一扫，看视频

为数据系列设置重叠显示，可以更加突出数据的对比关系，操作方法如下。

步骤 01 打开"素材文件\第13章\销售计划表.xlsx"，❶ 选中"求和项：实际销售"系列；❷ 右击，在弹出的快捷菜单中选择"设置数据系列格式"命令，如下图所示。

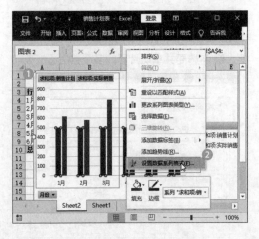

步骤 02 打开"设置数据系列格式"窗格，❶ 在"系列选项"选项卡的"系列选项"栏中根据需要设置"系列重叠"和"间隙宽度"值；❷ 完成后单击"关闭"按钮 ×，关闭该窗格，如下图所示。

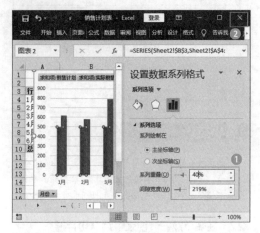

步骤 03 打开"数据透视图字段"窗格，在"值"区域中调整"求和项：实际销售"字段和"求和项：销售计划"字段的位置，如下图所示。

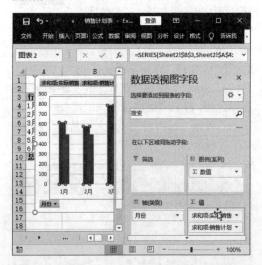

步骤 04 操作完成后，可以看到两个数据系列交换了前后顺序，调整"系列重叠"和"间隙宽度"值，使其效果更明显，如下图所示。

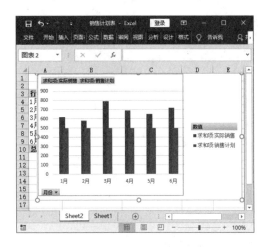

124　将数据透视图转换为图片形式

在 Excel 中，数据透视图基于数据透视表创建，是一种动态图表，与其相关联的数据透视表发生了改变，数据透视图也将同步发生变化。

如果需要获得一张静态的、不受数据透视表变动影响的数据透视图，可以将数据透视图转换为静态图表，断开与数据透视表的连接，操作方法如下。

步骤 01 打开"素材文件 \ 第 13 章 \ 固定资产分析 .xlsx"，❶ 选择要复制的数据透视图；❷ 单击"开始"选项卡"剪贴板"组中的"剪切"按钮✂，如下图所示。

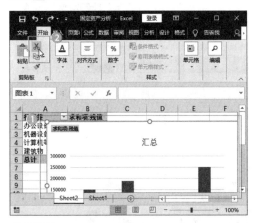

步骤 02 ❶ 选中目标位置；❷ 单击"开始"选项卡"剪贴板"组中的"粘贴"下拉按钮▾；

❸ 在弹出的下拉列表中选择"选择性粘贴"选项，如下图所示。

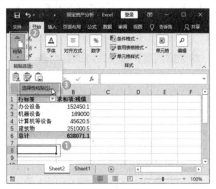

步骤 03 打开"选择性粘贴"对话框，❶ 在"方式"列表框中选择需要的图片格式；❷ 单击"确定"按钮，如下图所示。

步骤 04 返回工作表，即可看到复制的数据透视图以图片形式保存在工作表中，数据透视表发生任何变动都不会影响该数据透视图的内容，如下图所示。

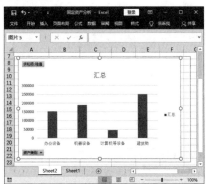

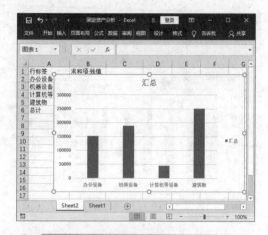

小技巧

将数据透视图转换为图片形式保存后，将无法再以图表的方式修改其中的元素内容。

125 将数据透视表转换为普通数据表

扫一扫，看视频

如果既想保留数据透视表中的数据，又不想让数据透视图发生变化，则可以把数据透视表变为普通数据表，操作方法如下。

步骤 01 打开"素材文件\第13章\固定资产分析.xlsx"，❶ 选中整个数据透视表；❷ 单击"开始"选项卡"剪贴板"组中的"复制"按钮，如下图所示。

步骤 02 ❶ 单击"开始"选项卡"剪贴板"组中的"粘贴"下拉按钮；❷ 在弹出的下拉列表中单击"值"按钮，如下图所示。

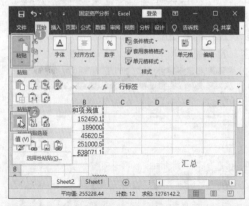

步骤 03 操作完成后，即可看到工作表中的数据透视表已经变为普通数据表，如下图所示。

小技巧

把数据透视表转换为普通数据表后，数据透视图将变为静态图表，数据透视表也会失去功能。

126 转换数据透视图并保留数据透视表

扫一扫，看视频

如果需要在保留数据透视表功能的同时，将其对应的数据透视图转换为静态图表，断开数据透视图与数据透视表之间的连接，操作方法如下。

步骤 01 打开"素材文件\第13章\固定资产分析.xlsx"，❶ 选中整个数据透视表，按Ctrl+C组合键复制；❷ 选中目标单元格，按Ctrl+V组合键粘贴，得到一个新的数据透视表，如下图所示。

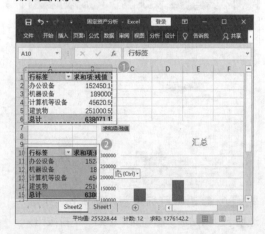

步骤 02 选中与数据透视图相关联的原数据透视表，按 Delete 键删除该数据透视表，将数据透视图转换为静态图表，如下图所示。

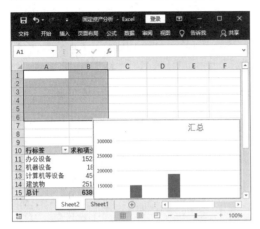

步骤 03 选中与数据透视图无关联的新数据透视表，按 Ctrl+X 组合键剪切，然后选中目标

单元格，按 Ctrl+V 组合键粘贴，将其移动到工作表中的适当位置，即可在保留数据透视表功能的情况下，将数据透视图转换为静态图表，如下图所示。

✎ 读书笔记